Python Web 深度学习

[印] 安努巴哈夫·辛格　等著

黄进青　译

清华大学出版社

北　京

内 容 简 介

本书详细阐述了与 Python Web 相关的基本解决方案,主要包括人工智能简介和机器学习基础、使用 Python 进行深度学习、创建第一个深度学习 Web 应用程序、TensorFlow.js 入门、通过 API 进行深度学习、使用 Python 在 Google 云平台上进行深度学习、使用 Python 在 AWS 上进行深度学习、使用 Python 在 Microsoft Azure 上进行深度学习、支持深度学习的网站的通用生产框架、使用深度学习系统保护 Web 应用程序、自定义 Web 深度学习生产环境、使用深度学习 API 和客服聊天机器人创建端到端 Web 应用程序等内容。此外,本书还提供了相应的示例、代码,以帮助读者进一步理解相关方案的实现过程。

本书适合作为高等院校计算机及相关专业的教材和教学参考书,也可作为相关开发人员的自学用书和参考手册。

北京市版权局著作权合同登记号 图字:01-2021-4598

Copyright © Packt Publishing 2020.First published in the English language under the title *Hands-On Python Deep Learning for the Web*.

Simplified Chinese-language edition © 2021 by Tsinghua University Press.All rights reserved.

图书在版编目(CIP)数据

Python Web 深度学习 /(印)安努巴哈夫·辛格等著;黄进青译. —北京:清华大学出版社,2022.6
书名原文:Hands-On Python Deep Learning for the Web
ISBN 978-7-302-60929-2

Ⅰ. ①P… Ⅱ. ①安… ②黄… Ⅲ. ①软件工具—程序设计 Ⅳ. ①TP311.561

中国版本图书馆 CIP 数据核字(2022)第 088959 号

责任编辑:贾小红
封面设计:刘 超
版式设计:文森时代
责任校对:马军令
责任印制:朱雨萌

出版发行:清华大学出版社
   网 址:http://www.tup.com.cn,http://www.wqbook.com
   地 址:北京清华大学学研大厦 A 座 邮 编:100084
   社 总 机:010-83470000   邮 购:010-62786544
   投稿与读者服务:010-62776969,c-service@tup.tsinghua.edu.cn
   质量反馈:010-62772015,zhiliang@tup.tsinghua.edu.cn
印 装 者:三河市东方印刷有限公司
经 销:全国新华书店
开 本:185mm×230mm 印 张:23 字 数:459 千字
版 次:2022 年 7 月第 1 版 印 次:2022 年 7 月第 1 次印刷
定 价:119.00 元

产品编号:088511-01

译 者 序

一位"忧心如焚"的家长急匆匆来到网监大队，痛诉现在的网络带坏了孩子，说完他拿出了自己的手机，打开一个 App，只见里面刷出来的内容都是乌七八糟的社会新闻和一些媚俗八卦，网监大队的工作人员只是笑了笑，也拿出自己的手机，打开同样的 App，显示的页面内容却是很正常的时政新闻和体育赛事报道等。令满脸尴尬的家长迷惑不解的是，同样一个 App，为什么在自己的手机上显示的内容和别人手机上显示的内容却不一样呢？

其实这并不奇怪，今天的 Web 和以前的网页已经大不相同，早期的网站很多都是静态页面，所有访客浏览的内容是一样的，而今天的 Web 已经结合了深度学习技术，可以基于用户的浏览记录推送内容，所以，每个用户打开页面时，看到的内容都是自己感兴趣的，而每个人的兴趣是不一样的，这位家长看到的是无聊社会新闻和八卦，只能说明他自己平常喜欢看的就是这些内容。

除了个性化的内容推送之外，Web 和深度学习技术的结合还产生了很多新的变化，一些领先的互联网企业也在推动这种变革。例如，百度开发的识图找人功能，就可以识别出图片中人像的"一字眉""丹凤眼""标准鼻""瓜子脸""白皙色""仰月唇"等特征，从而让脸盲的用户准确区分图片中的人是谁，当然，还能"顺便"在电子商务网站上找到其衣服和佩饰等的同款产品。

深度学习和 Web 开发的结合，诞生了更加精准的产品推荐系统、页面翻译和机器人客服等。本书介绍了它们的多种结合形式，并提供了若干实际开发示例。例如，通过 Python 结合使用 Google Assistant 和 Dialogflow API 开发有个性的客服聊天机器人，在 AWS 平台上使用 Rekognition API 分析人脸表情，在 Microsoft Azure 平台上使用 Text Analytics API 提取文本信息等。

为了兼顾不同水平的读者，本书还大量介绍了与深度学习相关的概念和术语，讨论了不同类型的神经网络。在开发实践方面，涵盖了 Jupyter Notebook 的应用、Python 的深度学习库、数据集探索和预处理、Keras 和 Flask 模块应用、TensorFlow.js 库、Django 框架和 reCAPTCHA 安全验证技术应用等。

值得一提的是，Google 云平台 API 的应用对于国内开发人员来说不太友好，因为很多链接可能无法访问，不过，了解其应用仍然是有益的，因为国内也有类似的深度学习 API 和服务可用，如百度飞桨（PaddlePaddle）。

在翻译本书的过程中，为了更好地帮助读者理解和学习，本书以中英文对照的形式保留了大量的原文术语，这样的安排不但方便读者理解书中的代码，而且有助于读者通过网络查找和利用相关资源。

本书由黄进青翻译，唐盛、陈凯、马宏华、黄刚、郝艳杰、黄永强、熊爱华等参与了部分翻译工作。由于译者水平有限，疏漏之处在所难免，在此诚挚欢迎读者提出任何意见和建议。

译　者

前　　言

深度学习技术可用于开发智能 Web 应用程序。过去几年，在产品和业务中采用深度学习技术的公司数量大幅增长，为了市场机会而提供基于人工智能和深度学习的解决方案的初创企业数量也显著增加。本书介绍了许多使用 Python 在 Web 开发中实现深度学习的工具和技术实践。

本书首先阐释了机器学习的基础知识，重点是深度学习和神经网络的基础知识，以及它们的常见变体（如卷积神经网络和循环神经网络），并介绍了如何将它们集成到 Web 中。我们演示了为自定义模型创建 REST API，使用 Python 库（如 Django 和 Flask）创建支持深度学习的 Web 应用程序。你将看到如何在 Google 云平台、AWS 和 Microsoft Azure 上为基于深度学习的 Web 部署设置云环境，并了解如何使用深度学习 API。此外，你还将学习使用 Microsoft 的 Cognitive Toolkit（CNTK），它是一个类似于 Keras 的深度学习框架。你还将掌握如何部署真实世界的网站，并使用 reCAPTCHA 和 Cloudflare 保护网站安全。最后，本书还演示了如何通过 Dialogflow 在网页上集成语音用户界面。

在通读完本书之后，相信你能够在最佳工具和实践的帮助下部署你的智能 Web 应用程序和网站。

本书读者

本书适用于希望在 Web 上执行深度学习技术和方法的数据科学家、机器学习从业者和深度学习工程师。对于希望在浏览器中使用智能技术使其更具交互性的 Web 开发人员来说，本书也是理想之选。在学习完本书之后，你将深入了解浏览器数据。

读者最好具备 Python 编程语言和机器学习技术应用基础知识。你也可以访问以下网址以了解 Google 的机器学习速成课程。

https://developers.google.cn/machine-learning/crash-course

内容介绍

本书共分为 4 篇 12 章，另外还有一个附录，具体内容如下。

❑　第 1 篇："Web 和人工智能"，仅包括第 1 章。

第 1 章："人工智能简介和机器学习基础"，简要介绍机器学习、深度学习以及与 Web 开发相关的其他形式的人工智能方法论。另外，本章还快速介绍机器学习管道的基本主题，如探索性数据分析（EDA）、数据预处理、特征工程、训练和测试、评估模型等。最后还比较 AI 流行之前网站提供的交互性、用户体验以及它们现在的情况，探讨知名 Web-AI 企业正在做的工作，以及人工智能给它们的产品带来的巨大变化。

❑　第 2 篇："使用深度学习进行 Web 开发"，包括第 2～4 章。

➢　第 2 章："使用 Python 进行深度学习"，详细阐释与深度学习相关的基本概念和术语，以及如何使用深度学习技术构建一个简单的 Web 应用程序，其中还介绍 Python 中的不同深度学习库。

➢　第 3 章："创建第一个深度学习 Web 应用程序"，讨论利用深度学习的 Web 应用程序架构的若干个重要概念，并介绍探索数据集的方法。本章还展示如何实现和改进一个简单的神经网络，以及如何将其封装到 API 中以开发一个简单的 Web 应用程序。最后还演示如何使用不同的标准 Web 技术堆栈来实现 API。

➢　第 4 章："TensorFlow.js 入门"，介绍最流行的深度学习 JavaScript 库——TensorFlow.js（Tf.js）。本章简要概述 TensorFlow.js 的基本概念、它出现的意义以及它能够在浏览器中执行的操作。此外，本章还展示如何通过 TensorFlow.js 使用预训练模型并构建一个简单的 Web 应用程序。

❑　第 3 篇："使用不同的深度学习 API 进行 Web 开发"，包括第 5～8 章。

➢　第 5 章："通过 API 进行深度学习"，详细阐释 API 的概念及其在软件开发中的重要性。此外，本章还介绍不同的深度学习 API 示例（主要涵盖自然语言处理和计算机视觉两大领域）。最后，本章探讨在选择深度学习 API 提供商时应考虑的事项。

➢　第 6 章："使用 Python 在 Google 云平台上进行深度学习"，介绍 Google 云平台为 Web 开发人员所提供的 AI 集成产品。重点是 Dialogflow，它可用于制作聊天机器人和对话式 AI；另外还有 Cloud Vision API，可用于构建良好的视觉识别系统；还有 Cloud Translate API，可为不同地区的用户提供其语言的网站内容。本章详细讨论它们的应用，并演示在 Python 中使用它们的基本方法。

> 第 7 章："使用 Python 在 AWS 上进行深度学习"，介绍 Amazon Web Services（AWS）并简要讨论它的各种产品，包括 Alexa API 和 Rekognition API。Alexa API 可用于构建家庭自动化 Web 应用程序和其他交互界面，而 Rekognition API 则可用于检测照片和视频中的人和物体。

> 第 8 章："使用 Python 在 Microsoft Azure 上进行深度学习"，介绍 Microsoft Azure 云服务，重点介绍 Cognitive Toolkit（CNTK）、Face API 和 Text Analytics API 等。Face API 可以识别图片中的人像特征，而 Text Analytics API 则可用于从给定的文本片段中提取有意义的信息。

❑ 第 4 篇："生产环境中的深度学习——智能 Web 应用程序开发"，包括第 9~12 章。

> 第 9 章："支持深度学习的网站的通用生产框架"，介绍为在生产环境中的 Web 站点有效部署深度学习而设置的通用框架。涵盖定义问题陈述、根据问题陈述收集数据、数据清洗和预处理、构建 AI 模型、创建界面、在界面上使用 AI 模型等步骤，并创建一个端到端 AI 集成 Web 应用程序示例。

> 第 10 章："使用深度学习系统保护 Web 应用程序"，讨论使用 Python 进行深度学习以保护网站安全的若干技巧。本章介绍 reCAPTCHA 和 Cloudflare，并讨论如何使用它们来增强网站的安全性。最后还展示如何在 Python 后端使用深度学习来实现安全机制以检测网站上的恶意用户。

> 第 11 章："自定义 Web 深度学习生产环境"，讨论在生产环境中更新模型的方法以及如何根据需求选择正确的方法。本章介绍一些用于创建深度学习数据流的著名工具，最后还构建一个在后端使用在线学习的示例生产应用程序。

> 第 12 章："使用深度学习 API 和客服聊天机器人创建端到端 Web 应用程序"，介绍自然语言处理及其常用术语，讨论如何创建聊天机器人以使用 Dialogflow 解决一般客服查询并将其集成到 Django 和 Flask 网站中。本章探索实现客服机器人个性的方法以及如何使此类系统资源有效。此外，本章还介绍一种使用 Web Speech API 在网页上进行语音识别和语音合成的方法。

❑ 附录 A："Web+深度学习的成功案例和新兴领域"，介绍一些著名网站的成功案例，它们的产品在很大程度上依赖于利用深度学习的力量。该附录还讨论 Web 开发中可以通过深度学习进行增强的一些关键研究领域。这将帮助你更深入地研究 Web 技术和深度学习的结合，并激励你开发出自己的智能 Web 应用程序。

充分利用本书

本书假设你了解 Python 语言，特别是 Python 3.6 及更高版本。强烈建议在本地系统上安装 Python 的 Anaconda 发行版。任何支持 Python 3.6 及更高版本的 Anaconda 发行版都适合运行本书中的示例。

在硬件方面，本书假设你的计算机上有麦克风、扬声器和网络摄像头。

详细的软硬件配置需求如表 P-1 所示。

表 P-1

本书中涵盖的软件	硬件配置需求
Python 的 Anaconda 发行版和其他 Python 包	最低 1GB RAM，推荐 8GB；15GB 磁盘空间
你选择的代码编辑器（推荐使用 Sublime Text 3）	2GB RAM

下载示例代码文件

读者可以从 www.packtpub.com 中下载本书的示例代码文件。具体步骤如下。

（1）登录 www.packtpub.com 并注册。

（2）在页面顶部的搜索框中输入图书名称 Hands-On Python Deep Learning for the Web（不区分大小写，也不必输入完整），即可看到本书，单击链接即可打开如图 P-1 所示的页面。

（3）在本书详情页面中，找到并单击 Download code from GitHub（从 GitHub 上下载代码文件）按钮，如图 P-2 所示。

🔵 提示：

如果你看不到该下载按钮，可能是没有登录 packtpub 账号。该站点可免费注册账号。

图 P-1

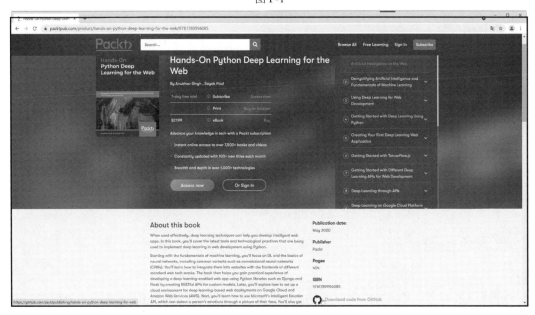

图 P-2

（4）在本书 GitHub 源代码下载页面中，单击右侧的 Code（代码）按钮，在弹出的下拉菜单中选择 Download ZIP（下载压缩包），如图 P-3 所示。

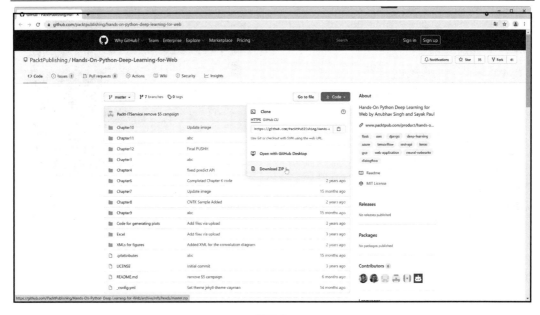

图 P-3

下载文件后，请确保使用最新版本软件解压缩或解压缩文件夹。

❑ WinRAR/7-Zip（Windows 系统）。

❑ Zipeg/iZip/UnRarX（Mac 系统）。

❑ 7-Zip/PeaZip（Linux 系统）。

你也可以直接访问本书在 GitHub 上的存储库，其网址如下。

https://github.com/PacktPublishing/Hands-On-Python-Deep-Learning-for-Web

如果代码有更新，则也会在现有 GitHub 存储库上更新。

下载彩色图像

我们还提供了一个 PDF 文件，其中包含本书中使用的屏幕截图/图表的彩色图像。可以通过以下地址下载。

http://www.packtpub.com/sites/default/files/downloads/9781789956085_ColorImages.pdf

本书约定

本书中使用了许多文本约定。

（1）有关代码块的设置如下所示。

```python
def remove_digits(s: str) -> str:
    remove_digits = str.maketrans('', '', digits)
    res = s.translate(remove_digits)
    return res
```

（2）任何命令行输入或输出都采用如下所示的粗体代码形式。

```
python main.py
```

（3）术语或重要单词采用中英文对照形式，在括号内保留其英文原文。示例如下。

循环神经网络（recurrent neural network，RNN）是另一种类型的神经网络，非常擅长自然语言处理（natural language processing，NLP）任务，如情感分析、序列预测、语音转文本的翻译、语言到语言的翻译等。

（4）对于界面词汇或专有名词将保留英文原文，在括号内添加其中文翻译。示例如下。

如果你还没有 AWS 账户，则可以单击底部的 Create a new AWS account（创建新 AWS 账户）按钮并按照步骤创建一个，这可能需要你输入借记卡/信用卡详细信息以启用你账户的计费机制。

（5）本书还使用了以下两种图标。

🛈表示警告或重要的注意事项。

💡表示提示或小技巧。

关 于 作 者

Anubhav Singh 是一名 Web 开发人员，也是一位技术探索者，喜欢将各种少见的技术进行组合。作为网络奥林匹克竞赛的国际排名保持者，他在 15 岁时即开发了自己的社交网络和搜索引擎，这是他的第一个项目。他是专注于人工智能的初创公司 The Code Foundation 的创始人，并且还曾经获得英特尔软件创新者称号。

感谢所有鼓励我完成本书的人——我的父母，他们每次打电话都问我这件事；我的朋友和教授，他们对我很宽容，使得我可以专注于本书的写作；Packt 出版社的团队，他们在整个写作过程中不断激励我们。最后还要非常感谢我的合著者 Sayak Paul，他信任我并邀请我与他合作编写本书。

Sayak Paul 目前在 PyImageSearch 工作，他在该公司的任务是应用深度学习来解决计算机视觉中的现实问题，并将解决方案引入边缘设备。他负责为 PyImageSearch 博客读者提供问答支持。他感兴趣的领域包括计算机视觉、生成建模等。Sayak 曾经在 DataCamp 开发项目。在加入 DataCamp 之前，他还在 TCS Research and Innovation（TRDDC）从事过数据隐私方面的工作。在工作之余，Sayak 喜欢撰写技术文章并在开发人员会议上发言。

感谢我的父母，在本书漫长的写作过程中，他们一直给予我支持、耐心和鼓励。也要感谢合著者 Anubhav，他对我的建议非常有耐心，并尽力配合。

关于审稿人

  Karan Bhanot 毕业于印度旁遮普工程学院计算机科学专业。他是机器学习和数据科学爱好者。他参与了许多项目，其中涉及 Python、Jupyter Notebook、NumPy、Pandas、Matplotlib、Flask、Flask-RESTPlus、神经网络（Keras 和 TensorFlow）、R 语言、Shiny、Leaflet 和 ggplot 等。作为前端开发人员，他还研究过 HTML、CSS 和 JavaScript。他目前正在攻读计算机科学博士学位，研究重点是数据科学和机器学习。他活跃在 GitHub 上，并经常在诸如 Medium 等在线博客网站上发表他的思想和学习成果。

目　　录

第 1 篇　Web 和人工智能

第 1 章　人工智能简介和机器学习基础 ……………………………………………………3
　1.1　人工智能及其类型简介 ……………………………………………………………4
　　1.1.1　影响人工智能推进的因素 ……………………………………………………4
　　1.1.2　数据 ……………………………………………………………………………5
　　1.1.3　算法的进步 ……………………………………………………………………6
　　1.1.4　硬件的进步 ……………………………………………………………………7
　　1.1.5　高性能计算的大众化 …………………………………………………………7
　1.2　机器学习——流行的人工智能形式 ………………………………………………7
　1.3　关于深度学习 ………………………………………………………………………8
　1.4　人工智能、机器学习和深度学习之间的关系 ……………………………………10
　1.5　机器学习基础知识 …………………………………………………………………11
　　1.5.1　机器学习的类型 ………………………………………………………………11
　　1.5.2　监督学习 ………………………………………………………………………12
　　1.5.3　无监督学习 ……………………………………………………………………13
　　1.5.4　强化学习 ………………………………………………………………………13
　　1.5.5　半监督学习 ……………………………………………………………………14
　1.6　必要的术语 …………………………………………………………………………14
　　1.6.1　训练集、测试集和验证集 ……………………………………………………14
　　1.6.2　偏差和方差 ……………………………………………………………………15
　　1.6.3　过拟合和欠拟合 ………………………………………………………………15
　　1.6.4　训练误差和泛化误差 …………………………………………………………17
　1.7　机器学习的标准工作流程 …………………………………………………………18
　　1.7.1　数据检索 ………………………………………………………………………18
　　1.7.2　数据准备 ………………………………………………………………………19
　　1.7.3　建立模型 ………………………………………………………………………20

1.7.4   模型对比与选择 23

1.7.5   部署和监控 23

1.8   融合 AI 之前和之后的 Web 应用 25

1.8.1   聊天机器人 25

1.8.2   Web 分析 26

1.8.3   垃圾邮件过滤 27

1.8.4   搜索引擎 28

1.9   知名 Web-AI 企业以及它们正在做的工作 29

1.9.1   Google 30

1.9.2   Facebook 33

1.9.3   Amazon 34

1.10   小结 35

第 2 篇   使用深度学习进行 Web 开发

第 2 章   使用 Python 进行深度学习 39

2.1   揭开神经网络的神秘面纱 39

2.1.1   人工神经元 40

2.1.2   线性神经元详解 41

2.1.3   非线性神经元详解 43

2.1.4   神经网络的输入和输出层 45

2.1.5   梯度下降和反向传播 49

2.2   不同类型的神经网络 52

2.2.1   卷积神经网络 52

2.2.2   循环神经网络 58

2.3   Jupyter Notebook 初探 64

2.3.1   安装 Jupyter Notebook 64

2.3.2   验证安装 65

2.3.3   使用 Jupyter Notebook 66

2.4   设置基于深度学习的云环境 67

2.4.1   设置 AWS EC2 GPU 深度学习环境 68

2.4.2   Crestle 上的深度学习 72

2.4.3　其他深度学习环境 72

2.5　NumPy 和 Pandas 初探 73

2.5.1　关于 NumPy 库 73

2.5.2　NumPy 数组 73

2.5.3　基本的 NumPy 数组操作 75

2.5.4　NumPy 数组与 Python 列表 76

2.5.5　关于 Pandas 77

2.6　小结 78

第 3 章　创建第一个深度学习 Web 应用程序 79

3.1　技术要求 79

3.2　构建深度学习 Web 应用程序 80

3.2.1　深度学习 Web 应用程序规划 80

3.2.2　通用深度学习网络应用程序的结构图 80

3.3　理解数据集 81

3.3.1　手写数字的 MNIST 数据集 81

3.3.2　探索数据集 82

3.3.3　创建函数来读取图像文件 83

3.3.4　创建函数来读取标签文件 85

3.3.5　数据集汇总信息 85

3.4　使用 Python 实现一个简单的神经网络 86

3.4.1　导入必要的模块 87

3.4.2　重用函数以加载图像和标签文件 87

3.4.3　重塑数组以使用 Keras 进行处理 89

3.4.4　使用 Keras 创建神经网络 89

3.4.5　编译和训练 Keras 神经网络 90

3.4.6　评估和存储模型 91

3.5　创建 Flask API 以使用服务器端 Python 92

3.5.1　设置环境 92

3.5.2　上传模型结构和权重 92

3.5.3　创建第一个 Flask 服务器 92

3.5.4　导入必要的模块 93

　　　　3.5.5　将数据加载到脚本运行时并设置模型 93

　　　　3.5.6　设置应用程序和 index()函数 94

　　　　3.5.7　转换图像函数 94

　　　　3.5.8　预测 API 95

　　3.6　通过 cURL 使用 API 并使用 Flask 创建 Web 客户端 96

　　　　3.6.1　通过 cURL 使用 API 96

　　　　3.6.2　为 API 创建一个简单的 Web 客户端 97

　　3.7　改进深度学习后端 100

　　3.8　小结 100

第 4 章　TensorFlow.js 入门 101

　　4.1　技术要求 101

　　4.2　TF.js 的基础知识 102

　　　　4.2.1　关于 TensorFlow 102

　　　　4.2.2　关于 TF.js 102

　　　　4.2.3　TF.js 出现的意义 102

　　4.3　TF.js 的基本概念 103

　　　　4.3.1　张量 103

　　　　4.3.2　变量 104

　　　　4.3.3　操作符 104

　　　　4.3.4　模型和层 105

　　4.4　使用 TF.js 的案例研究 106

　　　　4.4.1　TF.js 迷你项目的问题陈述 106

　　　　4.4.2　鸢尾花数据集 106

　　4.5　开发一个使用 TF.js 的深度学习 Web 应用程序 107

　　　　4.5.1　准备数据集 107

　　　　4.5.2　项目架构 107

　　　　4.5.3　启动项目 108

　　　　4.5.4　创建 TF.js 模型 110

　　　　4.5.5　训练 TF.js 模型 112

　　　　4.5.6　使用 TF.js 模型进行预测 113

　　　　4.5.7　创建一个简单的客户端 115

4.5.8　运行 TF.js Web 应用程序 117

4.6　TF.js 的优点和局限性 119

4.7　小结 119

第 3 篇　使用不同的深度学习 API 进行 Web 开发

第 5 章　通过 API 进行深度学习 123

5.1　关于 API 123

5.2　使用 API 的重要性 124

5.3　API 与库的异同 125

5.4　一些广为人知的深度学习 API 126

5.5　一些鲜为人知的深度学习 API 127

5.6　选择深度学习 API 提供商 128

5.7　小结 129

第 6 章　使用 Python 在 Google 云平台上进行深度学习 131

6.1　技术要求 131

6.2　设置 Google 云平台账户 131

6.3　在 GCP 上创建第一个项目 133

6.4　在 Python 中使用 Dialogflow API 135

6.4.1　创建 Dialogflow 账户 136

6.4.2　创建新代理 136

6.4.3　创建新 Intent 138

6.4.4　测试代理 139

6.4.5　安装 Dialogflow Python SDK 140

6.4.6　创建 GCP 服务账号 141

6.4.7　使用 Python API 调用 Dialogflow 代理 143

6.5　在 Python 中使用 Cloud Vision API 146

6.5.1　使用预训练模型的重要性 147

6.5.2　设置 Vision Client 库 148

6.5.3　使用 Python 调用 Cloud Vision API 149

6.6　在 Python 中使用 Cloud Translation API 150

6.6.1　为 Python 设置 Cloud Translate API 151

　　　6.6.2　使用 Google Cloud Translation Python 库 152

　6.7　小结 152

第 7 章　使用 Python 在 AWS 上进行深度学习 155

　7.1　技术要求 155

　7.2　AWS 入门 156

　7.3　AWS 产品简介 158

　7.4　boto3 入门 160

　7.5　配置环境变量并安装 boto3 162

　　　7.5.1　在 Python 中加载环境变量 162

　　　7.5.2　创建 S3 存储桶 162

　　　7.5.3　使用 boto3 从 Python 代码中访问 S3 164

　7.6　在 Python 中使用 Rekognition API 165

　　　7.6.1　Rekognition API 功能介绍 165

　　　7.6.2　使用 Rekognition API 的名人识别功能 166

　　　7.6.3　通过 Python 代码调用 Rekognition API 167

　7.7　在 Python 中使用 Alexa API 171

　　　7.7.1　先决条件和项目框图 171

　　　7.7.2　为 Alexa 技能创建配置 173

　　　7.7.3　设置 Login with Amazon 服务 173

　　　7.7.4　创建技能 175

　　　7.7.5　配置 AWS Lambda 函数 176

　　　7.7.6　创建 Lambda 函数 178

　　　7.7.7　配置 Alexa 技能 180

　　　7.7.8　为技能设置 Amazon DynamoDB 181

　　　7.7.9　为 AWS Lambda 函数部署代码 182

　　　7.7.10　测试 Lambda 函数 189

　　　7.7.11　测试 AWS Home Automation 技能 191

　7.8　小结 192

第 8 章　使用 Python 在 Microsoft Azure 上进行深度学习 195

　8.1　技术要求 195

　8.2　设置 Azure 账户 196

8.3　Azure 提供的深度学习服务 198
8.4　使用 Face API 和 Python 进行对象检测 200
　　8.4.1　初始设置 200
　　8.4.2　在 Python 代码中使用 Face API 203
　　8.4.3　可视化识别结果 205
8.5　使用 Text Analytics API 和 Python 提取文本信息 207
　　8.5.1　快速试用 Text Analytics API 207
　　8.5.2　在 Python 代码中使用 Text Analytics API 208
8.6　关于 CNTK 210
　　8.6.1　CNTK 入门 210
　　8.6.2　在本地机器上安装 CNTK 210
　　8.6.3　在 Google Colaboratory 上安装 CNTK 211
　　8.6.4　创建 CNTK 神经网络模型 212
　　8.6.5　训练 CNTK 模型 215
　　8.6.6　测试和保存 CNTK 模型 216
8.7　Django Web 开发简介 216
　　8.7.1　Django 入门 217
　　8.7.2　创建一个新的 Django 项目 218
　　8.7.3　设置主页模板 218
8.8　使用来自 Django 项目的 CNTK 进行预测 223
　　8.8.1　设置预测路由和视图 223
　　8.8.2　进行必要的模块导入 224
　　8.8.3　使用 CNTK 模型加载和预测 225
　　8.8.4　测试 Web 应用程序 226
8.9　小结 227

第 4 篇　生产环境中的深度学习——智能 Web 应用程序开发

第 9 章　支持深度学习的网站的通用生产框架 231
9.1　技术要求 231
9.2　定义问题陈述 232
9.3　建立项目的心智模型 232

9.4　避免获得错误数据 235

9.5　关于构建 AI 后端的问题 237

　　9.5.1　期望网站的 AI 部分是实时的 237

　　9.5.2　假设来自网站的传入数据是理想的 237

9.6　端到端 AI 集成 Web 应用程序示例 238

　　9.6.1　数据收集和清洗 238

　　9.6.2　构建 AI 模型 239

　　9.6.3　导入必要的模块 239

　　9.6.4　读取数据集并准备清洗函数 240

　　9.6.5　提取需要的数据 240

　　9.6.6　应用文本清洗函数 241

　　9.6.7　将数据集拆分为训练集和测试集 241

　　9.6.8　聚合有关产品和用户的文本 241

　　9.6.9　创建用户和产品的 TF-IDF 向量化器 242

　　9.6.10　根据提供的评级创建用户和产品索引 242

　　9.6.11　创建矩阵分解函数 243

　　9.6.12　将模型保存为 pickle 文件 243

　　9.6.13　构建用户界面 244

　　9.6.14　创建 API 来响应搜索查询 244

　　9.6.15　创建用户界面以使用 API 247

9.7　小结 248

第 10 章　使用深度学习系统保护 Web 应用程序 249

10.1　技术要求 249

10.2　reCAPTCHA 的由来 250

10.3　恶意用户检测 251

10.4　基于 LSTM 的用户认证模型 252

　　10.4.1　为用户身份认证有效性检查构建模型 252

　　10.4.2　训练模型 256

　　10.4.3　托管自定义身份验证模型 257

10.5　基于 Django 构建使用 API 的应用程序 259

　　10.5.1　Django 项目设置 259

10.5.2 在项目中创建应用程序 259

10.5.3 将应用程序链接到项目中 260

10.5.4 为网站添加路由 260

10.5.5 在 BBS 应用程序中创建路由处理文件 261

10.5.6 添加认证路由和配置 261

10.5.7 创建登录页面 261

10.5.8 创建注销视图 263

10.5.9 创建登录页面模板 263

10.5.10 BBS 页面模板 265

10.5.11 添加到 BBS 页面模板 265

10.5.12 BBS 模型 266

10.5.13 创建 BBS 视图 267

10.5.14 创建添加贴文的视图 268

10.5.15 创建管理员用户并对其进行测试 268

10.5.16 通过 Python 在 Web 应用程序中使用 reCAPTCHA 269

10.6 使用 Cloudflare 保护网站安全 272

10.7 小结 273

第 11 章 自定义 Web 深度学习生产环境 275

11.1 技术要求 275

11.2 生产环境中的深度学习概述 276

11.2.1 Web API 服务 278

11.2.2 在线学习 278

11.2.3 批量预测 278

11.2.4 自动机器学习 278

11.3 在生产环境中部署机器学习的流行工具 279

11.3.1 creme 279

11.3.2 Airflow 282

11.3.3 AutoML 284

11.4 深度学习 Web 生产环境示例 285

11.4.1 项目基础步骤 285

11.4.2 探索数据集 285

11.4.3　构建预测模型 286

11.4.4　实现前端 290

11.4.5　实现后端 291

11.4.6　将项目部署到 Heroku 上 294

11.5　安全措施、监控技术和性能优化 297

11.6　小结 298

第 12 章　使用深度学习 API 和客服聊天机器人创建端到端 Web 应用程序 299

12.1　技术要求 299

12.2　自然语言处理简介 300

12.2.1　语料库 300

12.2.2　词性 300

12.2.3　分词 301

12.2.4　词干提取和词形还原 301

12.2.5　词袋 302

12.2.6　相似性 302

12.3　聊天机器人简介 303

12.4　创建拥有客服代表个性的 Dialogflow 机器人 304

12.4.1　关于 Dialogflow 304

12.4.2　步骤 1——打开 Dialogflow 控制台 305

12.4.3　步骤 2——创建新代理 306

12.4.4　步骤 3——了解仪表板 306

12.4.5　步骤 4——创建 Intent 308

12.4.6　步骤 5——创建一个 webhook 313

12.4.7　步骤 6——创建 Firebase Cloud Functions 313

12.4.8　步骤 7——为机器人添加个性 315

12.5　通过 ngrok 在本地主机上使用 HTTPS API 316

12.6　使用 Django 创建测试用户界面来管理订单 318

12.6.1　步骤 1——创建 Django 项目 318

12.6.2　步骤 2——创建一个使用订单管理系统 API 的应用程序 319

12.6.3　步骤 3——设置 settings.py 319

12.6.4　步骤 4——向 apiui 中添加路由 320

12.6.5　步骤 5——在 apiui 应用程序中添加路由 321

12.6.6　步骤 6——创建所需的视图 321

12.6.7　步骤 7——创建模板 322

12.7　使用 Web Speech API 在网页上进行语音识别和语音合成 322

12.7.1　步骤 1——创建按钮元素 323

12.7.2　步骤 2——初始化 Web Speech API 并执行配置 324

12.7.3　步骤 3——调用 Dialogflow 代理 325

12.7.4　步骤 4——在 Dialogflow Gateway 上创建 Dialogflow API 代理 326

12.7.5　步骤 5——为按钮添加 click 处理程序 328

12.8　小结 329

附录 A　Web+深度学习的成功案例和新兴领域 331

A.1　成功案例 331

A.1.1　Quora 331

A.1.2　多邻国 332

A.1.3　Spotify 333

A.1.4　Google 相册 333

A.2　重点新兴领域 334

A.2.1　音频搜索 334

A.2.2　阅读理解 336

A.2.3　检测社交媒体上的假新闻 337

A.3　结语 338

## 第 1 篇

Web 和人工智能

本篇将诠释人工智能（artificial intelligence，AI）的定义，并介绍它对 Web 产生的影响。本篇还将简要讨论机器学习的基础知识。

本篇包括以下 1 章。

第 1 章，人工智能简介和机器学习基础

第1章　人工智能简介和机器学习基础

大约一百年前，电力开始彻底变革每个行业，运输、农业、制造、通信都被电力所改变。今天的 AI 是新的电力，我们可以清晰地看到 AI 也在改变几乎每个主要行业。

——吴恩达（人工智能和机器学习领域著名学者）

像吴恩达先生这样的表述你可能似曾相识，作为一项事实陈述，它确实与当前的技术颠覆产生了强烈共鸣。在最近一段时间里，人工智能（AI）已成为几乎每个行业都非常感兴趣的领域。无论是教育公司、电信公司还是从事医疗保健的组织，它们都已采用人工智能来增强其业务。人工智能与其他行业的这种不可思议的整合只会随着时间的推移而变得更加美好，并且将以更加智能的方式解决现实世界中的关键问题。今天，智能手机可以根据我们的指示进行临床预约和在线购票，使得"黄牛"们的生意一落千丈；手机摄像头可以捕捉图像和视频中的人类属性，实现动态抠图和各种美颜效果；汽车警报系统可以检测驾驶员的驾驶手势，使我们免于可能发生的事故。随着研究的深入、技术的进步和计算能力的大众化，上述示例只会变得越来越好，并且会变得尽可能智能。

人工智能让软件的发展步入了 2.0 时代，虽然这项技术自 20 世纪 50 年代以来就存在，但是在最近几年才成为人们关注的热点。是的！人工智能诞生于 20 世纪 50 年代，当时只有少数计算机科学家和数学家，如 Alan Turing 开始思考机器是否可以像人类一样思考，以及是否可以赋予它们智能，以便它们能够在没有明确编程的情况下自行回答问题。

在此之后不久，John McCarthy 于 1956 年在一次学术会议上首次创造了 artificial intelligence（人工智能）一词。从图灵在其论文 Computing Machinery and Intelligence（《计算机器和智能》）中提出 Can machines think？（机器能思考吗？）这个问题以来，即从 1950 年左右到 21 世纪的今天，人工智能世界已经向人们展示了一些前所未有甚至我们从未曾想过的成果。

今天的人们几乎无法想象自己离开网络的一天。Web 事实上已经成为我们基本的必需品之一。我们最喜欢的搜索引擎可以直接回答我们的问题，而不是给我们提供相关链接列表。它们可以分析在线文本并检测其意图和总结其内容。所有这一切都是因为有了人工智能才成为可能。

本书旨在为读者提供实战指南，以帮助掌握如何使用深度学习等人工智能技术来制作基于计算机视觉、自然语言处理和安全性等的智能 Web 应用程序。

为了方便人工智能领域的新人，本章将简要介绍人工智能及其不同类型，以及机器学习（machine learning，ML）的基本概念。此外，我们还将介绍一些业内知名企业以及它们通过融合人工智能和 Web 技术所做的工作。

本章包含以下主题。

- ❑ 人工智能及其类型简介。
- ❑ 机器学习——流行的人工智能形式。
- ❑ 关于深度学习。
- ❑ 人工智能、机器学习和深度学习之间的关系。
- ❑ 机器学习基础知识。
- ❑ 必要的术语。
- ❑ 机器学习的标准工作流程。
- ❑ 融合人工智能之前和之后的 Web 应用。
- ❑ 知名 Web-AI 企业以及它们正在做的工作。

1.1 人工智能及其类型简介

简而言之，人工智能就是赋予机器智能执行的能力。例如，我们很多人都会下棋。从本质上讲，人类下棋首先要学习有关下棋的一些基础知识，然后才能与他人一起投入实战，并在不断的尝试和失败中吸取经验教训，从而提高自己的棋力。但是机器能做到这一点吗？机器可以自己学习并和我们下棋吗？

人工智能尝试要做的是，根据某些规则生成所谓智能（intelligence），然后将该智能灌输到机器中，使其和人类下棋成为可能。这里提到的机器（machine）可以是任何可以执行计算的东西。例如，它可以是软件，也可以是机器人。在专业领域，这样的机器通常称之为代理（agent，也称为智能体）。

目前的人工智能有若干种类型。流行的有以下几种。

- ❑ 模糊系统（fuzzy system）。
- ❑ 专家系统（expert system）。
- ❑ 机器学习系统（machine learning system）。

最后一种类型你可能已经听到很多次了。下文将会详细讨论它。但在继续此主题之前，我们还应该了解推动今天人工智能进步的一些主要因素。

1.1.1 影响人工智能推进的因素

推动人工智能进步的主要因素如下。

- ❑ 数据。
- ❑ 算法进步。
- ❑ 计算机硬件进步。
- ❑ 高性能计算的大众化。

1.1.2　数据

我们今天拥有的数据量是巨大的——正如 Google 首席经济学家 Hal Varian 在 2016 年所说的那样：

"从文明诞生直到 2003 年，我们只创造了 5 艾字节的数据，而现在我们每两天就可以创造 1 艾字节的数据。到 2020 年，这个数字预计将达到 53 泽字节——增加了 50 多倍。"

💡 提示：

数据存储单位包括字节（Byte）、千字节（KB）、兆字节（MB）、吉字节（GB）、太字节（TB）、拍字节（PB）、艾字节（EB）、泽字节（ZB）、尧字节（YB）。

1Byte= 8bit（位）

1KB（kilobyte）=1024B

1MB（megabyte）=1024KB

1GB（gigabyte）=1024MB

1TB（trillionbyte）=1024GB

1PB（petabyte）=1024TB

1EB（exabyte）=1024PB

1ZB（zettabyte）=1024EB

1YB（yottabyte）=1024ZB

这是相当庞大的数据。随着数字设备数量的增长，这一数据量只会继续呈指数级增长。行驶中的汽车只在仪表上显示速度的时代已经一去不复返了。我们所处的时代，汽车的每个部分都可以在每一瞬间产生日志，使我们能够完全重建汽车生命中的任何时刻。

一个人从生活中学习到的东西越多，他就会变得越聪明，对未来事件结果的预测能力也就越强。机器也是一样，某个软件可以训练的数据量越大，它在预测未来数据方面的性能就越好。

在过去几年中，由于以下多种因素的共同作用，数据的可用性已经成倍增长。

- ❑　更便宜的存储硬件。
- ❑　更高的数据传输速率。
- ❑　出现了基于云的存储解决方案。
- ❑　更先进的传感器。
- ❑　物联网。
- ❑　各种形式的数字电子设备的增加。
- ❑　网站和本地应用程序的使用增加。

现在的数字设备比以往任何时候都多。它们都配备了可以随时生成日志并通过互联网进行传输的系统，这些数据可能被传输到制造它们的公司或购买该数据的任何其他供应商。此外，还有许多日志是由人们使用的网站或应用程序创建的。所有这些都可以轻松地被存储在基于云的存储解决方案或高存储容量的物理存储中，现在这些存储设备比以前要便宜得多。

随便朝四周看看，你可能就会看到手机（这已经是很多人须臾不离的标配）、iPad和笔记本计算机等，你经常在这些设备上使用多个软件和访问网站——所有这些软件和网站都可能收集你对它们执行的每项操作的数据。同样，你的手机、iPad 和笔记本计算机甚至是健康手环等都将充当此类数据的生成设备。当你使用华为云电视或小米盒子看电视时，服务提供商和频道提供商都在收集有关你的数据，以便更好地为你服务并改进他们的产品。想象一下，我们每个人每天都在产生大量数据，而我们有数十亿人共同生活在这个星球上！

1.1.3　算法的进步

算法是导致给定问题解决方案的明确步骤序列。随着时间的推移，同时随着科学的扩展和人类在数学的帮助下对自然规律的理解，算法得到了改进。大自然启发了复杂问题的解决方案。神经网络可能是当今最受关注、受自然启发的算法。

当计算机逻辑从多个 if-else 梯形图开始时，恐怕没有人会想到：有一天我们的计算机程序会无须手动编写条件语句即可学习生成类似于 if-else 梯形图的结果。更重要的是，今天的计算机程序已经可以生成其他可以模拟 AI 的程序。

毫无疑问，随着时间的推移，由人类开发的算法以及现在由机器开发的算法在执行任务时将变得越来越聪明，越来越强大。这也将直接导致神经网络的兴起，因为在神经网络的基本形式中，矩阵和向量算术问题是一个耗时的超级循环嵌套，算法的进步将解决这些问题。

1.1.4　硬件的进步

当英特尔公司在 1970 年推出其第一个动态内存模块时，它仅能保存 1KB 的数据。大约 50 年后，市场上出现了 128GB 的内存模块，其容量差不多是前者的 $1.28{\times}10^8$ 倍。

硬盘也呈现出类似的趋势。第一款用于个人计算机的硬盘仅能够存储宝贵的 5MB 数据，而目前的主流硬盘容量已经达到 4TB 左右，并且价格还非常便宜。

而且，这里我们只是讨论了直接的个人计算比较，没有考虑自第一台计算机问世以来技术增长的影响。今天，随着云计算的出现，存储的成本更进一步降低。例如，像百度云这样的大型云存储服务提供商甚至可以免费向用户提供高达数 TB 的存储空间。

人工智能可以直接从计算速度和数据存储的这种指数级增长中受益。

1.1.5　高性能计算的大众化

随着硬件成本的降低及其性能的提高，高性能计算如今已不再是科技巨头的专利。今天，任何一个人都可以轻松组装一个计算设备网络供个人使用，以促进高性能计算。当然，投资硬件并不是实现高性能计算的唯一途径，基于云的计算解决方案的出现也可以满足非常高速的计算，用户只需要单击鼠标即可轻松部署和使用。用户可以随时通过网络启动基于云的实例，并以最低费用在其上运行性能密集型软件。

随着高性能计算对个人开发人员来说变得容易使用，人工智能解决方案的开发已经进入了广泛的开发人员社区。这导致人工智能的创造性和基于研究的应用数量激增。

接下来，我们将介绍目前最为流行的人工智能形式，并讨论有关它的一些重要概念。

1.2　机器学习 —— 流行的人工智能形式

我们尝试在不使用任何数学符号或过多理论细节的情况下，从直观的角度来诠释术语机器学习（ML）。为了做到这一点，不妨先来看看我们人类实际上是如何学习的。你还记得在学校时，老师教导你如何识别句子中的成分吗？通常一个句子会有主谓宾和定状补，我们需要学习一组规则来识别句子中的各个部分。老师会给我们大量的例子，让我们识别句子中的成分，判别缺失的部分，以有效地训练我们，使我们可以利用这种学习经验来识别没有教过的句子中的成分。事实上，这个学习过程适用于我们需要学习的绝大多数内容。

如果我们以类似的方式训练机器，结果会如何呢？循着这一思路，研究人员尝试对它们进行编程，让它们可以从经验中学习并开始根据这些知识回答问题，结果大家都看到了，现在我们都在享受由于机器学习的深入发展而带来的好处。这就是我们从直观的角度来理解机器学习时的含义。

要以更正式、更标准的方式理解机器学习，不妨来看一看 Tom Mitchell 在其著作 *Machine Learning*（《机器学习》）中对机器学习所下的定义：

"如果某计算机程序在任务（task，T）上的性能（performance，P）随着经验（experience，E）的提高而提高，则称该计算机程序可从经验 E 中学习某些任务 T 和某些性能度量 P。"

上述定义是有关机器学习含义的更精确版本。需要强调的是，正是由于这种形式的人工智能的发展，我们才能看到今天多姿多彩的 AI "魔法"。

现在我们已经对机器学习是什么有了一个清晰的认识，接下来讨论机器学习最强大的一个子领域——深度学习。同样，我们不会深入研究其数学细节，而是再次尝试从直观的角度来理解它。

1.3　关于深度学习

深度学习（deep learning，DL）很可能是本世纪最热门的技术术语。前面我们已经在某种程度上理解了学习，所以现在让我们来看看"深度学习"这个术语的第一部分——深度。

深度学习是机器学习的类型之一，它的特点是纯粹基于神经网络（neural network）。在第 2 章"使用 Python 进行深度学习"中将会详细讨论神经网络。

任何机器学习系统的基本目标都是学习提供给它的数据的有用表示，换言之，就是从数据中发掘出有用的知识或见解。那么，是什么让深度学习与众不同呢？这就要从其名称中的"深度"说起了。深度学习系统将数据视为层的表示。例如，可以将图像视为具有不同属性（如边缘、轮廓、方向、纹理和梯度）层的表示。François Chollet 在其所著的 *Deep Learning with Python*（《使用 Python 进行深度学习》）一书中，使用了图 1-1 来很好地体现这个思路。

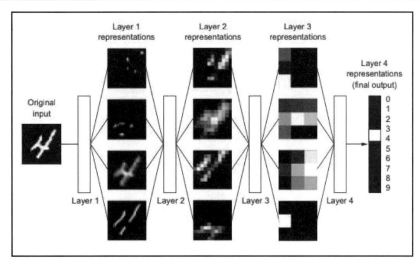

图 1-1

原　　　文	译　　　文
Original input	原始输入
Layer 1 representations	层 1 表示
Layer 2 representations	层 2 表示
Layer 3 representations	层 3 表示
Layer 4 representations(final output)	层 4 表示（最终输出）

在图 1-1 中，使用了深度学习系统对手写数字的图像进行分类。该系统将手写数字的图像作为其输入，并尝试学习其底层表示。在第一层（Layer 1），系统学习的是笔画和线条等通用特征。随着层数的增加，它会了解更多与给定图像相关的特征。层数越多，系统越深。François Chollet 在其所著的 *Deep Learning with Python*（《使用 Python 进行深度学习》）一书中，对于"深度"给出了以下定义：

深度学习中的"深度"并不是指通过该方法可以实现多深的理解；相反，它代表的是连续表示层（successive layer of representation）这一概念。数据模型的层数被称为模型的深度。在深度学习中，这些分层表示（几乎总是）通过称为神经网络的模型来学习，各层正如其名，相互层叠在一起。

上述定义非常恰当地捕捉到深度学习的所有必要成分，并准确阐释了将数据视为分层表示的概念。因此，广义上的深度学习系统就是以分层的方式将数据分解为简单的表示，并且为了学习这些表示，它通常使用许多层（也就是所谓的深度）。

接下来，让我们从宏观上来看人工智能、机器学习和深度学习之间的关系。

1.4　人工智能、机器学习和深度学习之间的关系

要清晰理解人工智能、机器学习和深度学习之间的关系，可以看图 1-2，它准确体现了这 3 个大众耳熟能详但未必能分清的术语之间的关系。

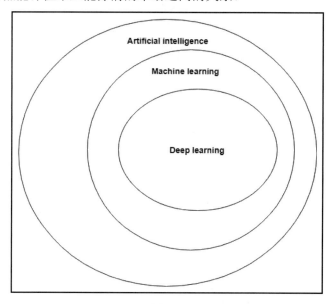

图 1-2

原　　文	译　　文
Artificial intelligence	人工智能
Machine learning	机器学习
Deep learning	深度学习

图 1-2 可谓一目了然，在深度学习领域的许多书籍中也都有提到过。从这幅图中可以得出一个有趣的结论。

ℹ️ 注意：

所有深度学习系统都是机器学习系统，而所有机器学习系统都是人工智能系统。但反之则不然——并非所有人工智能系统都是深度学习系统。

乍一听，这句话可能有点令人困惑，但是如果你对它们有扎实的了解，就会知道这句话完美概述了人工智能、机器学习和深度学习之间的区别。

接下来，我们将继续介绍学习本书后续内容所需的一些基础知识。

1.5　机器学习基础知识

前文已经讨论了机器学习的含义，本节将重点介绍一些术语，如监督学习（supervised learning）和无监督学习（unsupervised learning）；此外，我们还将讨论标准机器学习工作流程中涉及的步骤。你可能会问：为什么要介绍机器学习？按照本书的书名，我们要讨论的不是深度学习吗？请少安毋躁，我们刚刚解释过，深度学习只是机器学习的类型之一。因此，快速了解与机器学习相关的基础概念肯定会对你有所帮助。让我们从几种类型的机器学习以及它们之间的区别开始谈起。

1.5.1　机器学习的类型

机器学习包含大量算法和主题。虽然构成机器学习模型的每个算法都不过是对给定数据的数学计算，但提供的数据形式以及对其执行任务的方式可能会有很大差异。有时，你可能希望你的机器学习模型根据之前房价的数据来预测未来的房价，这些数据与房屋的详细信息（如房间数和楼层数）有关，而在其他时候，你可能希望你的模型学会如何与你玩计算机游戏。对于第一个任务来说，你可以想象输入的数据将采用表格格式，但对于第二个任务，你可能无法想象它采用相同的数据输入格式。因此，机器学习算法根据它们接收的输入数据和它们应该产生的输出类型，分为 3 大类和另一种派生的形式，如下所示。

❑　监督学习。
❑　无监督学习。
❑　强化学习。
❑　半监督学习。

图 1-3 显示了机器学习的 3 种主要类型，以及派生出来的第四种类型，对每种类型都提供了一个非常简要的总结。

你可能听说过机器学习的第四种形式——半监督学习，它其实就是结合使用了监督学习和无监督学习的方法，属于一种派生类型。

接下来，我们将更深入地介绍这些机器学习类型，讨论它们的功能以及可以用它们来解决的问题类型。

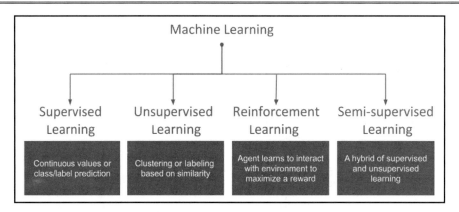

图 1-3

原　　文	译　　文
Machine Learning	机器学习
Supervised Learning	监督学习
Continuous values or class/label prediction	连续值或分类/标签预测
Unsupervised Learning	无监督学习
Clustering or labeling based on similarity	基于相似性的聚类或标记
Reinforcement Learning	强化学习
Agent learns to interact with environment to maximize a reward	代理与环境进行交互以获得最大化奖励
Semi-supervised Learning	半监督学习
A hybrid of supervised and unsupervised learning	结合使用监督学习和无监督学习

1.5.2　监督学习

在这种形式的机器学习中，算法会提供大量训练样本，其中包含有关所有参数或特征的信息，这些信息将用于确定输出特征。此输出特征可以是连续的值范围或离散的标签集合。以此为基础，监督学习的算法可分为以下两类。

❑ 分类（classification）：在输出特征中产生离散标签的算法。例如，判断图像中的动物是"猫"还是"狗"，或者将新闻归类于"政治""经济""军事""体育""娱乐"等主题。

❑ 回归（regression）：回归算法试图找到自变量和因变量之间的关系。所谓"回归"，其实就是由因回溯果的过程，最终得到因与果的关系。例如，线性回归旨在寻找到一根线，这根线到达所有样本点的距离之和是最小的。

大多数机器学习爱好者在初入机器学习领域时，由于其直观的简单性，都倾向于首先熟悉监督学习。它有一些最简单的算法，即使没有深入的数学知识也很容易理解。监督学习算法有一些非常出名，如线性回归、逻辑回归、支持向量机和 k 最近邻等。

1.5.3　无监督学习

无监督学习出现在训练样本不带有输出特征的场景中。你可能会想，在这种情况下，我们应该学习或预测什么？答案是相似性（similarity）。更详细地说，就是当我们有一个用于无监督学习的数据集时，通常会尝试学习训练样本之间的相似性，然后为它们分配类别或标签。

考虑有一群人站在一个很大的场地上，他们都具有年龄、性别、婚姻状况、工资范围和教育水平等特征。现在，我们希望根据他们的相似性对他们进行分组。首先可以将他们分为两个小组，一组为女性，另一组为男性；然后可以在这些组内形成子组，根据他们的年龄范围将他们划分为儿童、青少年、成人和老人。这样就可以得到 8 个这样的子组。我们还可以根据任何两个人表现出的相似性来划分更小的子组。

上述分组方式只是形成组的若干种方式中的一种。现在，假设有 10 个新成员加入人群，由于我们已经定义了组，因此可以轻松地将这些新成员分类到这些组中。也就是说，可以成功地将组标签应用于新成员（这实际上就是对未见数据的预测）。

上面的例子仅展示了无监督学习的一种形式，它实际上可以分为以下两种类型。
❑　聚类（clustering）：这是根据特征的相似性形成训练样本组。
❑　关联（association）：这是为了找到特征或训练样本之间表现出的抽象关联或规则。例如，通过分析一家商店的销售记录，可以发现顾客大多在晚上 7 点之后购买啤酒。

无监督学习也有一些非常著名的算法，如 K 均值聚类、DBSCAN 和 Apriori 算法等。

1.5.4　强化学习

强化学习（reinforcement learning，RL）是机器学习的一种形式，在该学习类型中，虚拟代理将尝试学习如何与周围环境交互，以便它可以从特定的一组动作中获得最大的奖励。

我们试着用一个小例子来理解这一点——假设你制作了一个玩飞镖的机器人。现在，机器人只有在击中飞镖盘中心时才能获得最大奖励。它以随机投掷飞镖开始，并落在最外圈。它得到一定数量的点，如 x1。现在它知道在该区域附近投掷将产生 x1 的预期值。因此，在下一次投掷中，它的角度发生了很小的变化，幸运地落在了最右边的第二个圈，获得了 x2 分。由于 x2 大于 x1，机器人取得了更好的成绩，因此以后会学习在这个区域附近投掷。如果飞镖落到比最外环更远的地方，那么机器人会在第一次投掷附近继续投掷，直到获得更好的结果。

在像这样的多次试验中，机器人不断学习更好的投掷位置，并从这些位置继续尝试，直至它找到下一个更好的投掷位置。最终，它会每次都找到靶心并获得最高点数。

在上述示例中，你的机器人就是试图向飞镖板（即环境）投掷飞镖的代理。投掷飞镖是代理对环境执行的交互动作。代理获得的积分就是一种奖励。代理经过多次试验，试图通过执行动作来最大化其获得的奖励。

一些比较著名的强化学习算法包括 Monte Carlo、Q-learning 和 SARSA。

1.5.5　半监督学习

虽然我们已经讨论了机器学习的 3 种主要类型，但其实还有另一种类型，即半监督学习。通过该术语的名称，你可能已经猜到，它需要对标记和未标记的训练样本进行混合处理。在大多数情况下，未标记训练样本的数量超过了标记样本的数量。

当一些标记样本被添加到完全属于无监督学习的问题时，半监督学习已成功地产生更有效的结果。此外，由于只有少数样本被标记，因此避免了监督学习的复杂性。使用这种方法可以产生比纯粹的无监督学习系统更好的结果，并且产生的计算成本比纯粹的监督学习系统更少。

1.6　必要的术语

前文已经介绍了不同类型的机器学习系统。现在，我们将学习一些与机器学习相关的极其重要的术语，这些术语将对本书后面的章节有所帮助。

1.6.1　训练集、测试集和验证集

任何机器学习系统都需要获得数据。没有数据，则几乎不可能设计机器学习系统。到目前为止，我们并不关心数据的数量，但重要的是要记住，我们需要数据来设计机器学习系统。一旦有了这些数据，就可以使用它们来训练我们的机器学习系统，这样它们就可以用来预测新数据上的某些东西（"某些东西"在这里是一个广义的代称，它因问题而异）。

用于训练目的的数据被称为训练集（train set），用于测试系统的数据被称为测试集

（test set）。此外，在实际将模型应用于测试数据之前，我们倾向于在另一组数据上验证其性能，该数据被称为验证集（validation set）。有时，我们可能不会获得这些划分好的数据，而是需要从原始的乱糟糟的格式中获取数据，然后进一步处理并相应地划分这些数据集。

从技术上讲，这 3 个不同集合中的所有实例都应该彼此不同，而数据中的分布则应该是相同的。目前有许多研究人员都发现了关于这些样本假设的关键问题，并提出了一种称为对抗训练（adversarial training）的东西，旨在增强神经网络的可靠性。该主题超出了本书的讨论范围。

1.6.2　偏差和方差

偏差（bias）和方差（variance）对于任何机器学习模型来说都是必须要了解的基础。对它们有很好的理解确实有助于进一步评估模型。二者的权衡常被从业者用来评估机器学习系统的性能。

🛈 **注意**：

有关此权衡的更多信息，可观看吴恩达先生的讲座，其网址如下。

https://www.youtube.com/watch?v=fDQkUN9yw44t=293s

偏差是机器学习算法为学习给定数据背后的表示而做出的一组假设。当偏差高时，意味着相应的算法对数据做出了更多的假设，在偏差低的情况下，算法做出的假设越少越好。当机器学习模型在训练集上表现良好时，它被认为具有低偏差。低偏差机器学习算法的一些示例包括 k 最近邻和支持向量机等，而逻辑回归和朴素贝叶斯等算法通常是高偏差算法。

在机器学习语境中的方差涉及数据中存在的信息。因此，高方差是指机器学习模型能够捕获提供给它的数据中存在的整体信息的质量。低方差则正好相反。

支持向量机等算法的方差通常较高，而朴素贝叶斯等算法的方差则较低。

1.6.3　过拟合和欠拟合

当机器学习模型在训练数据上表现很好但在测试集或验证集数据上表现不佳时，这种现象被称为过拟合（overfitting）。这可能是由若干种因素导致的，常见原因如下。

- ❏ 该模型在数据方面非常复杂。例如，具有非常高级别的决策树和具有多层的神经网络都是典型的复杂模型。

❑ 数据有很多特征，但是样本总体的实例却很少。

在机器学习文献中，过拟合问题也被视为高方差（high variance）问题。正则化（regularization）是最广泛使用的防止过拟合的方法。

前文已经讨论了偏差的概念。如果模型在训练数据上表现良好，则该模型具有低偏差，也就是说，该模型不会对数据做出太多假设来推断其表示。如果模型在训练数据上惨遭失败，则表示该模型具有很高的偏差并且模型欠拟合（underfitting）。欠拟合的原因也很多，常见原因如下。

❑ 该模型太简单了，无法学习提供给它的数据的底层表示。

❑ 在将数据的特征提供给机器学习模型之前，没有对特征进行很好的设计。对于特征的设计常被称为特征工程（feature engineering）。

🛈 注意：

基于上述讨论，我们可以得出一个非常有用的结论：过拟合的机器学习模型可能会遇到高方差问题，而欠拟合模型则可能会遇到高偏差问题。

吴恩达先生在他的旗舰课程 Machine Learning（机器学习）中展示了图 1-4，它清晰地显示了过拟合和欠拟合的区别。

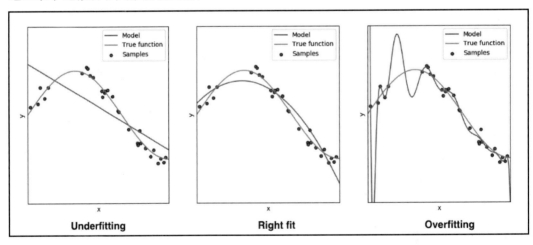

图 1-4

原　　文	译　　文
Underfitting	欠拟合
Right fit	正确拟合
Overfitting	过拟合

图 1-4 说明了通过数据点进行曲线拟合时所产生的欠拟合和过拟合现象。它还为我们提供了一个泛化（generalize）良好的模型的思路，即在训练集和测试集上都表现良好。可以看到，左侧的蓝色模型预测线远离了样本，导致欠拟合，而在右侧的过拟合示例中，模型捕获了训练数据中的所有点，但在训练数据之外的数据上，该模型的表现会非常糟糕。

ℹ️ 注意：

一般来说，学习数据表示这一设想被视为逼近最能描述数据的函数的问题。函数可以轻松地以图形方式绘制出来，因此就有了曲线拟合（curve fitting）的概念。最佳点在欠拟合和过拟合之间，它将使模型泛化良好，这样的拟合称为良好拟合（good fit）。

1.6.4　训练误差和泛化误差

模型在训练阶段进行预测时所出现的错误统称为训练误差（training error）。模型在验证集或测试集上进行测试时出现的错误称为泛化误差（generalization error）。

如果要绘制这两种类型的误差分别与偏差和方差（以及最终的过拟合和欠拟合）之间的关系，则大致可以用图 1-5 表示（当然，它们之间的关系可能并非每次都像图 1-5 那样是线性的）。

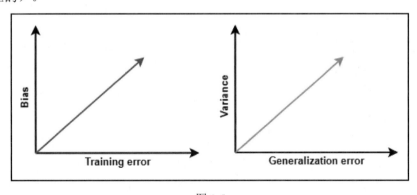

图 1-5

原　　文	译　　文
Bias	偏差
Variance	方差
Training error	训练误差
Generalization error	泛化误差

ℹ️ **注意：**

一方面，如果机器学习模型欠拟合（高偏差），则其训练误差必然很高；另一方面，如果模型过拟合（高方差），那么它的泛化误差必然很高。

接下来，我们将讨论机器学习的标准工作流程。

1.7　机器学习的标准工作流程

任何项目都是从一个问题开始的，机器学习项目也不例外。在开始机器学习项目之前，清楚地了解你尝试使用机器学习解决的问题非常重要。因此，关于机器学习标准工作流程的问题表述和映射是机器学习项目的良好起点。但是机器学习工作流程是什么意思？本节将就此展开讨论。

设计机器学习系统并使用它们来解决复杂问题需要一系列技能，而不仅仅是机器学习。要执行机器学习项目，最好能够掌握多种知识，如统计学、与具体问题相关的领域知识、软件工程、特征工程和高中数学基础等。这些知识的掌握程度不一，自然是越娴熟越好。为了能够设计这样的系统，某些步骤是几乎所有机器学习工作流程的基础，并且这些步骤中的每一步都需要一定的技能。本节将详细介绍这些步骤并逐一讨论它们。

ℹ️ **注意：**

以下介绍的工作流程的灵感来自跨行业数据挖掘标准流程（cross industry standard process for data mining，CRISP-DM），该标准在与数据挖掘和分析相关的许多行业中都得到了极其广泛的应用。

1.7.1　数据检索

如前文所述，机器学习系统需要数据才能运行，但是数据并非一直摆在那里唾手可得。事实上，大多数时候，数据本身并不能以我们期望的格式提供，让我们立即开展实际的模型训练。那么，如果我们尝试使用机器学习解决特定问题时却没有标准数据集该怎么办？当然是只能面对现实！大多数现实生活中的机器学习项目都会发生这种情况。

例如，假设我们正在尝试分析有关某一热点事件的网络评价，并试图提取出最有意义的见解。这实际上就是一个没有可用标准数据集的问题。我们将不得不使用网络爬虫的方式从微博和各种论坛抓取数据。

另一个很好的例子是业务日志。业务日志是知识的宝藏。如果有效地挖掘和建模，那么它们可以在许多决策过程中提供帮助。但一般来说，机器学习工程师无法直接使用日志。因此，机器学习工程师需要花费大量的时间来弄清楚日志的结构，并且他们可能会编写脚本以便根据需要捕获日志。所有这些过程被统称为数据检索（data retrieval）或数据收集（data collection）。

1.7.2　数据准备

在数据收集阶段之后，还需要准备数据以将其提供给机器学习系统，这被称为数据准备（data preparation）。值得一提的是，这是机器学习工作流程中最耗时的部分。

数据准备包括一系列步骤，具体如下。

- ❑ 探索性数据分析。
- ❑ 数据处理和整理。
- ❑ 特征工程和提取。
- ❑ 特征缩放和选择。

ℹ️ 注意：

数据准备工作非常琐碎和耗时。从整个工作流程来看，数据识别和收集有时也是非常重要的方面，因为正如前文所述，我们获得的数据可能并不总是可用的正确格式。

1．探索性数据分析（EDA）

在收集数据之后，数据准备阶段的第一步就是探索性数据分析（exploratory data analysis），也就是众所周知的 EDA。EDA 技术使我们能够以详细的方式了解数据，以便更好地理解。这是整个机器学习工作流程中极其重要的一步，因为如果我们对数据本身没有很好的了解，盲目地将机器学习模型与数据拟合，那么它很可能不会产生好的结果。

EDA 为我们提供了继续进行的方向，并帮助我们决定流程中的进一步操作。另外，EDA 涉及许多事情，例如计算有关数据的有用统计信息以及确定数据是否存在任何异常值。它还包括有效的数据可视化，这有助于我们以图形方式解释数据，从而帮助我们以有意义的方式传达有关数据的重要事实。

ℹ️ 注意：

一言以蔽之，EDA 就是要更好地了解数据。

2．数据处理和整理

在对数据进行了一些统计分析之后，接下来该怎么办？大多数情况下，从多个数据源收集的数据是以其原始形式存在的，无法提供给机器学习模型，因此需要进一步处理数据。

ℹ️ **注意：**

　　你可能会问，为什么不以某种方式收集数据，以便在完成所有必要的处理后检索数据？这并不是一个好的做法，因为它破坏了工作流程的模块化。

　　在该工作流程的后续步骤中，要使数据可用，我们需要对其进行清洗、转换和持久保存。这包括几项内容，如数据规范化、数据标准化、缺失值插补、从一个值到另一个值的编码，以及异常值处理等。所有这些被统称为数据整理（data wrangling）。

3．特征工程和提取

　　考虑这样一种情况，数据分析公司的一名员工获得了公司的账单数据，并被经理要求用它构建一个机器学习系统，以便优化公司的整体财务预算。现在，这些数据不是可以直接提供给机器学习模型的格式，因为机器学习模型需要数字向量形式的数据。

　　尽管这些数据可能处于良好状态，但员工仍需采取措施将这些数据转换为合适的形式。由于数据已经经过整理，因此他仍然需要决定将在最终数据集中包含哪些特征。实际上，任何可衡量的东西都可以成为本项目的特征。这就是前面我们介绍的为什么你需要良好的领域知识。良好的财会和经管领域知识可以帮助数据分析人员选择具有高预测能力的特征。这听起来可能有点轻巧，但它需要大量的知识和经验作为基础，绝对是一项具有挑战性的任务。这是特征工程（feature engineering）的一个经典例子。

4．特征缩放和选择

　　有时，我们会采用多种技术来帮助从给定的数据集中自动提取最有意义的特征。当数据维数非常高且特征难以解释时，这尤其有用。这被称为特征选择（feature selection）。特征选择不仅有助于使用具有最相关特征的数据开发机器学习模型，而且还有助于增强模型的预测性能并减少其计算时间。

　　除了特征选择之外，我们可能还希望降低数据的维数以更好地对其进行可视化。此外，还可采用降维（dimensionality reduction）来从完整的数据特征集中捕获具有代表性的特征集。主成分分析（principal component analysis，PCA）是一种非常流行的降维技术。

ℹ️ **注意：**

　　重要的是要记住，特征选择和降维不是一回事。

1.7.3　建立模型

　　我们终于来到了看起来最激动人心的一步——对机器学习建立模型（modeling）。这里值得注意的是，一个良好的机器学习项目不仅仅只有这一部分。前面提到的所有部分对项目的成败与否都有同等的贡献。事实上，如何为项目收集数据非常重要，为此，我们需要得到强大的数据工程师的帮助。当然，现在我们暂且将那一部分略过不提。

到目前为止，我们已经拥有了非常好的数据。在对数据建模的过程中，我们会将数据提供给机器学习模型以进行训练，我们将监控它们的训练进度并调整不同的超参数以优化它们的性能，并在测试集上评估模型。模型比较（model comparison）也是这个阶段的一部分。这确实是一个迭代过程，在某种程度上需要反复试验。

该阶段的主要目标是提出一个最能表示数据的机器学习模型，也就是说，它应该可以很好地泛化。

该阶段要考虑的另一个因素是计算时间，因为我们需要的是一个性能良好且在可行的时间范围内的模型，从而优化特定的业务结果。

以下是建立模型的核心组成部分。

❑　模型训练。

❑　模型评估。

❑　模型调优。

1. 模型训练

这是建模的基本部分，因为我们需要将数据引入不同的机器学习模型并训练模型，以便它可以整体学习数据的表示。可以使用训练误差查看模型在训练过程中的进展情况。我们经常将验证误差（这意味着同时也要进行验证模型的训练）也带入这一阶段中，这是一种标准做法。大多数现代库都允许这样做，下文将会介绍它。

接下来将讨论一些最常用的误差指标。

2. 模型评估

我们已经训练了一个机器学习模型，但是该模型在它从未见过的数据上的表现如何？可以通过模型评估（model evaluation）来回答这个问题。

不同的机器学习算法需要不同的评估指标。

对于监督学习方法，常使用以下方法。

❑　混淆矩阵（confusion matrix），这是一个由 4 个值组成的矩阵，即真阳性（true positive，TP）、伪阳性（false positive）、真阴性（true negative，TN）和伪阴性（false negative，FN）。

❑　准确率（accuracy）、精确率（precision）、召回率（recall）和 F1-score：这些都是混淆矩阵的副产品。

- ❑ 接收者操作特性（receiver operator characteristic，ROC）曲线和曲线下面积（area under curve，AUC）指标。
- ❑ R 平方（R-square）：也称为决定系数（coefficient of determination）、均方根误差（root mean square error，RMSE）、F 统计量（F-statistic）、赤池信息量准则（akaike information criterion，AIC）和专门用于回归模型的 p 值（p-value）。

本书将结合这些指标来评估我们的模型。这些是最常见的评估指标，无论是机器学习还是深度学习，都还有更具体的评估指标对应于不同的领域。

ⓘ 注意：

这里值得一提的是，在数据不平衡的分类问题的情况下，我们往往容易陷入准确性悖论的陷阱。在这些情况下，分类的准确率（accuracy）只能说明一部分问题，即它给出了正确预测占预测总数的百分比。该系统在数据集不平衡的情况下会惨败，因为准确率指标无法捕捉到模型在预测数据集的阴性实例方面的表现，而这可能才是我们最开始要解决的问题——预测不常见的分类。

以下是评估无监督学习（如聚类）方法最常用的指标。
- ❑ 轮廓系数（silhouette coefficient）。
- ❑ 平方误差总和（sum of squared error，SSE）。
- ❑ 同质性（homogeneity）度量，即 h 值。
- ❑ 完整性（completeness）度量，即 c 值。
- ❑ V 度量（V-measure），V-measure 值是 h 值和 c 值的调和平均值。
- ❑ Calinski-Harabasz 指数。

ⓘ 注意：

训练集、测试集或验证集的评估指标/误差指标的重要性是一样的。我们不能仅仅通过查看模型在训练集上的表现就得出结论。

3．模型调优

到这个阶段，我们应该有一个基础模型，可以通过它进一步调整以使其性能更好。模型调整实际上就是超参数调整/优化（hyperparameter tuning/optimization）。

机器学习模型带有无法从模型训练中学习到的不同超参数。它们的值是由模型的操作者设定的。超参数的值就好比音频均衡器的旋钮，必须手动调整旋钮才能获得完美的听觉体验。后面的章节将会介绍如何调整超参数以显著提高模型的性能。

调整超参数有多种技术，其中最常用的有以下几种。

- ❑　网格搜索。
- ❑　随机搜索。
- ❑　贝叶斯优化。
- ❑　基于梯度的优化。
- ❑　进化优化。

1.7.4　模型对比与选择

在完成模型调整部分之后，我们肯定希望对当前模型以外的其他模型也重复上述操作（即模型训练、模型评估和模型调优），以期获得最好的模型。作为机器学习从业者，我们的工作是确保最终提出的模型优于其他模型（显然是指在各个方面都要更加优秀）。

比较不同的机器学习模型是一项耗时的任务，如果任务期限很紧，那么我们可能无法对所有模型都重复执行一遍上述操作。在这种情况下，可结合机器学习模型的以下方面进行比较。

- ❑　可解释性，即模型在回答给定的问题时，其可解释性如何，以及解释和交流的容易程度如何？
- ❑　建立模型是在内存中还是在内存外？
- ❑　数据集中的特征和实例的数量。
- ❑　分类特征与数值特征。
- ❑　数据的非线性。
- ❑　训练速度。
- ❑　预测速度。

ⓘ 注意：

这些指标是最受欢迎的指标，但在很大程度上仍取决于要解决的问题。当这些指标不适用时，一个好的经验法则是查看模型在验证集上的表现。

1.7.5　部署和监控

构建机器学习模型后，它会与应用程序的其他组件合并，然后投入生产环境中。此阶段称为模型部署（model deployment）。

在将开发的机器学习模型部署到实际系统后，即可对其真实性能进行评估。此阶段还涉及对模型的彻底监控，以找出模型表现不佳的领域以及模型的哪些方面可以进一步改进。监控极其重要，因为它提供了增强模型性能的方法，从而增强了整个应用程序的性能。

因此，这是机器学习项目所需的最重要术语/概念。

ⓘ 注意：

为了更好地掌握有关机器学习的基础知识，可访问以下资源。

❏　Google 提供的 Machine Learning Crash Course（机器学习速成课程），其网址如下。

https://developers.google.com/machine-learning/crash-course/

❏　*Python Machine Learning*（《Python 机器学习》），作者：Sebastian Raschka，其网址如下。

https://india.packtpub.com/in/big-data-and-business-intelligence/python-machine-learning

在 Dipanjan 等人撰写的 *Hands-on Transfer Learning with Python*（《使用 Python 进行迁移学习实战指南》）一书中，给出了图 1-6，该图以图形方式描述了上述所有步骤。

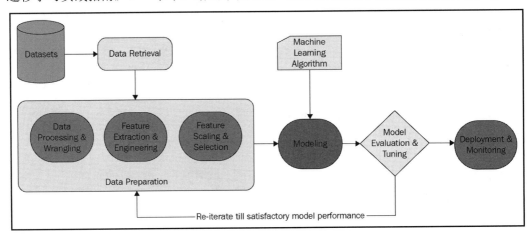

图 1-6

原　　文	译　　文
Datasets	数据集
Data Retrieval	数据检索
Data Processing & Wrangling	数据处理和整理
Feature Extraction & Engineering	特征提取和特征工程
Feature Scaling & Selection	特征缩放和选择
Data Preparation	数据准备
Machine Learning Algorithm	机器学习算法
Modeling	建立模型

续表

原　文	译　文
Model Evaluation & Tuning	模型评估和调优
Deployment & Monitoring	部署和监控
Re-iterate till satisfactory model performance	反复迭代直至获得满意的模型性能

实际上，机器学习已经为很多领域带来了翻天覆地的变化，几乎无人不受其影响。本书侧重于构建智能 Web 应用程序。因此，1.8 节将讨论万维网（Web）的总体情况，以及自 AI 出现以来它的变化。最后，还将介绍一些知名企业，以及它们如何通过 AI 构建世界一流的 Web 应用程序，这些应用程序不仅智能，还可以解决一些实际问题。

1.8　融合 AI 之前和之后的 Web 应用

如果你自 2014 年以来一直是万维网的常规用户，那么你无疑会看到网站出现的明显变化。从解决越来越难以辨认的 reCAPTCHA 挑战到在后台自动标记为人类，Web 开发一直是展示过去二十年创造的大量人工智能的先驱之一。

被认为是互联网发明者的 Tim Berners-Lee 提出了他对语义网络（semantic Web）的看法：

> "我有一个关于网络的梦想，在该网络中，计算机能够分析网络上的所有数据——内容、链接以及人和计算机之间的交易。'语义网络'使这一切成为可能，虽然它尚未实现，但当它出现时，日常的贸易机制、官僚主义和我们的日常生活将由机器与机器对话来处理。人们鼓吹多年的'智能代理'最终将实现。"

从提供包含大量可见信息的静态页面到带你进入相关资源的链接，网络现在是一个不断变化的动态生成信息门户。如果你刷新它，那么你可能再也不会看到相同的网页视图。

接下来，我们了解由于 AI 的兴起而在 Web 开发中发生的一些最重要的转变。

1.8.1　聊天机器人

如果你想知道某些网页如何通过其网站上的聊天功能提供 24×7 全天无休实时帮助，那么答案几乎总是，聊天机器人（chatbot）在另一端回答你的查询。

1966 年，Joseph Weizenbaum 的 ELIZA 聊天机器人通过击败图灵测试在世界范围内掀起了波澜，我们从未想过聊天机器人会对万维网产生如此深的影响。当然，一个说得过去的理由是 ARPANET（Internet 的前身）本身是在 1969 年才创建的。

今天，聊天机器人无处不在。许多财富 500 强公司都在从事该领域的研究，并为它们的产品和服务推出了聊天机器人。在甲骨文公司最近进行的一项调查中，来自多家企业和初创公司的 800 名高管的回答表明，他们中近 80% 的人表示，2020 年之后，他们在面向客户的产品中使用了聊天机器人。

在 AI 开始为聊天机器人提供动力之前，就像 ELIZA（及其继任者 ALICE）一样，聊天机器人仅仅是一组固定的响应，这些响应映射到若干个输入模式。

例如，如果在用户输入的句子中有"母亲"或"父亲"这个词，那么几乎肯定会产生询问用户家庭的响应；如果用户输入的是诸如"我不想谈论 XYZ 的家人"之类的内容，那么他显然得不到想要的回应。

这种基于规则的聊天机器人有一个著名的"对不起，我不明白你的意思"的回应，这使它们有时显得非常愚蠢。基于神经网络算法的出现改变了这一情况，它使聊天机器人能够根据用户情绪和用户输入的上下文来理解和定制响应。此外，一些聊天机器人会在遇到任何新查询时抓取在线数据，并实时建立关于新的未知查询中提到的主题的答案。除此之外，聊天机器人已被用于为业务门户提供替代接口。例如，现在我们已经可以通过聊天机器人平台预订酒店或航班。

Facebook Messenger 的机器人平台在向公众开放的前 17 个月内创建了超过 100000 个机器人。如今，这家社交网络巨头的数百个页面都为向其页面发送消息的用户提供了自动回复。Twitter 上运行着若干个机器人，它们可以创建内容，完全模仿人类用户，并且可以回复对其帖子的消息或评论。

🛈 注意：

你可以访问以下网址，与在线版本的 ELIZA 聊天。

eliza.botlibre.com

1.8.2　Web 分析

在互联网的早期，许多网站都带有嵌入其中的里程表式计数器。这些是网站或特定页面收到的点击次数的简单计数。然后，它们的计数方式开始变得越来越多样化——普通计数器、每天/每周/每月的计数器，甚至是基于地理位置的计数器。

数据的收集，本质上是用户交互以及他们如何与基于 Web 的应用程序交互的日志，处理这些数据以产生性能指标，然后最终由公司来确定采取何种措施以改善其 Web 应用程序，这样的访问数据分析被统称为 Web 分析（Web analytics）。

自互联网发明以来，如今的 Web 应用程序每时每刻都会生成大量日志。即使你的鼠标指针在网页上闲置，也可能会被报告到 Google Analytics 仪表板，网站管理员可以从中查看用户正在查看哪些页面以及他们在这些页面上花费了多少时间。此外，用户在页面之间的流动也是一个非常有趣的指标。

虽然早期的 Web 分析工具能够测量页面点击量，了解一个给定页面被访问次数，并且对于多次访问的用户仅按一次计数，但是它们的功能也就仅限于此了，它们几乎无法提供有关用户访问模式的任何信息，除非它们是专门硬编码的。早期的分析工具往往以非常通用的方式呈现，并且从不与特定网站挂钩。提供给电子商务公司的分析形式与提供给个人网站的分析形式相同。

今天的 Web 分析工具则完全不同，随着人工智能在 Web 分析领域带来的革命，如今，部署了人工智能强大功能的工具可以对网站性能进行未来预测，甚至可以建议删除或添加网页上的特定内容以提高用户对该页面的参与度。

1.8.3　垃圾邮件过滤

当世界各地发送的一半电子邮件被标记为垃圾邮件时，这变成了一个需要正视的问题。最初，我们只是将那些宣传企业和产品的邮件，以及那些充满欺诈性或不请自来的电子邮件均视为垃圾邮件，但这只是定义的一部分。重要的是要认识到，即使是优质内容，但是同一文档发布多次也可以归类于垃圾邮件。

此外，自垃圾邮件（spam）一词首次在 Usenet 组中使用以来，Web 已经迅速发展并且呈现出很丰富的样貌。如果说最初的垃圾邮件只是为了强行向某些目标用户发送消息，搞得人们不胜其烦，那么如今的垃圾邮件已经进化得多，而且可能更加危险——从能够跟踪浏览器活动到身份盗窃，当今互联网上存在大量危害用户安全和隐私的恶意垃圾邮件。

今天，我们有各种各样的垃圾邮件——即时通信垃圾邮件、网站垃圾邮件、广告垃圾邮件、短信垃圾邮件、社交媒体垃圾邮件和许多其他形式。

除少数垃圾邮件外，大多数类型的垃圾邮件都在互联网上展示。因此，能够过滤垃圾邮件并对其采取保护措施至关重要。虽然最早的垃圾邮件对抗系统在 20 世纪 90 年代就能够识别发送垃圾邮件的 IP 地址，但随着黑名单越来越多，其分发和维护变得越来越困难，人们很快就意识到这是一种非常低效的治标不治本的方法。

21 世纪初，当 Paul Graham 发表题为 *A Plan for Spam*（《垃圾邮件计划》）的论文时，首次部署了机器学习模型（贝叶斯过滤）来对抗垃圾邮件。很快，有若干个反垃圾邮件工具从该论文中衍生出来，并且被证明是有效的。

贝叶斯过滤方法对垃圾邮件产生了极大的影响，在 2004 年的世界经济论坛上，微软公司创始人比尔·盖茨曾经信心满满地宣布：

　　　"两年后，垃圾邮件将得到完全解决。"

　　然而，正如我们今天所知，比尔·盖茨在这一预测中大错特错。垃圾邮件仍在不断发展，垃圾邮件发送者研究贝叶斯过滤并找出避免在检测阶段被标记为垃圾邮件的方法。今天，神经网络已被大规模部署，不断扫描新电子邮件并确定垃圾邮件或非垃圾邮件内容，而人类仅通过研究垃圾邮件日志是无法从逻辑上做到这一步的。

1.8.4　搜索引擎

　　受人工智能兴起影响最严重的领域之一是网络搜索。早期的网络搜索可能必须知道你希望访问的特定网页标题的确切用词，而今天的搜索引擎只要你有一个模糊的印象，用一个非常含混的关键词就有可能找到你需要的内容。例如，如果你偶然听到一首觉得很好听的歌，但是完全不知道歌词，没关系，只要随便哼几句调子就可能被搜索引擎识别出来。该领域已经完全因人工智能而发生转变。

　　1991 年，Tim Berners-Lee 建立了万维网虚拟图书馆（WWW Virtual Library），其界面如图 1-7 所示。

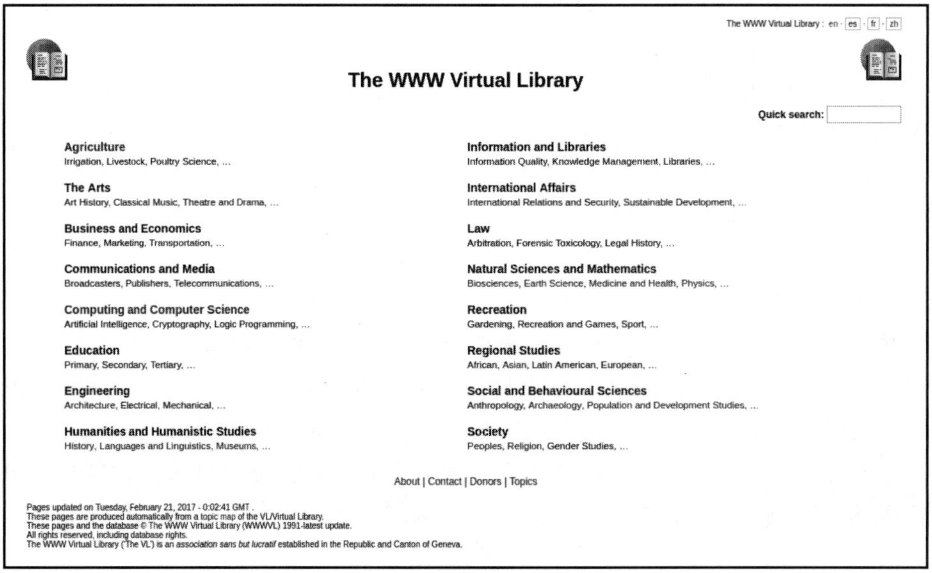

图 1-7

它是一组手动列出的网页，可通过出现在右上角的搜索框进行过滤。显然，它并没有试图预测用户想要找到什么，而是用户必须自己决定他们的搜索词所属的类别。

网络搜索引擎的当前面貌是由 Johnathan Fletcher 在 1993 年 12 月推出的，当时他创建了 JumpStation，这是第一个使用现代抓取、索引和搜索概念的搜索引擎。JumpStation 使用的外观正是我们今天看到的领先搜索引擎提供商（如 Google、百度和 Bing 等）所呈现出来的样貌，它也使 Johnathan 成为"搜索引擎之父"。

两年后，也就是 1995 年 12 月，AltaVista 推出时，它带来了搜索技术的根本转变——无限带宽、搜索提示，甚至允许自然语言查询——Ask Jeeves 在 1997 年引入了更强大的功能。

Google（谷歌）于 1998 年问世。它带来了 PageRank 技术。当然，市场上也出现了若干个竞争者，Google 当时并没有在搜索引擎游戏中占据主导地位。五年后，Google 申请了一项专利，使用神经网络根据用户之前的搜索历史和访问网站记录定制搜索结果，这一创新使得 Google 很快成为搜索领域最强大的提供商。

今天的 Google 有一个庞大的代码库，部署了若干个协同工作的深度神经网络，为其搜索引擎提供动力。主要部署神经网络的自然语言处理使得 Google 能够确定网页的内容相关性，而由于卷积神经网络（convolutional neural network，CNN）的机器视觉功能，我们可以在 Google 图像搜索中看到更精确的结果。John Ginnandrea 领导了 Google 搜索并引入了知识图谱（knowledge graph），该项功能会针对某些问题（如查询）提供更加详尽的答案。能够做到这一点不足为奇；他是人工智能领域最受欢迎的专家之一，现在已被 Apple 招募，以改进 Siri，后者同样是一款神经网络产品。

1.9　知名 Web-AI 企业以及它们正在做的工作

人工智能的快速增长见证了市场的激烈竞争，每个竞争者都想要充分利用它。在过去的二十余年里，一些个人、初创企业，甚至大型企业都试图从人工智能的应用中获益。市场上有很多产品都将人工智能作为其业务的核心。

"战争的胜负有 90% 是取决于信息。"

——拿破仑·波拿巴，公元 18 世纪

第二次世界大战期间，盟军部署了大量的轰炸机。这些轰炸机被视为执行既定战略战术的关键。但是，这些轰炸机并未能如盟军司令部所期望的那样取得丰硕的战果，原因是它们在进入敌方空域时往往被大量击落。很明显，轰炸机需要更强力的装甲保护。但是，由于机体重量限制，保护装甲不可能完全覆盖飞机，因此，盟军司令部必须决定给飞机的哪些最关键区域安装额外的护甲。犹太数学家 Abraham Wald 接到了这项任务，要求他想出一种方法来确定飞机的哪些区域必须镀装护甲。他研究了从战斗中回来的飞机，并记下了那些带有最多弹痕的区域，最终发现机翼、机头和尾翼是带有最多弹痕的部分，而驾驶舱和发动机显示的弹孔最少（见图 1-8）。

图 1-8

但令人惊讶的是，与常规思维方式相反，沃尔德提出，应该给驾驶舱和发动机镀装护甲，因为他们看到的驾驶舱和发动机弹孔少的飞机都回来了，而驾驶舱和发动机弹孔多的飞机都回不来。机尾、机翼和机头弹痕多，说明子弹击中这些部位时无法对飞机造成致命伤害，因此成功返回。这就是数学家使用数据并通过正确的思维模式来部分改变第二次世界大战结果的经典示例。

数据被称为新时代的石油。当你拥有石油时，只能将其燃烧以产生电力和能量，以驱动车辆。但是有了数据，你就可以使用它来改善业务并做出很多人类意想不到的决策，这些决策在未来会产生更多数据。很多创新公司都意识到这一点并从可用数据中获得了最大利益，取得了巨大的增长。现在我们就来看看，有哪些这样的公司使用 AI 来处理所有可用数据。

1.9.1　Google

一提到人工智能（AI）这个词，几乎每个人都会想到一个名字：Google，该公司已经彻底改变并不断推动人工智能的发展。

"我们正在见证计算的新转变：从移动优先到人工智能优先的世界。"

——Google 首席执行官 Sundar Pichai

Google 在其多个产品中都使用了人工智能。让我们来看看其中一些产品。

1．Google 搜索

在 2018 年 12 月 14 日搜索 who is the google ceo（谁是 Google 首席执行官）会出现一个如图 1-9 所示的结果页面。

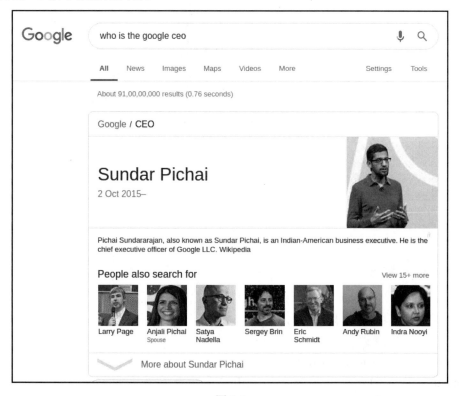

图 1-9

上述功能可以生成常见问题的答案，这就是前面提到过的 Google 知识图（Google knowledge graph）。除了这一功能，由于自然语言处理和信息提取等人工智能技术的应用，Google 搜索的功能也呈指数级增长。

现在搜索时已经能够将用户查询与视频的准确时间关联起来（见图 1-10），这一切都归功于人工智能。

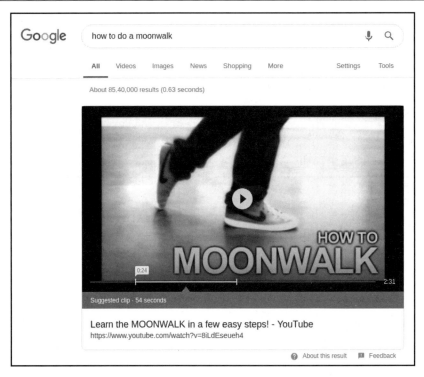

图 1-10

接下来，让我们看看 Google 翻译。

2．Google 翻译

Google 翻译支持 100 多种语言，是互联网上公开可用的优秀翻译工具之一。它能够检测输入的语言，然后将其翻译为用户设置的所需语言，这是在后台运行的深度神经网络网格所产生的结果。

2016 年 11 月，Google 采用的这种算法被命名为 Google 神经机器翻译（Google neural machine translation，GNMT）算法。对于希望实时翻译其网站内容以适合不同语言环境用户的 Web 开发人员，它可以作为 API 在 Web 上使用。此外，该服务与 Google Chrome 浏览器集成，一旦用户在浏览器中访问网页，就可使用网页的实时翻译功能。

3．Google 助理

Google 最近的冒险项目之一——Google 助理（Google assistant），是苹果 Siri 和微软 Cortana（小娜）的竞争对手，也是 Google Now 的继任者。它是一种 AI 驱动的虚拟助手，可在移动和智能家居设备（品牌为 Google Home）上使用。目前，它可以对用户的

Google Drive（Google 云存储服务）数据进行搜索，根据用户的偏好生成结果，提供用户笔记提醒、拨打号码、发送短信等用户指示的更多功能。它支持在触摸屏上点击输入或通过语音输入，如图 1-11 所示。

图 1-11

接下来，让我们看看其他产品。

4．其他产品

人工智能是支持 Google Ads（谷歌公告）的主要技术之一。它使用神经网络解决了点击诱饵或虚假点击的问题。此外，通过使用人工智能，它可以有效地确定哪种类型的广告在每个网页的级别上表现最佳。Google 广告服务的这些技术进步使其迅速抢占了互联网广告的优势地位。

此外，GoogleLens（谷歌镜头）、自动驾驶汽车等 Google 项目都是基于人工智能的项目。

1.9.2　Facebook

作为拥有海量个人资料的互联网上最大的社交网络平台，Facebook 每天都会生成大量数据。其用户发布的内容数据、用户的报告、Facebook 提供的各种 API 的日志等加起来每天产生近 4PB 的数据。毋庸置疑，这家科技巨头已经利用了这一黄金数据，并想出了使其平台对用户更安全并提高用户参与度的方法。

1．虚假个人资料

Facebook 面临的一个主要问题是大量虚假个人资料的存在。为了应对它们，Facebook 部署了基于人工智能的解决方案来自动标记这些个人资料以确认他们的身份。仅在 2018 年第一季度，Facebook 就关闭了近 5.83 亿个虚假或克隆账户。

2．假新闻和令人不安的内容

Facebook 及其收购的消息服务应用程序 WhatsApp 面临的另一个问题是假新闻或误导性消息的问题。此外，平台上还存在视觉或情绪上令人不安的内容，这加剧了用户体验的下降。最后，则是几乎所有的在线平台都反对的东西：垃圾邮件。

多年来，Facebook 的 AI 算法非常擅长识别和删除垃圾邮件。通过使用卷积神经网络（CNN）的计算机视觉解决方案的应用，Facebook 已经推出了一项功能，可以覆盖/模糊视觉上令人不安的图像和视频，并在允许用户查看之前征求用户同意。

识别和删除假新闻的工作目前正在进行中，几乎完全是通过人工智能的应用来完成的。

3．其他用途

Facebook 提供了自己的 Messenger bot 平台，Facebook 页面和开发人员大量使用该平台将丰富的交互功能添加到公司提供的即时消息服务中。

1.9.3　Amazon

作为互联网上领先的电子商务平台，Amazon（亚马逊）几乎在其所有产品和服务中都采用了人工智能。在 Google、Facebook、微软和 IBM 都加入了人工智能发展盛宴的同时，Amazon 也迅速开发了其 AI 应用，并吸引了人们对其人工智能应用的关注。

让我们来看看 Amazon 推出的一些主要应用程序。

1．Alexa

Alexa 是与 Google Home 直接竞争的虚拟助手 AI 的名称，它可以为 Amazon 公司生产的所有 Alexa 和 Echo 设备提供 AI 支持。Google Home 由 Google Assistant（前身为 Google Now）提供支持。这里不用争论哪个更好，Alexa 是一个相当先进的人工智能，能够为许多用户的问题提供有趣答案。

随着 Amazon 向开发人员公开 Alexa Skills Studio，Alexa 产品的采用率最近也有所上升，这极大地增加了 Alexa 可以执行的操作。

2．Amazon 机器人

一旦用户从 Amazon 网站上购买了其商品，位于华盛顿肯特市占地近 8 万平方米的庞大物流中心（显然，仅适用于该中心有货的商品）中的机器人就会行动起来，它有一个载货平台和皮带传送带，可对各个包裹进行分类和移动，并自主将盒子放在正确的位置。在成功运行之后，Amazon 最近为其密尔沃基配送中心配备了相同的技术，并计划很快将其扩展到其他 10 个大型中心。

3. DeepLens

在 21 世纪初期，支持人工智能的摄像机还只是极客的终极幻想。随着 Amazon DeepLens 的到来，这已经部分变成了现实。想象一下，你是生日派对的主持人，只要通过手机就可以直接收到每位进来的客人的通知。这项技术还可广泛应用于其他场景，例如，在公共场所配备闭路电视摄像机的实验已经完成，可以识别犯罪分子并自动触发警报。

1.10　小　　结

本章简要介绍了许多重要概念和术语，它们对于执行机器学习项目至关重要。如果你是一名初学者，那么熟悉这些基础知识对本书的学习将大有裨益。

本章讨论了人工智能的原理及其 3 种主要类型，并探讨了影响人工智能技术推进的因素。我们分别介绍了机器学习和深度学习，并解释了人工智能、机器学习和深度学习之间的关系。

为呼应本书主题，本章还介绍了一些 AI 与 Web 技术相结合的示例，包括一些可解决复杂问题的智能应用程序。几乎所有支持 AI 的应用程序背后都是深度学习。

在接下来的章节中，我们将利用深度学习来开发智能 Web 应用程序。

第 2 篇

使用深度学习进行 Web 开发

本篇将阐释与深度学习相关的基本概念和术语，并介绍如何在 Python 中使用不同的深度学习库构建一个简单的 Web 应用程序。

本篇包括以下 3 章：

- ❑ 第 2 章，使用 Python 进行深度学习
- ❑ 第 3 章，创建第一个深度学习 Web 应用程序
- ❑ 第 4 章，TensorFlow.js 入门

第 2 章　使用 Python 进行深度学习

在第 1 章"人工智能简介和机器学习基础"中，简要介绍了深度学习的原理以及它与机器学习和人工智能的关系。本章将深入探讨这个话题。我们将首先了解深度学习的核心——神经网络及其基本组件，如神经元、激活单元、反向传播等。

别担心，本章的数学内容不会太繁杂，当然，对于神经网络世界至关重要的一些公式，我们也不会忽略。如果你想对该主题进行更多的数学研究，不妨阅读 Goodfellow 等人所著的 *Deep Learning*（《深度学习》）一书，其网址如下。

deeplearningbook.org

本章包含以下主题。
- ❑　神经网络及其相关概念。
- ❑　深度学习与浅层学习。
- ❑　不同类型的神经网络。
- ❑　设置基于深度学习的云环境。
- ❑　Jupyter Notebooks 探索。

2.1　揭开神经网络的神秘面纱

为什么"神经网络"的名称中包含"神经"二字？这个术语背后的意义是什么？我们可从寻找这个问题的答案开始，展开本节要讨论的话题。

直觉告诉我们，它应该与我们的大脑有关，这是正确的，但只是部分正确。在理解为什么说它只是部分正确之前，我们需要对大脑的结构有一定的了解。为此，我们不妨来看看大脑的解剖结构。

人脑由大约 100 亿个神经元（neuron）组成，每个神经元与大约 10000 个其他神经元相连，这使其具有类似网络的结构。神经元的输入称为树突（dendrite），输出称为轴突（axon）。神经元的身体称为胞体（soma）。因此，在高层次上看，就是一个特定的 soma 与另一个 soma 相连。soma 通过树突接收信号，通过轴突将信号发送给其他 soma。

神经网络（neural network，NN）中的 neural 这个词正是来源于神经元（neuron）这个词，事实上，neural 是 neuron 的形容词形式。在我们的大脑中，神经元是形成这个密集网络的最细粒度的单元。

现在你应该逐渐了解人工神经网络与大脑的相似性。为了继续加深对这种相似性的理解，我们有必要简单了解神经元的功能。

ⓘ 注意：

网络只不过是一个类似知识图谱（knowledge graph）的结构，它包含一组相互连接的节点和边。就我们的大脑或一般动物的任何大脑而言，神经元被称为节点（node），树突被称为顶点（vertice）。

神经元通过其树突接收来自其他神经元的输入。这些输入本质上是电化学的。并非所有输入都同样强大。如果输入足够强大，则连接的神经元被激活，并继续将输入传递给其他神经元。它们的能力由预定义的阈值决定，该阈值允许激活过程具有选择性，因此它不会同时激活网络中存在的所有神经元。

总而言之，神经元接收来自其他神经元的输入总和，将该总和与阈值进行比较，然后神经元相应地被激活。人工神经网络（artificial neural network，ANN）——简称神经网络（NN）即基于这一重要事实，因此它们具有相似性。

那么，是什么使网络成为神经网络？形成神经网络需要哪些条件？

在 Adrian Rosebrock 所著的 *Deep Learning For Computer Vision With Python*（《使用 Python 进行计算机视觉的深度学习》）一书中，以非常值得称道的方式回答了这个问题：

每个节点执行一个简单的计算。然后，每个连接将信号（即计算的输出）从一个节点传送到另一个节点，用权重标记，指示信号被放大或减弱的程度。一些连接具有放大信号的大的正权重，表明信号在进行分类时非常重要。其他的则具有负权重，这降低了信号的强度，从而指定该节点的输出在最终分类中不太重要。如果这样的系统由具有可使用学习算法修改的连接权重的图结构组成，则我们称这种系统为人工神经网络（ANN）。

在理解了神经网络与大脑的相似性之后，还有必要了解有关 ANN 的粒度单元的更多信息。接下来，我们看看一个简单的神经元在 ANN 中必须做什么。

2.1.1　人工神经元

ANN 中使用的神经元称为人工神经元。从广义上讲，人工神经元可分为以下两种类型。

- ❑　线性神经元。
- ❑　非线性神经元。

2.1.2 线性神经元详解

神经元是神经网络中最细粒度的单元。"神经网络"中的第二个单词是"网络",网络只不过是一组顶点(也称为节点),它们通过边相互连接。在神经网络中,神经元充当节点。

我们考虑如图 2-1 所示的神经网络架构并尝试逐个剖析它。

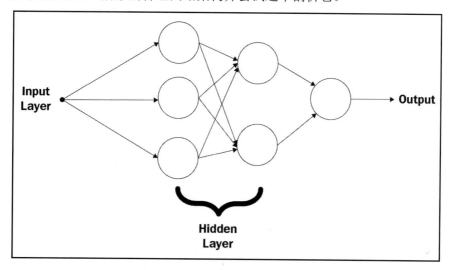

图 2-1

原　文	译　文
Input Layer	输入层
Output	输出
Hidden Layer	隐藏层

在图 2-1 中可以看到的是一个具有两个隐藏层的神经网络(在神经网络中,一层就是一组神经元)和单个输出。实际上,这称为两层神经网络。神经网络由以下部分组成。

❑ 一个输入。

❑ 两个隐藏层,其中第一个隐藏层包含 3 个神经元,第二个隐藏层包含两个神经元。

❑ 一个输出。

将这些层称为隐藏层并没有更深的心理学意义,只是因为这些层中涉及的神经元既不是输入的一部分,也不是输出的一部分。这里非常明显的一件事是,在第一个隐藏层之前有一层。为什么不计算该层?在神经网络的世界中,初始层和输出不计入层堆栈。

简单来说，如果有 n 个隐藏层，那么它就是一个 n 层神经网络。

初始层（也称为输入层）用于接收神经网络的主要输入。在接收到主要输入后，输入层中的神经元将它们传递给后续隐藏层中存在的下一组神经元。在这种传播发生之前，神经元为输入增加权重，并为输入增加一个偏置项。

这些输入可以来自不同的域——例如，输入可以是图像的原始像素、音频信号的频率、单词的集合等。一般来说，这些输入作为特征向量提供给神经网络。在这种情况下，输入数据只有一个特征。

现在，接下来两层的神经元在这里做什么？这是一个重要的问题。我们可以将向输入添加权重和偏置视为第一级/学习层（也称为决策层）。初始隐藏层中的神经元重复此过程，但在将计算出的输出发送到下一个隐藏层中的神经元之前，它们会将此值与阈值进行比较。如果满足阈值标准，则只有输出会被传播到下一层。整个神经网络学习过程的这一部分与我们之前讨论的生物过程非常相似。这也支持以分层方式学习复杂事物的哲学。

这里提出的一个问题是，"如果不使用隐藏层会怎样？"。事实证明，在神经网络中添加更多层之后，可比仅具有输入层和输出的网络以更简洁的方式学习输入数据的底层表示。但是我们究竟需要多少层？稍后会谈到这个问题。

下面将介绍一些数学公式，以将刚刚学习的内容形式化。

我们将输入特征表示为 x，将权重（weight）表示为 w，将偏置（bias）项表示为 b。目前试图剖析的神经网络模型建立在以下规则之上。

$$\text{output} = \begin{cases} 0 & \text{if } w \cdot x + b \leqslant 0 \\ 1 & \text{if } w \cdot x + b > 0 \end{cases}$$

上述规则的意思很简单，在计算加权输入和偏置的总和后，如果结果大于 0，则神经元将产生 1；如果结果小于或等于 0，则神经元将产生 0。换句话说，就是神经元不会激活向下传播。

在具有多个输入特征的情况下，规则也是完全相同的，该规则的多变量版本如下所示。

$$\text{output} = \begin{cases} 0 & \text{if } \sum_i w_i x_i + b \leqslant 0 \\ 1 & \text{if } \sum_i w_i x_i + b > 0 \end{cases}$$

其中，i 表示总共有 i 个输入特征。上述规则可以分解如下。

❏　分别取特征，然后将它们乘以权重。

❏　在为所有单个输入特征完成此过程之后，取所有加权输入并将它们求和，最后加上偏置项。

🛈 **注意：**

对于网络中的层数，继续上述过程。在图 2-1 的示例中有两个隐藏层，因此第一层的输出将馈送到下一层。

上面介绍的神经网络组成元素是 Frank Rosenblatt 在 20 世纪 60 年代提出的。基于某个阈值为输入的加权和（weighted sum）分配 0 或 1 的想法也称为阶跃函数（step function）。文献中有很多这样的规则，这些规则被称为更新规则（update rule）。

这里讨论的神经元是能够学习线性函数的线性神经元（linear neuron）。它们不适合学习本质上是非线性的表示。实际上，几乎所有神经网络的输入都是非线性的。因此，接下来将介绍另一种能够捕捉数据中可能存在的非线性的神经元。

🛈 **注意：**

有些人可能想知道这个神经网络模型是否被称为多层感知器（multiLayer perceptron，MLP）。告诉你吧，是的。事实上，Frank Rosenblatt 早在 20 世纪 60 年代就提出了这种方法。那么，神经网络又是什么样的呢？我们很快就会揭晓这个问题的答案。

2.1.3 非线性神经元详解

非线性神经元意味着它能够对数据中可能存在的非线性做出响应。在这种情况下，非线性本质上意味着对于给定的输入，输出不会以线性方式变化。来看图 2-2。

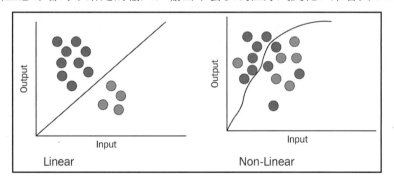

图 2-2

原　　文	译　　文
Output	输出
Input	输入
Linear	线性
Non-Linear	非线性

在图 2-2 中，这两幅图都描述了提供给神经网络的输入与网络产生的输出之间的关系。从左侧图中可以清楚地看到，输入数据是线性可分的；而右侧图则告诉我们，输入数据不能线性分离。在这种情况下，线性神经元将惨遭失败，因此需要非线性神经元。

ⓘ **注意：**

在神经网络的训练过程中，可能会出现偏置和权重值的微小变化以剧烈的方式影响神经网络输出的情况。理想情况下，这不应该发生。偏置或权重值的微小变化应该只会导致输出的微小变化。当使用阶跃函数时，权重和偏置项的变化会在很大程度上影响输出，因此需要阶跃函数以外的其他东西。

神经元的背后起作用的是一个函数。在线性神经元中，我们看到它的运算是基于阶跃函数的。而对于非线性神经元，则有很多能够捕捉非线性的函数。sigmoid 就是这样一个函数，使用该函数的神经元通常被称为 sigmoid 神经元。与阶跃函数不同，sigmoid 神经元的输出是使用以下规则生成的。

$$\sigma(z) = \frac{1}{1+e^{-z}}; z = \sum_i w_i x_i + b$$

因此，最终的更新规则如下。

$$\frac{1}{1+\exp\left(-\sum_j w_j x_j - b\right)}$$

在捕捉非线性方面，为什么 sigmoid 函数比阶跃函数更好？这可以通过图形的方式来比较，如图 2-3 所示。

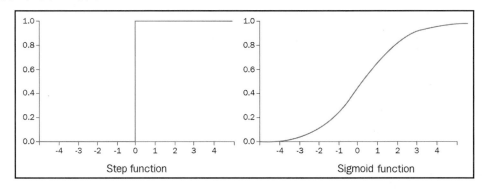

图 2-3

原　文	译　文
Step function	阶跃函数
Sigmoid function	sigmoid 函数

图 2-3 让我们清楚地看到这两个函数的内在性质。很明显，sigmoid 函数比阶跃函数对非线性更敏感。

除 sigmoid 函数外，以下是一些广为人知和使用的函数，可用于赋予神经元非线性特征。

- ❑　Tanh。
- ❑　ReLU。
- ❑　Leaky ReLU。

在专业文献中，这些函数以及刚刚讨论的两个函数被称为激活函数（activation function）。目前，ReLU 及其变体是迄今为止最成功的激活函数。

与 ANN 相关的基础知识我们已经介绍得差不多了，不妨来总结到目前为止我们学到的东西。

- ❑　神经元及其两种主要类型。
- ❑　层。
- ❑　激活函数。

现在可以在多层感知器（MLP）和神经网络之间划清界限。Michael Nielson 在他的在线图书 *Neural Networks and Deep Learning*（《神经网络和深度学习》）中很好地描述了这一点。

由于历史原因，ANN 这种多层网络有时被称为多层感知器（MLP），但实际上它是由 sigmoid 神经元组成的，不是感知器。

本书将使用神经网络（NN）和深度神经网络（deep neural network，DNN）这两个术语。接下来，我们将介绍有关神经网络输入和输出层的更多信息。

2.1.4　神经网络的输入和输出层

了解什么东西可以作为神经网络的输入非常重要。是否可以将原始图像或原始文本数据提供给神经网络？或者还有其他方法可以为神经网络提供输入吗？

我们将介绍计算机实际上是如何解读图像的，以解释在处理图像时究竟应该将什么东西作为神经网络的输入（是的，神经网络在图像处理方面非常出色）。

我们还会介绍将原始文本数据输入神经网络所需的方法。但在此之前，我们需要清楚地知道如何将常规表格数据集作为神经网络的输入。因为表格数据集到处都是，以 SQL 表、服务器日志等形式存在。

首先，假设有如图 2-4 所示的数据集示例。

x1	x2	y
1.0	2.0	0
2.0	4.0	1
3.0	2.0	0
4.0	8.0	0
5.0	4.0	1
6.0	3.0	1
7.0	5.0	0
8.0	4.5	1
9.0	5.5	0
10.0	2.4	0

图 2-4

对于该数据集，请注意以下几点.

❑　它有两个预测变量（predictor variable，也称为自变量）$x1$ 和 $x2$，这些预测变量一般称为输入特征向量。

❑　将 $x1$ 和 $x2$ 分配给向量 X 是很常见的（稍后会详细介绍）。

❑　响应变量（response variable）是 y。

❑　在该数据集中有 10 个实例（包含 $x1$、$x2$ 和 y 属性），它们分为两类，即 0 和 1。

❑　给定 $x1$ 和 $x2$，神经网络的任务是预测 y，这实际上就是一项分类任务。

当我们说通过神经网络进行预测时，意思是它应该学习最逼近某个函数的输入数据的底层表示（前面已经介绍过函数绘图的外观）。

现在我们看看如何将这些数据作为神经网络的输入。由于该示例中的数据有两个预测变量（或两个输入向量），因此，神经网络的输入层必须包含两个神经元。我们将使用如图 2-5 所示的神经网络架构来完成此分类任务。

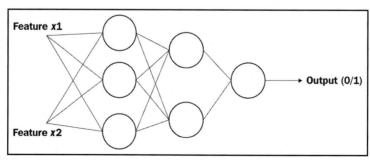

图 2-5

原　文	译　文
Feature	特征
Output	输出

该架构与图 2-1 中的架构完全相同，只是添加了一个输入特征向量而已。

为简单起见，我们没有考虑在将数据提供给网络之前可能需要的数据预处理。现在，我们看看该数据如何与权重和偏置项结合，以及如何将激活函数应用于它们。

在本示例中，特征向量和响应变量（即 y）由神经网络分别解释，响应变量在网络训练过程的后期使用。最重要的是，它用于评估神经网络的表现。输入数据以矩阵形式组织，如下所示。

$$X = \begin{bmatrix} 1.0 & 2.0 \\ 2.0 & 4.0 \\ 3.0 & 2.0 \\ 4.0 & 8.0 \\ \cdots & \cdots \end{bmatrix} y = \begin{bmatrix} 0 \\ 1 \\ 0 \\ 0 \\ \cdots \end{bmatrix}$$

我们现在使用的神经网络架构是全连接架构，这意味着特定层中的所有神经元都连接到下一层中的所有其他神经元。

权重矩阵定义如下。

$$W^1 = \begin{bmatrix} W_{11}^1 & W_{12}^1 & W_{13}^1 \\ W_{21}^1 & W_{22}^1 & W_{23}^1 \end{bmatrix}$$

目前不必担心权重值。权重矩阵的维度解释如下。

❑　行数等于特征向量的数量（在本示例中为 $x1$ 和 $x2$）。

❑　列数等于第一个隐藏层中的神经元数。

该矩阵中的每个权重值都有一些后缀和上标。取权重的一般形式为 W_{jk}^l，其解释如下。

❑　l 表示权重来自的层。在本示例中，权重矩阵将与输入层相关联。

❑　j 表示神经元在层 l 中的位置，而 k 则表示值传播到的下一层神经元的位置。

权重通常是随机初始化的，这为神经网络增加了随机性。例如，可以按以下方式为输入层随机初始化一个权重矩阵。

$$W^1 = \begin{bmatrix} 0.02 & 0.07 & 0.02 \\ 0.42 & 0.027 & 0.56 \end{bmatrix}$$

现在计算要赋予神经网络第一个隐藏层的值。计算如下。

$$
\boldsymbol{Z}^{(1)} =
\begin{bmatrix}
1.0 & 2.0 \\
2.0 & 4.0 \\
3.0 & 2.0 \\
4.0 & 8.0 \\
5.0 & 4.0 \\
6.0 & 3.0 \\
7.0 & 5.0 \\
8.0 & 4.5 \\
9.0 & 5.5 \\
10.0 & 2.4
\end{bmatrix}
\cdot
\begin{bmatrix}
0.02 & 0.07 & 0.02 \\
0.42 & 0.027 & 0.56
\end{bmatrix}
$$

第一个矩阵包含训练集中的所有实例（没有响应变量 y），第二个矩阵是刚刚定义的权重矩阵。这个乘法的结果存储在一个变量 $\boldsymbol{Z}^{(1)}$ 中（这个变量可以任意命名，上标表示它与网络的第一个隐藏层有关）。

在将这些结果发送到下一层的神经元之前，还需要执行下一步，即应用激活函数。sigmoid 激活函数和输入层的最终输出如下所示。

$$
a^{(1)} = \mathrm{sigmoid}(\boldsymbol{Z}^{(1)})
$$

在这里，$a^{(1)}$ 是对下一层神经元的最终输出。请注意，sigmoid 函数将应用于 $\boldsymbol{Z}^{(1)}$ 矩阵的每个元素。最终矩阵的维度为 10×3，其中每一行代表训练集中的每个实例，每一列代表第一个隐藏层的每个神经元。

细心的你也许会发现，这里的计算没有我们最初讨论的偏置项 b。好吧，这只是向最初的矩阵添加另一个维度的问题。在本示例中，我们可以在将 sigmoid 函数应用于矩阵的每个元素之前，将矩阵本身更改为如下所示。

$$
\boldsymbol{Z}^{(1)} =
\begin{bmatrix}
1.0 & 2.0 & 1 \\
2.0 & 4.0 & 1 \\
3.0 & 2.0 & 1 \\
4.0 & 8.0 & 1 \\
5.0 & 4.0 & 1 \\
6.0 & 3.0 & 1 \\
7.0 & 5.0 & 1 \\
8.0 & 4.5 & 1 \\
9.0 & 5.5 & 1 \\
10.0 & 2.4 & 1
\end{bmatrix}
\cdot
\begin{bmatrix}
0.02 & 0.07 & 0.02 \\
0.42 & 0.027 & 0.56 \\
0.1 & 0.1 & 0.1
\end{bmatrix}
$$

在这个矩阵乘法过程之后，即可应用 sigmoid 函数并将输出发送到下一层的神经元，整个过程可对神经网络中的每个隐藏层和输出层重复。在全部处理完成之后，应该从输出层得到 $a^{(3)}$。

sigmoid 激活函数输出的值范围为 0～1，但本示例正在处理的是一个二元分类问题，只希望 0 或 1 作为神经网络的最终输出。因此可以通过一点点调整来做到这一点。我们可以在神经网络的输出层定义一个阈值——对于小于 0.5 的值，它们应该被识别为 0 类；而大于或等于 0.5 的值则应该被识别为 1 类。附带说明，这种方式被称为前向传播（forward propagation）。

ℹ️ **注意：**

上述神经网络被称为前馈网络（feed-forward network），在其学习过程中没有进一步的优化。你可能会问，网络究竟学到了什么？嗯，神经网络通常会学习权重和偏置项，以便最终输出尽可能准确。这发生在梯度下降和反向传播中。

2.1.5　梯度下降和反向传播

在开始学习梯度下降（gradient descent）和反向传播（backpropagation）在神经网络环境中的作用之前，我们可先了解优化问题的含义。

简而言之，优化问题对应于以下目标。

❑　最小化成本。

❑　最大化收益。

现在我们尝试将这两个目标映射到神经网络。如果在获得前馈神经网络的输出之后，我们发现它的性能未达到标准（这几乎是必然会出现的状况），那该怎么办？如何提高神经网络的性能？答案是梯度下降和反向传播。

我们将使用这两种技术来优化神经网络的学习过程。但是，究竟要优化什么？要最小化或最大化什么？因此，这里需要一种特定类型的成本，并尝试将其最小化。

我们将根据函数定义成本。在为神经网络模型定义成本函数之前，必须确定成本函数的参数。在本示例中，权重和偏置是神经网络试图学习的函数的参数。此外，我们还必须计算网络在其训练过程的每个步骤中灌输的损失量。

对于分类问题，广泛使用的损失函数是交叉熵损失函数（cross-entropy loss function）。对于二元分类问题，它也被称为二元交叉熵（binary cross-entropy，BCE）损失函数，本示例即可使用它。该函数的外观如下所示。

$$L(\hat{y}, y) = -(y \log(\hat{y}) + (1 - y) \log(1 - \hat{y}))$$

在这里，y 表示给定实例的真实标签（也就是训练集中的响应变量 y），$\hat{y}$ 则表示由神经网络模型产生的输出。该函数本质上是凸的，非常适合梯度下降等凸优化器。这也是我们没有选择更简单的非凸损失函数的原因之一。如果你不熟悉凸（convex）和非凸（nonconvex）之类的术语，不要担心，等看到下面的可视化结果你自然会明白。

在有了损失函数之后，请记住，这只是整个数据集的一个实例，而不是要应用梯度下降的函数。上面的函数将帮助我们定义最终将使用梯度下降优化的成本函数。本示例的成本函数如下所示。

$$J(w,b) = \frac{1}{m}\sum_{i=1}^{m} L(\hat{y}^i, y^i)$$

在这里，w 和 b 分别是神经网络试图学习的权重和偏置。字母 m 表示训练实例的数量，在本例中为 10。其余的你差不多都见过（前面有解释）。代入 $L()$ 函数的原始形式，则 $J()$ 函数如下所示。

$$J(w,b) = \frac{1}{m}\sum_{i=1}^{m} L(\hat{y}^i, y^i) = -\frac{1}{m}\sum_{i=1}^{m}\left[y^{(i)}\log(\hat{y}^{(i)}) + (1-y^{(i)})\log(1-\hat{y}^{(i)}) \right]$$

该函数可能看起来有点让人发蒙，因此，如果你一时不熟悉的话，可以放慢一些进度，确保能完全理解它。

现在我们终于可以走向优化过程了。从广义上讲，梯度下降试图做到以下几点。

❑　　找到一个成本函数尽可能最小的点（该点称为最小值）。

❑　　找到正确的权重和偏置值，以便成本函数达到该点。

为了让我们的解释更加形象，来看如图 2-6 所示的一个简单凸函数。

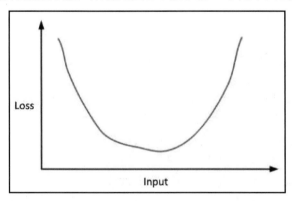

图 2-6

原　　文	译　　文
Loss	损失
Input	输入

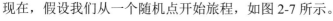

现在，假设我们从一个随机点开始旅程，如图 2-7 所示。

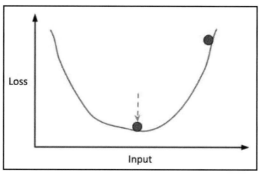

图 2-7

原　　文	译　　文
Loss	损失
Input	输入

右上角的点是我们开始的点。而底部由虚线箭头所指的点就是我们希望到达的点。那么，如何通过简单的计算做到这一点呢？

为了达到这一点，可使用以下更新规则。

$$w := w - \alpha \frac{\partial J(w,b)}{\partial w}$$

在这里，取 $J(w,b)$ 关于权重的偏导数。这里之所以采用偏导数，因为 $J(w,b)$ 包含 b 作为参数之一。α 是加速这个过程的学习率（learning rate）。此更新规则将多次应用以找到正确的权重值。

对于偏置值，规则完全相同，只是公式发生了变化。

$$b := b - \alpha \frac{\partial J(w,b)}{\partial b}$$

这些新的权重和偏置分配本质上被称为反向传播，它与梯度下降一起完成。在计算权重和偏置的新值后，重复整个前向传播过程，直到神经网络模型泛化良好。

请注意，这些规则仅适用于单个实例，前提是该实例只有一项特征。对包含多个特征的多个实例执行此操作可能很困难，因此我们将跳过该部分。当然，如果你有打破砂锅问到底的兴趣，则不妨参考吴恩达先生的在线讲座。

至此，我们已经阐释了标准神经网络的必要基本单元，这真是不容易。我们从定义神经元开始，最后以反向传播结束。如果你完全掌握了这些内容，那么你已经为深度神经网络的学习打下了坚实的基础。

有些读者可能不太相信，这么快就奠定了基础？我们刚刚讨论的神经网络示例只有 2 层，这真的是深度神经网络吗？在 Andriy Burkov 所著的 *The Hundred Page Machine-Learning Book*（《机器学习 100 页》）中对此有一段精彩的论述，转引如下：

深度学习是指训练具有两个以上非输出层的神经网络……"深度学习"一词是指使用现代算法和数学工具包训练神经网络，而与神经网络究竟有多深无关。在实践中，许多业务问题都可以通过在输入层和输出层之间仅包含 2～3 层的神经网络来解决。

接下来，我们将介绍深度学习和浅层学习之间的区别，并且还将研究两种不同类型的神经网络——卷积神经网络和循环神经网络。

2.2　不同类型的神经网络

到目前为止，我们已经了解了什么是前馈神经网络，以及如何应用反向传播和梯度下降等技术来优化它们的训练过程。如果你有一定的基础，可能会觉得我们之前研究的二元分类问题似乎太幼稚了，不够实用，是不是？

确实，虽然有很多问题可以用一个简单的神经网络模型很好地解决，但随着问题复杂性的增加，对基本神经网络模型的改进变得必要。这些复杂的问题包括对象（目标）检测、对象分类、图像字幕生成、情感分析、假新闻分类、序列生成、语音翻译等。对于此类问题，基本的神经网络模型是不够的。它需要一些架构改进才能解决这些问题。本节将研究两种最强大且使用最广泛的神经网络模型——卷积神经网络和循环神经网络。我们现在看到的很多令人惊叹的深度学习应用程序的核心正是这些神经网络模型。

2.2.1　卷积神经网络

你有没有把你和同事们在一起的照片发到朋友圈或 Facebook？如果是，你有没有想过 Facebook 如何在上传完成后自动检测照片中的所有面孔？答案很简单，就是卷积神经网络（convolutional neural network，CNN）。

前馈网络通常由若干个全连接层组成，而卷积神经网络则由若干个卷积层以及其他类型的复杂层组成，包括全连接层。这些全连接层通常放在最后用于进行预测。

那么，卷积神经网络可执行什么样的预测呢？在图像处理和计算机视觉环境中，预测任务可以包含许多用例，例如识别提供给网络的图像中存在的对象类型。

你可能会问，卷积神经网络仅适用于与图像相关的任务吗？不，虽然卷积神经网络是为图像处理任务（如对象检测、对象分类等）而设计和提出的，但它也可用于许多文本处理任务。我们之所以在图像处理环境中介绍卷积神经网络，这是因为卷积神经网络在该领域最受欢迎，它可以在图像处理和计算机视觉领域获得很好的效果。

当然，在继续讨论这个话题之前，还有必要了解计算机如何用数字表示图像，这对于后续的理解会很有用。

图像由大量像素和维度组成——高度×宽度×深度。对于彩色图像，深度维度一般为3；对于灰度图像，维度为1。

来看图 2-8 中的示例。

图 2-8

图 2-8 的维度为 626×675×3，从数字的角度看，这只不过是一个矩阵。每个像素代表红色（R）、绿色（G）和蓝色（B）的特定强度（根据 RGB 颜色系统）。该图像总共包含(675×626) = 422550 个像素。

像素由红色、绿色和蓝色 3 个值的列表表示。现在，我们看看某个像素（对应于 422550 像素矩阵中的第 20 行和第 100 列）在编码方面的外观。

12, 24, 10

每个值对应于红色、绿色和蓝色的特定强度。为了更简便地理解卷积神经网络，可以查看一个小得多的灰度图像。请记住，灰度图像中的每个像素的颜色值都为 0～255，其中，0 对应于黑色，255 对应于白色。

图 2-9 是表示灰度图像的像素的虚拟矩阵——可将其称为图像矩阵（image matrix）。

120	121	91
127	109	98
114	108	79

图 2-9

现在不妨直观地思考，如何训练卷积神经网络来学习图像的底层表示，并使其执行一些任务。图像具有其内在的特殊属性：图像中包含相似类型信息的像素通常保持彼此靠近。以一幅标准人脸的图像为例，表示头发的像素通常较暗且在图像上会连接在一起，而表示面部其他部分的像素通常较亮且彼此非常接近。强度可能因人而异，但不难分辨。我们可以使用图像中像素的这种空间关系并训练卷积神经网络来检测相似的像素以及它们所创建的边缘，以区分图像中存在的若干个区域（在一幅人脸图像中，有头发、眉毛等之间的任意边缘）。下面我们看看如何做到这一点。

卷积神经网络通常具有以下组件。

- ❏ 卷积层。
- ❏ 激活层。
- ❏ 池化层。
- ❏ 全连接层。

卷积神经网络的核心是一个称为卷积（convolution）的操作——在计算机视觉和图像处理的文献中也被称为互相关（cross relation）。PyImageSearch 网站的 Adrian Rosebrock 将该操作描述如下。

在深度学习方面，图像卷积实际上就是两个矩阵的按位点乘，然后求和。

这句话揭示了（图像）卷积算子是如何工作的。它提到的两个矩阵，一个是图像矩阵本身，另一个则是被称为内核（kernel）的矩阵，也被称为卷积核。原始图像矩阵可以高于内核矩阵，并对图像矩阵进行先左后右、先上后下方向的卷积运算。图 2-10 显示了一个卷积运算的例子，它采用了图 2-8 中的虚拟矩阵和大小为 2×2 的内核。

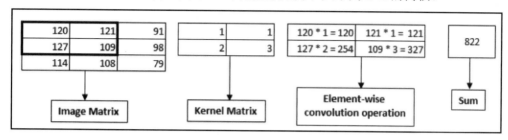

图 2-10

原 文	译 文
Image Matrix	图像矩阵
Kernel Matrix	内核矩阵
Element-wise convolution operation	按位点乘运算
Sum	求和

卷积核矩阵实际上是卷积神经网络的权重矩阵，为简单起见，可以暂时忽略偏置项。另外值得一提的是，很多人喜欢使用的图像滤镜（如锐化、模糊等）只不过是应用于原始图像的某些类型卷积的输出。卷积神经网络实际上学习的是这些滤波器（内核）值，以便它可以按最佳方式捕获图像的空间表示。可以使用梯度下降和反向传播进一步优化这些值。图 2-11 描述了应用于图像的 4 种卷积操作。

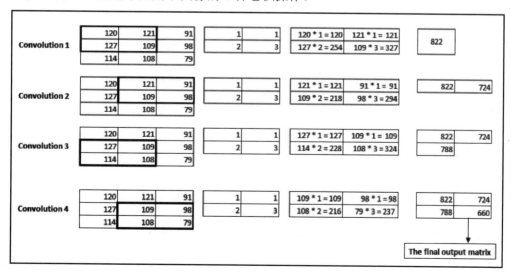

图 2-11

原　　文	译　　文
Convolution 1	卷积 1
Convolution 2	卷积 2
Convolution 3	卷积 3
Convolution 4	卷积 4
The final output matrix	最终输出的矩阵

注意观察内核是如何滑动的，以及卷积像素是如何计算的。

如果按照上述操作继续下去，那么图像的原始维度就会丢失。这可能会导致信息丢失。为了防止这种情况，我们应用了一种称为填充（padding）的技术来保留原始图像的维度。填充技术有很多，如复制填充、常数填充、零填充和镜像填充等。零填充技术在深度学习中非常流行。图 2-12 显示了如何将零填充应用于原始图像矩阵，以便保留图像的原始维度。

0	0	0	0	0
0	120	121	91	0
0	127	109	98	0
0	114	108	79	0
0	0	0	0	0

图 2-12

ⓘ 注意：
- ❑　零填充意味着像素值矩阵将在所有边上填充零。
- ❑　常数填充方式可以根据需要在上下左右分别填充指定的元素。
- ❑　镜像填充方式是指根据对称性来填充。
- ❑　复制填充是指复制最外边界的元素来填充，这样填充的元素与边界元素相近，对实验结果的影响较小。

指示卷积神经网络如何滑动图像矩阵很重要。这是使用称为步幅（stride）的参数控制的。步幅的选择取决于数据集，在深度学习中，标准做法是使用步幅为 2。图 2-13 显示了 Stride 参数为 1 和 Stride 参数为 2 的区别。

图 2-14 显示了复杂图像的卷积结果与原始图像的对比。

图像的卷积结果很大程度上取决于使用的内核。最终输出矩阵将传递给激活函数，该函数将应用于矩阵的元素。

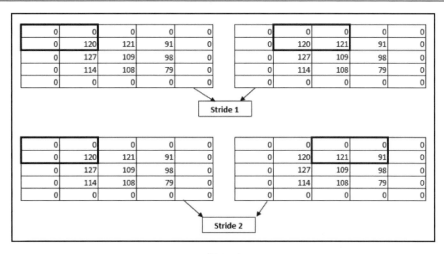

图 2-13

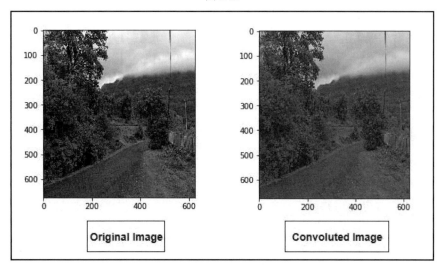

图 2-14

原　　文	译　　文
Original Image	原始图像
Convoluted Image	卷积处理之后的图像

　　卷积神经网络中的另一个重要操作是池化（pooling），但现在我们将先跳过它。到目前为止，你应该在宏观上对卷积神经网络的工作原理有了一个很好的了解，这足以继续下面的学习。如果你想更深入地了解卷积神经网络的工作原理，可参阅以下网址的博

客文章。

http://www.pyimagesearch.com/2018/04/16/keras-and-convolutional-neural-networks-cnns/

2.2.2　循环神经网络

循环神经网络（recurrent neural network，RNN）是另一种类型的神经网络，非常擅长自然语言处理（natural language processing，NLP）任务，如情感分析、序列预测、语音转文本的翻译、语言到语言的翻译等。

例如，打开百度并开始搜索"循环神经网络"。当你输入第一个单词"循环"时，百度就会开始向你提供以当前输入的单词开头的最常搜索短语排在首位的建议列表（如"循环水泵""循环水系统"）；继续输入全部关键词"循环神经网络"，则会出现"循环神经网络原理""循环神经网络和递归神经网络的区别"等建议，这就是序列预测的一个例子，其中的任务是预测给定短语的下一个序列。

又如，给你一堆句子，每个句子包含一个空格。你的任务是用正确的词适当地填空。为了做到这一点，你将需要使用你以前对词汇的一般知识，并尽可能多地利用上下文。

要使用以前遇到的此类信息，显然需要使用你的记忆。但是神经网络呢？传统的神经网络无法做到这一点，因为它们没有任何记忆。这正是循环神经网络出现的原因。

我们需要回答的问题是，如何赋予神经网络记忆能力？一个很天真的想法是执行以下操作。

❑　将特定序列输入神经元。

❑　取出该神经元的输出，再次将其馈送到神经元。

事实证明，这个想法并没有那么不靠谱，实际上，它构成了循环神经网络的基础。循环神经网络的单层结构如图 2-15 所示。

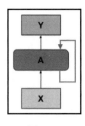

图 2-15

这个循环似乎有点神秘。你可能已经在考虑该循环的每次迭代中会发生什么。来看图 2-16。

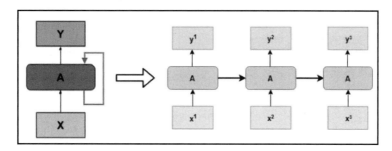

图 2-16

在图 2-16 中，将左侧的循环神经网络展开就是 3 个简单的前馈网络。但是这些展开的网络有什么作用呢？下面我们对其进行研究。

仍以前面介绍的序列预测任务为例。为简单起见，我们来看看循环神经网络如何学习预测下一个字母以补全一个单词。例如，如果用一组字母 $\{w, h, a, t\}$ 训练网络，则在依次给出字母 w、h 和 a 后，网络应该能够预测接下来的字母应该是 t，从而产生有意义的单词 what。

就像之前的前馈网络一样，X 在循环神经网络术语中作为网络的输入向量，这个向量也被称为网络的词汇表。在本示例中，该网络的词汇表是 $\{w, h, a, t\}$。

网络依次输入字母 w、h 和 a。下面尝试为字母提供索引。

- ❏ $w \to (t-1)$。
- ❏ $h \to (t)$。
- ❏ $a \to (t+1)$。

这些索引称为时间步（time step）（图 2-16 中的上标表示循环神经网络的展开）。循环层将利用在先前时间步中给出的输入，以及在当前时间步上操作的函数。

接下来，我们一步一步地看看这个循环层是如何产生输出的。

1. 将字母馈送到网络

在讨论循环层如何产生输出之前，重要的是要了解如何将这组字母输入网络。独热编码（one-hot encoding）可以按一种非常有效的方式做到这一点，如图 2-17 所示。

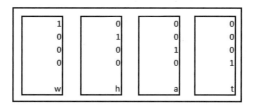

图 2-17

因此，在独热编码中，输入向量/字母词汇只不过是 4 个 4×1 矩阵，每个矩阵表示一个特定的字母。独热编码是这些任务的标准做法。这一步实际上是一个数据预处理步骤。

2．初始化权重矩阵

有神经网络时，必然就有权重。但是，在开始处理循环神经网络的权重之前，不妨让我们看看到底是哪里需要它们。

在循环神经网络中，有两种不同的权重矩阵，其中一种用于输入神经元（请记住，我们仅通过神经元馈送特征向量），另一种则用于循环神经元。循环神经网络中的特定状态是使用以下两个公式生成的。

$$h_t = \text{activation}(W_{hh}h_{t-1} + W_{xh}x_t)$$
$$y_t = W_{hy}h_t$$

要理解第一个公式中每个术语的含义，请参考图 2-18。

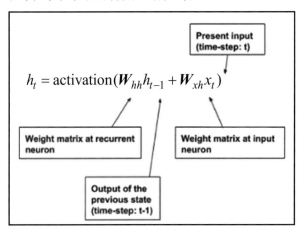

图 2-18

原　文	译　文
Present input(time-step:t)	当前输入（时间步：t）
Weight matrix at recurrent neuron	循环神经元的权重矩阵
Output of the previous state(time-step:t−1)	前一状态的输出（时间步：$t-1$）
Weight matrix at input neuron	输入神经元的权重矩阵

别担心，下文将详细解释第二个公式。

循环神经网络 x_1 的第一遍是字母 w。我们将随机初始化上面的第一个公式中存在的两个权重矩阵。假设初始化后的 W_{xh} 矩阵如图 2-19 所示。

0.439572	0.960493	0.441548	0.702436
0.131675	0.61534	0.54317	0.356771
0.196245	0.092377	0.18735	0.514055

图 2-19

可以看到，W_{xh} 矩阵为 3×4。

❑　$x = 3$，因为在循环层中有 3 个循环神经元。

❑　$h = 4$，因为词汇量是 4。

W_{hh} 矩阵是一个 1×1 矩阵。可将其值设为 0.35028053。

这里还要引入偏置项 b，它也是一个 1×1 的矩阵，设其值为 0.6161462。

接下来，我们将把这些值放在一起并确定 h_t 的值。

3．将权重矩阵放在一起

首先需要确定 $W_{xh}x_1$。

x_1 是一个 4×1 矩阵，代表之前定义的字母 w。这里适用矩阵乘法的标准规则，如图 2-20 所示。

图 2-20

现在计算 $W_{hh}h_0 + b$。

我们很快就会看到偏置项的重要性。由于 w 是提供给网络的第一个字母，因此它没有任何先前的状态，因此可将 h_0 视为由 0 组成的 3×1 矩阵，如图 2-21 所示。

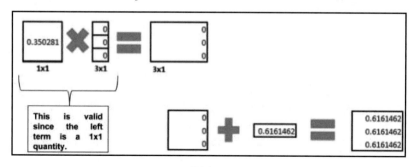

图 2-21

原　　文	译　　文
This is valid since the left term is a 1x1 quantity	这是有效的，因为左侧项是 1×1 的

可以看到，如果不采用偏置项，那么将得到一个仅由 0 组成的矩阵。

现在按照第一个公式将这两个矩阵加总在一起。此加法的结果是一个 3×1 矩阵并存储在 h_t 中（目前这个时间步其实就是 h_1），如图 2-22 所示。

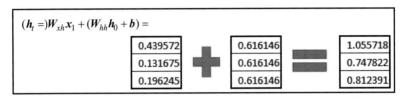

图 2-22

按照上面介绍的第一个公式，我们还需要将激活函数应用于该矩阵。

4. 应用激活函数并最终输出

对于循环神经网络来说，使用 tanh 作为激活函数是一个不错的选择。因此，在应用 tanh 函数之后，该矩阵如图 2-23 所示。

我们已经获得了 h_t 的结果。如前文所述，h_t 是 h_{t-1} 的下一个时间步。

现在可以使用前面介绍的第二个公式计算 y_t 的值。这需要另一个随机初始化的权重矩阵 W_{hy}（形状为 4×3），如图 2-24 所示。

图 2-23

0.50336705	0.193937	0.8673876
0.31384829	0.862868	0.4842808
0.80898295	0.314543	0.7916341
0.76527556	0.775302	0.2131228

图 2-24

应用第二个公式后，y_t 的值变为一个 4×1 矩阵，如图 2-25 所示。

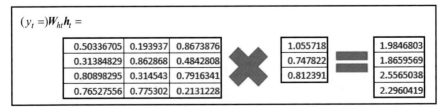

图 2-25

现在，为了预测 *w* 之后的下一个字母可能是什么（请记住，我们是从字母 *w* 开始所有的计算，循环神经网络的第一遍仍然被记住），可从给定的词汇表中生成一个合适的单词，我们将对 y_t 应用 softmax 函数，这将为词汇表中的每个字母输出一组概率，如图 2-26 所示。

0.199012
0.176733
0.352548
0.271707

图 2-26

🛈 **注意：**

如果你对 softmax 函数的原理非常感兴趣，可访问以下网址。

http://bit.ly/softmaxfunc

因此，该循环神经网络告诉我们，在 *w* 之后的下一个字母更有可能是 *a*。这样，我们就完成了循环神经网络的第一遍。作为一项练习，你可以使用在这一遍中获得的 h_t 值并将其（连同下一个字母 *h*）应用到循环神经网络的下一遍中，看看会发生什么。

现在，让我们进入最重要的问题——神经网络的学习究竟学的是什么？再回答一次，是权重和偏置！这些权重将通过反向传播进一步优化。只不过，循环神经网络的这种反向传播与之前看到的有些不同。该版本的反向传播被称为通过时间反向传播（backpropagation through time，BPTT）。由于篇幅有限，本书无意深入讨论该主题。

在结束本节之前，我们总结在循环神经网络前向传递期间执行的步骤（在词汇表独热编码之后）。

❑　随机初始化权重矩阵。
❑　使用第一个公式计算 h_t。
❑　使用第二个公式计算 y_t。
❑　应用 softmax 函数来获得词汇表中每个字母的概率。

除了卷积神经网络（CNN）和循环神经网络（RNN），还有其他类型的神经网络，如自动编码器（auto-encoder）、生成对抗网络（generative adversarial network，GAN）和胶囊网络（capsule network，CapsNet）等。

虽然我们已经详细了解了两种最强大的神经网络类型，但是当谈论前沿的深度学习应用时，这些网络是否足够好用？或者我们是否需要在这些基础上进行更多改进？事实证明，尽管这些架构表现良好，但它们无法扩展，因此需要更复杂的架构。在后面的章节中，我们将介绍一些更加专门的架构。

自第 1 章 "人工智能简介和机器学习基础" 以来，我们已经学习了大量理论。因此，在接下来的几节中，我们将演示一些实际操作。

2.3　Jupyter Notebook 初探

在从事与深度学习相关的项目时，必须处理大量的各种类型的变量和各种维度的数组。此外，由于其中包含的数据量很大，并且几乎在每一步之后都在不断变化，因此我们需要一个工具来帮助观察每一步产生的输出，以便可以相应地执行下一步。

Jupyter Notebook 就是这样一种工具。Jupyter Notebook 以其简单性而著称，它们对功能和平台的广泛支持是目前开发深度学习解决方案的标准工具。

另外，也有一些顶级科技巨头提供他们自己版本的工具，如 Google Colaboratory 和 Microsoft Azure Notebooks，它们理所当然也颇受欢迎。

此外，流行的代码托管网站 GitHub 自 2016 年以来一直提供 Jupyter Notebook 的原生渲染。

2.3.1　安装 Jupyter Notebook

接下来，我们从安装 Jupyter Notebook 开始。

1．使用 pip 安装

如果你的系统上已经安装了 Python，则可以从 pip 存储库中安装 Jupyter 包以快速开始使用 Jupyter Notebooks。

对于 Python 3，可使用以下命令。

```
python3 -m pip install --upgrade pip
python3 -m pip install jupyter
```

对于 Python 2，可使用以下命令。

```
python -m pip install --upgrade pip
python -m pip install jupyter
```

🛈 注意：

对于 Mac 用户，如果找不到 pip 安装，则可以下载最新的 Python 版本，它里面自带 pip。

2．使用 Anaconda 安装

虽然可以通过 pip 将 Jupyter 作为单个包安装，但我们强烈建议你安装 Python 的 Anaconda 发行版，它会自动安装 Python、Jupyter，以及与机器学习和数据科学相关的其他几个包。Anaconda 可帮助你轻松处理各种程序包的版本管理问题，并且可自动更新依赖包。

要使用 Anaconda 安装，可以先从以下网址中下载适合你的系统和要求的正确 Anaconda 发行版，然后按照如下网站上给出的相应安装步骤进行操作。

https://www.anaconda.com/downloads

2.3.2　验证安装

要检查 Jupyter 是否已正确安装，可在命令提示符（Windows）或终端（Linux/Mac）中运行以下命令。

```
jupyter notebook
```

你将能够在终端上看到一些日志输出（下文将 Windows 环境中的命令提示符和 Linux 或 Mac 环境中的终端均称为"终端"）。之后，你的默认浏览器将打开并进入一个链接页面，如图 2-27 所示。

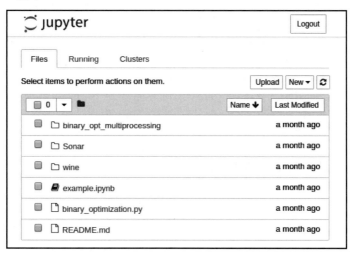

图 2-27

❑　Files（文件）选项卡提供了一个基本的文件管理器，用户可以使用它来创建、

　　上传、重命名、删除和移动文件。

❑　Running（运行）选项卡列出了所有当前正在运行的 Jupyter Notebook，可以从显示的列表中将其关闭。

❑　Clusters（集群）选项卡提供了所有可用 IPython 集群的概览。为了使用此功能，你需要为你的 Python 环境安装 IPython Parallel 扩展。

2.3.3　使用 Jupyter Notebook

　　默认情况下，Jupyter Notebook 由 .ipynb 扩展名标识。在 Jupyter 提供的文件管理器中单击一次此类笔记本的名称后，你将看到类似于图 2-28 所示的内容。

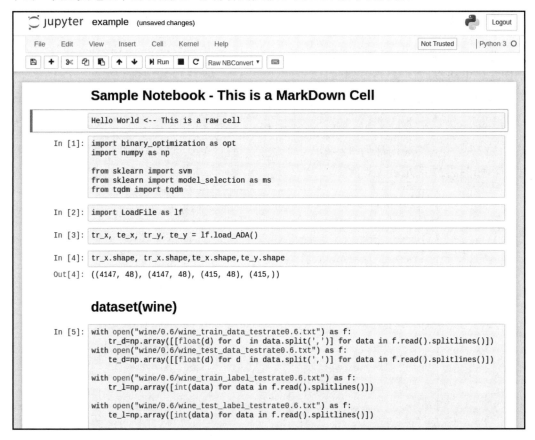

图 2-28

最上面的部分被称为标题（header）栏，你可以在其中看到菜单栏、工具栏和笔记本的标题。在标题栏的右侧，你可以看到笔记本正在执行的环境，当有任何任务正在运行时，环境语言名称旁边的白色圆圈将变为灰色。

标题栏下方是笔记本的主体，它由垂直堆叠的单元格组成。笔记本正文中的每个单元格都是一个代码块、一个 Markdown 单元格或一个原始单元格。代码单元格可以在其下方附加一个输出单元格，用户无法手动编辑该输出单元格。这保存了与它相关联的代码单元产生的输出。

🛈 注意：

Markdown 是一种轻量级标记语言，允许使用易读易写的纯文本格式编写文档，支持图片、图表和数学式等。

在 Jupyter Notebook 中，对于单元格的不同模式，键盘的行为不同。因此，这些笔记本被称为多模态的（modal）。笔记本单元可以运行的模式有两种：command（命令）模式和 editx（编辑）模式。

当单元格处于命令模式时，它有一个灰色边框。在此模式下，单元格内容无法更改。此模式下的键盘按键映射到多个快捷键，可用于整体修改单元格或笔记本。

在命令模式下，如果按 Enter 键，则单元格模式将更改为编辑模式。在此模式下，可以更改单元格的内容，并且可以调用浏览器中常用文本框中可用的基本键盘快捷键。

要退出编辑模式，可以按 Esc 键。

要运行特定单元格，可以按 Shift+Enter 快捷键，这将执行以下操作之一。

❑　对于 Markdown 单元格，可显示渲染的 Markdown。

❑　对于原始单元格，可见输入的原始文本。

❑　对于代码单元，代码将被执行，如果它产生一些输出，则将创建一个附加到代码单元格的输出单元格（在该单元格中显示输出）。如果单元格中的代码要求输入，则会出现一个输入字段，并且单元格的代码执行将停止，直到提供输入。

Jupyter 还允许使用其内置的文本编辑器操作文本文件和 Python 脚本文件。也可以从 Jupyter 环境中调用系统终端。

2.4　设置基于深度学习的云环境

在开始设置基于云的深度学习环境之前，你可能会问：为什么需要它？或者说，基于云的深度学习环境会给我们带来什么好处？

深度学习需要大量的数学计算。在神经网络的每一层，都有一个数学矩阵与另一个或几个其他这样的矩阵相乘。此外，每个数据点本身都可以是一个向量而不是单个实体。更重要的是，训练往往需要多次重复，这样的深度学习模型将需要大量时间，因为所涉及的数学运算数量众多。

支持 GPU 的机器在执行这些操作时会更有效率，因为 GPU 是专门为高速数学计算而制造的，但是，支持 GPU 的机器成本高昂，可能不是每个人都能负担得起。此外，考虑到多个开发人员在一个工作环境中使用相同的软件，为团队中的所有开发人员都购买配置了高端 GPU 的机器可能是一个非常昂贵的选择。由于这些原因，支持 GPU 的云计算环境的想法具有很强的吸引力。

如今，公司越来越倾向于为其开发团队使用支持 GPU 的云环境，这可以为所有开发人员创建一个通用环境，并促进高速计算。

2.4.1　设置 AWS EC2 GPU 深度学习环境

本节将演示如何在亚马逊 Web 服务（Amazon Web Service，AWS）平台上设置深度学习特定实例。在开始使用 AWS 平台之前，需要在 AWS 控制台上创建一个账户。

请按以下步骤操作。

（1）访问以下网址，将看到登录/注册页面。

https://console.aws.amazon.com

（2）如果还没有 AWS 账户，则可以单击底部的 Create a new AWS account（创建新 AWS 账户）按钮并按照步骤创建一个，这可能需要输入借记卡/信用卡详细信息以启用账户的计费机制。

（3）登录账户后，在仪表板上，单击 All services（所有服务）部分中的 EC2，如图 2-29 所示。

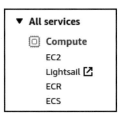

图 2-29

到达 AWS 控制台中的 EC2 管理页面后，请按以下具体步骤操作，以创建满足深度学习需求的实例。

步骤 1：创建支持 EC2 GPU 的实例

首先，选择 Ubuntu 16.04 或 18.04 LTS AMI，如图 2-30 所示。

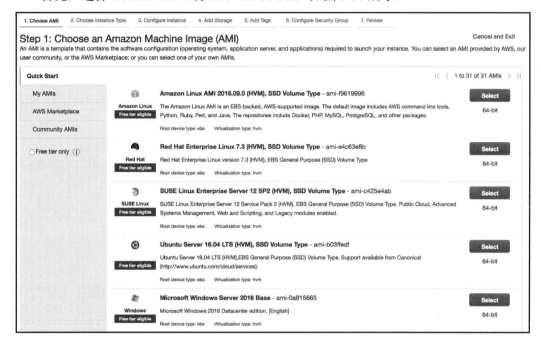

图 2-30

　　然后，选择支持 GPU 的实例配置。g2.2xlarge 是入门深度学习环境的不错选择，如图 2-31 所示。

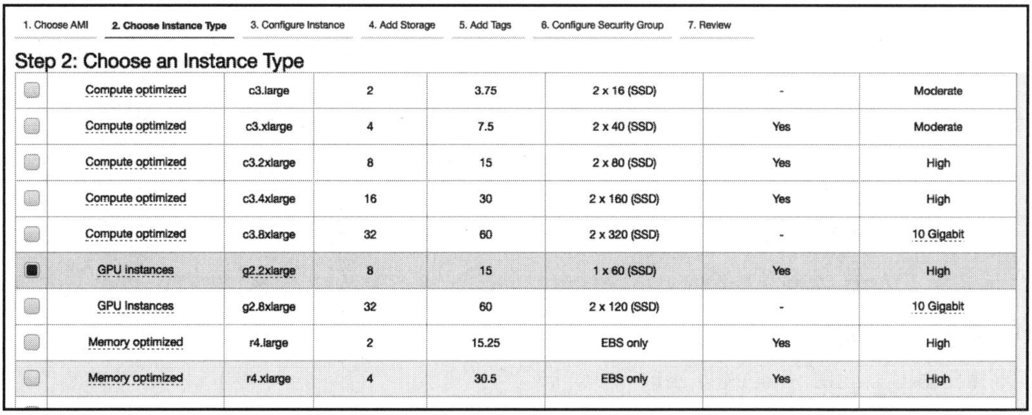

图 2-31

接下来，配置所需的实例设置或直接按默认设置继续，执行存储步骤。此处，建议的卷大小为 30GB。然后，你就可以继续使用默认选项启动实例。

为你的实例分配一个 EC2 密钥对，以便你可以从你的系统通过 SSH 访问实例的终端。如果将密钥对命名为 abc，则名为 abc.pem 的文件将自动下载到浏览器的默认下载位置。

步骤 2：通过 SSH 连接到你的 EC2 实例

在你的系统上打开一个终端并使用 cd 命令转到存储 abc.pem 文件的目录。

如果你不熟悉 cd 命令，那么我们来看这样一个示例：你位于名为 Folder1 的文件夹中，其中包含以下内容。

```
Folder1 /
    - Folder2
    - Folder3
    - File1.jpg
  - File2.jpg
```

例如，要访问名为 Folder2 的文件夹中的任何文件，则必须将工作目录更改为该文件夹。为此，可使用以下 cd 命令示例。

```
cd Folder2
```

ⓘ 注意：

该命令仅在你已经位于 Folder1 文件夹中时才有效，可以从系统上的任何位置使用 cd 命令的类似用法进入该文件夹。

可使用以下命令阅读有关 Linux 系统上任何命令的用法的更多信息。

```
man <command>
```

例如，可以使用以下命令。

```
man cd
```

现在，通过输入以下命令，使用密钥文件设置 SSH 所需的权限。

```
$ chmod 400 abc.pem
```

要通过 SSH 连接到你的实例，需要其公共 IP 或实例公共 DNS。例如，如果公网 IP 是 1.2.3.4，则可使用以下命令。

```
$ ssh -i abc.pem ubuntu@1.2.3.4
```

AWS 实例的公共 IP 可以在 EC2 管理页面的 AWS 控制台中运行的实例列表下方的

详细信息面板中找到。

步骤 3：在 GPU 实例上安装 CUDA 驱动程序

首先，更新/安装 NVIDIA 图形驱动程序。

```
$ sudo add-apt-repository ppa:graphics-drivers/ppa -y
$ sudo apt-get update
$ sudo apt-get install -y nvidia-xxx nvidia-settings
```

注意，这里的 xxx 可以被替换为你的实例上安装的图形硬件版本，它同样可以在实例详细信息中找到。

接下来，下载 CUDA deb 文件（此代码适用于撰写本文时的最新版本）。

```
$ wget
https://developer.download.nvidia.com/compute/cuda/10.0/secure/Prod/
local_installers/cuda-repo-ubuntu1804-10-0-local-10.0.130-410.48_1.0-
1_amd64.deb
```

然后，继续执行以下命令。

```
$ sudo dpkg -i cuda-repo-ubuntu1804-10-0-local-10.0.130-410.48_1.0-1_
amd64.deb
$ sudo apt-key add /var/cuda-repo-<version>/7fa2af80.pub
$ sudo apt-get update
$ sudo apt-get install -y cuda nvidia-cuda-toolkit
```

要验证是否已成功安装所有内容，请运行以下命令。

```
$ nvidia-smi
$ nvcc -version
```

如果这两个命令的输出没有任何警告或错误，则表示安装成功。

步骤 4：安装 Python 的 Anaconda 发行版

首先，下载 Anaconda 安装程序脚本。

```
$ wget https://repo.continuum.io/archive/Anaconda3-2018.12-Linux-x86_64.sh
```

接下来，将脚本设置为可执行。

```
$ chmod +x Anaconda*.sh
```

然后，运行安装脚本。

```
$ ./Anaconda3-2018.12-Linux-x86_64.sh
```

安装程序会询问若干个选项。要验证安装是否成功，请使用以下命令。

```
$ python3
```

Python3 REPL 被加载到终端中，并带有一条横幅广告，反映了你的实例上安装的 Anaconda 分发版本。

步骤 5：运行 Jupyter

使用以下命令即可在实例上启动 Jupyter Notebook 服务器。

```
$ jupyter notebook
```

终端上的输出将包含打开时的 URL，你将能够使用该 URL 访问在 EC2 GPU 实例上运行的 Jupyter Notebook。

2.4.2　Crestle 上的深度学习

当你需要更好地控制系统时，定制的深度学习环境会很有用——例如，当你希望第三方应用程序与你的深度学习模型一起工作时——当然，更多时候你可能没有这样的需求，并且你只会对在云上以协作方式快速执行深度学习感兴趣。原因很简单，在需要定制环境时，支付 AWS g2.2xlarge 实例的成本是很高的，可能远高于仅支付计算时间或使用 GPU 时间的成本。

Crestle 可以按非常实惠的价格在线提供支持 GPU 的 Jupyter Notebook 服务。要开始使用 Crestle，请执行以下步骤。

（1）登录 www.crestle.com。

（2）单击 Sign Up（注册）并填写出现的注册表格。

（3）检查你的电子邮箱以获取账户确认链接。激活你的账户并登录。

（4）将进入仪表板，在该页面有一个 Start Jupyter（启动 Jupyter）按钮。可以选择使用 GPU 或将其禁用。建议启用 GPU 选项，然后单击 Start Jupyter（启动 Jupyter）按钮。

此时你将看到一个运行在云上且支持 GPU 的 Jupyter 环境。它是截至 2020 年 1 月互联网上最实惠的解决方案之一，当然你也可以比较和寻找更实惠的选择。

2.4.3　其他深度学习环境

除了上述在云端执行 GPU 深度学习的方式外，在某些情况下，也可以选择使用其他平台。

例如，Google Colaboratory 是免费提供的 Jupyter Notebook 服务，可从以下网址访问。

https://colab.research.google.com

Colaboratory 笔记本被存储在用户的 Google Drive（Google 云存储服务）上，因此存储限制为 15GB。可以在 Google Drive 上存储大型数据集，并在 Google Drive Python API 的帮助下将它们包含在项目中。默认情况下，GPU 在 Colaboratory 上处于禁用状态，必须手动打开。

Kaggle 是另一个专门为开展数据科学竞赛而构建的平台。它提供了一个类似 Jupyter-Notebook 的环境，称为 kernel（内核）。每个 kernel 都提供了大量的 RAM 和免费的 GPU 能力，但是 Kaggle 的存储限制比 Google Colaboratory 更严格，因此，如果你的计算很密集但要使用的数据和输出不是很大，那么该平台是一个理想的选择。

2.5　NumPy 和 Pandas 初探

NumPy 和 Pandas 是 Python 语言中几乎所有数据科学相关库的支柱。Pandas 是建立在 NumPy 之上的，而 NumPy 本身则是 Python 的一种开源的数值计算扩展库。该工具可用来存储和处理大型矩阵，比 Python 自身的嵌套列表结构要高效得多。

几乎所有以 Python 开发的深度学习软件都依赖于 NumPy 和 Pandas。因此，对这两个库和它们可以提供的特性有一个很好的理解是很重要的。

2.5.1　关于 NumPy 库

NumPy 是 Numerical Python 的首字母缩写词。Vanilla Python 缺乏数组的实现，而数组与用于开发机器学习模型的数学矩阵非常相似。NumPy 为 Python 带来了对多维数组和高性能计算功能的支持。可以使用以下导入语句将其包含到任何 Python 代码中。

```
import numpy as np
```

np 是导入 NumPy 的常用约定。

2.5.2　NumPy 数组

在 NumPy 中有若干种创建数组的方法。以下是一些比较常见的。

❑　np.array：将 Python 列表转换为 NumPy 数组，如图 2-32 所示。
❑　np.ones 或 np.zeros：创建一个全 1 或全 0 的 NumPy 数组，如图 2-33 所示。

```
[10] array1 = np.array([[10,20,30], [40, 50, 60], [70, 80, 90]])
     array1

⤷   array([[10, 20, 30],
           [40, 50, 60],
           [70, 80, 90]])
```

图 2-32

```
▼  zero array

[ ]  zero_arr1 = np.zeros(5)
     print(zero_arr1)

     print('\n***************************************')

     zero_arr2 = np.zeros((4,4))
     print(zero_arr2)

⤷   [0. 0. 0. 0. 0.]

     ***************************************
     [[0. 0. 0. 0.]
      [0. 0. 0. 0.]
      [0. 0. 0. 0.]
      [0. 0. 0. 0.]]

▼  ones array

[ ]  one_arr1 = np.ones(4)
     print(one_arr1)

     print('\n***************************************')

     one_arr2 = np.ones((3,2), dtype = int)
     print(one_arr2)

⤷   [1. 1. 1. 1.]

     ***************************************
     [[1 1]
      [1 1]
      [1 1]]
```

图 2-33

❑　np.random.rand：生成随机数数组，如图 2-34 所示。

```
[ ]  rand_arr = np.random.rand(5,4)
     print(rand_arr)

⤷   [[0.37997193 0.71844568 0.07820339 0.55507054]
      [0.28035038 0.63730088 0.4725696  0.08614317]
      [0.94396988 0.12329078 0.39922435 0.02075598]
      [0.58262311 0.26633394 0.498427   0.09852439]
      [0.51260027 0.24621189 0.37022219 0.1738425 ]]
```

图 2-34

❑　np.eye：生成给定方形矩阵维度的单位矩阵，如图 2-35 所示。

```
[ ]  iden_arr1 = np.eye(4)
     print(iden_arr1)

     print('\n*********************************')

     iden_arr2 = np.eye(2, dtype = int)
     print(iden_arr2)

[➤  [[1. 0. 0. 0.]
     [0. 1. 0. 0.]
     [0. 0. 1. 0.]
     [0. 0. 0. 1.]]

     *********************************
     [[1 0]
      [0 1]]
```

图 2-35

接下来，让我们看看基本的 NumPy 数组操作。

2.5.3　基本的 NumPy 数组操作

NumPy 数组是数学矩阵的 Python 类似物，因此它们支持所有基本类型的算术运算，如加法、减法、乘法和除法。

以下语句可声明两个 NumPy 数组并将它们存储为 array1 和 array2。

```
array1 = np.array([[10,20,30], [40, 50, 60], [70, 80, 90]])
array2 = np.array([[90, 80, 70], [60, 50, 40], [30, 20, 10]])
```

现在来看在这两个数组上执行算术运算的一些示例。

❑　加法，如图 2-36 所示。

❑　减法，如图 2-37 所示。

```
[5]  array1 + array2

[➤  array([[100, 100, 100],
           [100, 100, 100],
           [100, 100, 100]])
```

图 2-36

```
[6]  array1 - array2

[➤  array([[-80, -60, -40],
           [-20,   0,  20],
           [ 40,  60,  80]])
```

图 2-37

❑　乘法，如图 2-38 所示。

❑　　除法，如图 2-39 所示。

```
[7]  array1 * array2

     array([[ 900, 1600, 2100],
            [2400, 2500, 2400],
            [2100, 1600,  900]])
```

```
[8]  array1 / array2

     array([[0.11111111, 0.25      , 0.42857143],
            [0.66666667, 1.        , 1.5       ],
            [2.33333333, 4.        , 9.        ]])
```

图 2-38　　　　　　　　　　　　　　　　　　　图 2-39

接下来，让我们将 NumPy 数组与 Python 列表进行一些比较。

2.5.4　NumPy 数组与 Python 列表

现在来看看 NumPy 数组相比于 Python 列表的优势。

1．多行多列的数组切片

虽然无法像在 Python 中那样对列表的列表（lists of lists）进行切片以选择特定数量的行和列，但是 NumPy 数组支持按以下语法进行切片操作。

```
Array [ rowStartIndex : rowEndIndex, columnStartIndex : columnEndIndex ]
```

图 2-40 显示了一个示例。

```
[4]  a = np.arange(12).reshape(3, 4)
     a

     array([[ 0,  1,  2,  3],
            [ 4,  5,  6,  7],
            [ 8,  9, 10, 11]])


[5]  rows = np.array([False, True, True])


[6]  a[rows , : ]

     array([[ 4,  5,  6,  7],
            [ 8,  9, 10, 11]])
```

图 2-40

在图 2-40 所示的示例中，能够选择 NumPy 数组 a 中的两行以及这些行的所有元素。

2. 切片上的赋值

Python 列表的切片无法赋值，但 NumPy 却允许将值分配给 NumPy 数组。例如，要将 4 分配给 NumPy 一维数组的第 3～5 个元素，可使用以下语句。

```
arr[2:5] = 4
```

接下来，我们认识 Pandas。

2.5.5　关于 Pandas

Pandas 建立在 NumPy 之上，是通过 Python 进行数据科学分析最广泛使用的库之一。它催生了很多高性能数据结构和数据分析方法。Pandas 提供了一个内存中（in-memory）的二维表对象，称为 DataFrame，它由一个称为 Series 的一维结构（类似数组）组成。

Pandas 中的每个 DataFrame 都是一个类似电子表格的表格，带有行标签和列标题。可以执行基于行或基于列的操作，或者同时执行这两种操作。Pandas 与 Matplotlib 紧密集成，可以提供多种直观的数据可视化结果，这些可视化结果在进行演示或探索性数据分析时非常有用。

要将 Pandas 导入 Python 项目中，可使用以下代码行。

```
import pandas as pd
```

其中，pd 是导入 Pandas 的通用名称。

Pandas 提供以下数据结构。

❑ Series：一维数组或向量，类似于表格中的一列。

❑ DataFrames：二维表，带有表头和行标签。

❑ Panels：DataFrames 的字典，很像一个包含多个表的 MySQL 数据库。

Pandas 的 Series 可以使用 pd.Series()方法创建，而 DataFrame 则可以使用 pd.DataFrame() 方法创建。

例如，在下面的代码中，我们使用多个 Series 对象创建了一个 Pandas DataFrame 对象。

```
import pandas as pd

employees = pd.DataFrame({ "weight": pd.Series([60, 80, 100],index=["Ram",
"Sam", "Max"]), "dob": pd.Series([1990, 1970, 1991], index=["Ram",
"Max","Sam"], name= "year"), "hobby": pd.Series(["Reading", "Singing"],
index=["Ram", "Max"])})

employees
```

上述代码的输出如图 2-41 所示。

	dob	hobby	weight
Max	1970	Singing	100
Ram	1990	Reading	60
Sam	1991	NaN	80

图 2-41

可用于 Pandas DataFrame 的一些最重要的方法如下。

❑ head(n)或 tail(n)：显示 DataFrame 顶部或底部 *n* 行。

❑ info()：显示 DataFrame 中所有列、维度和数据类型的信息。

❑ describe()：显示有关 DataFrame 中每一列的聚合和统计信息。省略非数字列。

2.6 小   结

本章讨论了许多不同的内容。我们从学习神经网络的基础知识开始，然后重点介绍了当今使用的两种最强大的神经网络类型——卷积神经网络和循环神经网络。

随着神经网络复杂性的增加，它需要大量的计算能力，而标准计算机可能无法满足这些要求，所以使用基于深度学习的云环境是一个可行的选择。为此本章介绍了亚马逊 Web 服务（AWS）和 Crestle 的配置。

本章还简要介绍了 Jupyter Notebook 和两个非常流行的 Python 库——NumPy 和 Pandas。Jupyter Notebook 是一种执行深度学习任务的强大工具，而 NumPy 和 Pandas 则被广泛应用于执行深度学习任务。

在第 3 章中，我们将实际构建一个应用程序并集成深度学习系统以使其智能运行。需要强调的是，了解本章阐述的基础知识对后面的学习非常重要。

第 3 章 创建第一个深度学习 Web 应用程序

在理解了神经网络的基本原理及其在实际项目中的使用设置后，下一步自然就是开发基于 Web 的深度学习应用程序。本章致力于创建一个完整的 Web 应用程序，虽然这只是一个非常简单的应用程序，但它仍以一种很简明的方式演示了如何在应用程序中集成深度学习。

本章将会介绍若干个对整本书都很有用的术语，因此，即使你对深度学习 Web 应用程序有所了解，也应该认真阅读本章，以便顺利理解后续章节。

本章将从了解深度学习 Web 应用程序架构和数据集开始。然后，我们将使用 Python 实现一个简单的神经网络，并创建一个 Flask API 以使用服务器端 Python。

本章包含以下主题。

❑ 构建深度学习 Web 应用程序。
❑ 理解数据集。
❑ 使用 Python 实现一个简单的神经网络。
❑ 创建一个 Flask API 以使用服务器端 Python。
❑ 通过 cURL 使用 API 并使用 Flask 创建 Web 客户端。
❑ 改进深度学习后端。

3.1 技 术 要 求

本章使用的代码网址如下。

https://github.com/PacktPublishing/Hands-On-Python-Deep-Learning-for-web/tree/master/Chapter3

本章需要以下软件包。

❑ Python 3.6+。
❑ Flask 1.1.0+。
❑ TensorFlow 2.0+。

3.2 构建深度学习 Web 应用程序

众所周知，在玩拼图游戏时，重要的是各个部分要合适，而不能强行拼凑在一起。同样，在开发软件解决方案时，解决方案的各个部分必须无缝协作，并且它们的交互必须易于理解。好的软件需要适当的软件规划。因此，为软件提供坚实的结构对于其长期使用和便于未来的维护至关重要。

3.2.1 深度学习 Web 应用程序规划

在开始创建第一个在 Web 上运行的深度学习应用程序之前，必须制定解决方案的蓝图，牢记我们希望解决的问题及其解决方案，这很像在开发网站时，我们必须规划身份验证系统或设计将表单值从一个页面传递到另一个页面的方式。

一般的深度学习 Web 解决方案需要以下组件。

❑ 服务器：可以存储数据并响应查询。

❑ 系统：可以使用存储的数据并对其进行处理以生成基于深度学习的查询的响应。

❑ 客户端：可以将数据发送到服务器进行存储，发送带有新数据的查询，接收并使用服务器在查询深度学习系统后发送的响应。

接下来，我们将尝试可视化这个结构。

3.2.2 通用深度学习网络应用程序的结构图

图 3-1 描绘了 Web 客户端、Web 服务器和深度学习模型之间的交互。

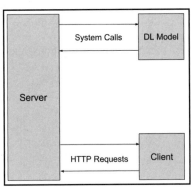

图 3-1

原　　文	译　　文
Server	服务器
System Calls	系统调用
DL Model	深度学习模型
HTTP Requests	HTTP 请求
Client	客户端

我们将创建 3 个软件部分——客户端、服务器和深度学习模型，它们都将协同工作。具体过程是，客户端向服务器发出 HTTP 请求，服务器执行系统调用，从单独训练的深度学习模型中获取输出。该模型可能会也可能不会在服务器上响应客户端发出的 HTTP 请求的文件中执行。在大多数情况下，深度学习模型与处理 HTTP 请求的文件是分开的。

在本章提供的示例中，我们将在单独的文件中演示服务器、客户端和深度学习模型。客户端将向服务器发送简单的 HTTP 请求，如页面加载请求或 URL 中的 GET 请求，这将根据传递的查询生成深度学习模型的输出。当然，客户端通过 REST API 与服务器通信才是更常见的做法。

接下来，我们将了解应用程序要处理的数据集。

3.3　理解数据集

正确理解要处理的数据集也很重要，因为这样才能使用最高效的代码产生最佳结果（这里说的"高效"是指数据的执行时间和空间方面）。本示例使用的数据集可能是在谈及神经网络与图像识别时最流行的数据集——手写数字的 MNIST 数据库。

3.3.1　手写数字的 MNIST 数据集

该数据集由 Yann LeCun、Corinna Cortes 和 Christopher J.C. Burges 组成的团队创建。它是大量手写数字图像的集合，包含 60000 个训练样本和 10000 个测试样本。该数据集以 4 个.gz 压缩文件的形式存在，其网址如下。

http://yann.lecun.com/exdb/mnist/

这 4 个文件如下。

❑ train-images-idx3-ubyte.gz：训练集图像。这些图像将用于训练神经网络分类器。
❑ train-labels-idx1-ubyte.gz：训练集标签。训练集中的每幅图像都会有一个与之关联的标签，即该图像中可见的相应数字。

❑ t10k-images-idx3-ubyte.gz：测试集图像。可使用这些图像来测试神经网络预测的准确率。

❑ t10k-labels-idx1-ubyte.gz：测试集中图像的标签。当神经网络对测试集做出预测时，可将这些标签与预测值进行比较以检查结果。

存储在此数据集中的图像由于其自定义格式而无法直接查看。处理数据集的开发人员应为图像创建自己的简单查看器。完成此操作后，将能够看到如图 3-2 所示的图像。

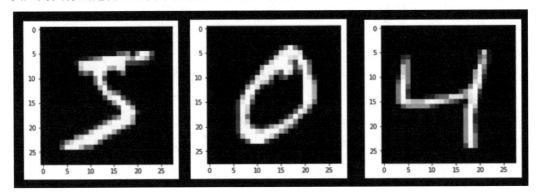

图 3-2

可以看到，这些图像在两个轴上都略高于 25 像素的标记。准确地说，这些图像都是 28×28 像素的形式。现在，由于图像是灰度的，因此可以将它们存储在单层 28×28 矩阵中。因此，总共有 28×28 = 784 个值，值的范围为 0～1，其中 0 表示黑色像素，1 表示白色像素。该范围内的任何值都是黑色阴影。

在 MNIST 数据集中，这些图像以 784 个浮点数的扁平数组的形式存在。为了查看这些图像，你需要将一维数组转换为 28×28 形状的二维数组，然后使用任何自行开发或公开可用的工具（如 Matplotlib 或 Pillow 库）绘制图像。

在后面的小节中将会讨论这种方法。

3.3.2　探索数据集

请首先从 MNIST 数据集网页下载所有 4 个文件，下载网址详见 3.3.1 节"手写数字的 MNIST 数据集"。下载完成后，解压缩所有文件，此时你应该拥有类似以下名称的文件夹。

❑ train-images.idx3-ubyte。

❑ train-labels.idx1-ubyte。

❑ t10k-images.idx3-ubyte。

❑　t10k-labels.idx1-ubyte。

将这些文件保存在你的工作目录中。我们将创建一个 Jupyter Notebook 来对提取的数据集文件执行探索性数据分析（EDA）。

在浏览器中打开 Jupyter Notebook 环境并创建一个新的 Python Notebook。

下面我们从导入必要的模块开始。

```
import numpy as np
import matplotlib.pyplot as plt
```

上述两行代码将 numpy 模块和 matplotlib.pyplot 模块导入项目中。numpy 模块可在 Python 中提供高性能数学函数，而 matplotlib.pyplot 模块提供了一个简单的界面来绘制和可视化图形和图像。要在 Jupyter Notebook 中查看该库的所有输出，可添加以下代码行。

```
%matplotlib inline
```

ⓘ 注意：

在 Windows 系统中，要提取.gz 文件，可以使用 7-zip 软件，这是一款出色的压缩/解压缩工具，可从以下网址中免费下载。

https://www.7-zip.org

3.3.3　创建函数来读取图像文件

如前文所述，从 MNIST 数据集中下载的图像文件是无法直接查看的。因此，可以在 Python 中创建一个 loadImageFile()函数，Matplotlib 模块将能够使用它来显示 MNIST 数据集文件中的图像。

```
def loadImageFile(fileimage):
  f = open(fileimage, "rb")

  f.read(16)
  pixels = 28*28
  images_arr = []
  while True:
    try:
      img = []
      for j in range(pixels):
        pix = ord(f.read(1))
        img.append(pix / 255)
      images_arr.append(img)
```

```
   except:
     break

 f.close()
 image_sets = np.array(images_arr)
 return image_sets
```

上述 loadImageFile()函数将接收一个参数，即包含图像的文件的名称。已下载的文件夹中有两个这样的文件可供使用：train-images-idx3-ubyte 和 t10k-images-idx3-ubyte。上述函数的输出是一个 numpy 图像数组。可以将结果存储在 Python 变量中，如下所示。

```
test_images = loadImageFile("t10k-images-idx3-ubyte")
```

要查看保存 numpy 图像数组的变量中的图像，可以定义另一个函数 gen_image()，该函数采用单幅图像的 784 个浮点数像素数组并将它们绘制成单幅图像。该函数可以定义如下。

```
def gen_image(arr):
two_d = (np.reshape(arr, (28, 28)) * 255).astype(np.uint8)
plt.imshow(two_d, interpolation='nearest', cmap='gray')
plt.show()
return
```

现在，假设要显示第一幅测试图像，因为我们已经在 test_images 变量中存储了 numpy 图像数组，所以可运行以下代码。

```
gen_image(test_images[0])
```

可以看到其输出如图 3-3 所示。

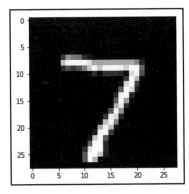

图 3-3

现在我们能够查看图像，可以继续构建一个函数，以便从标签中提取相应的数字。

3.3.4　创建函数来读取标签文件

MNIST 数据集中有两个标签文件可供使用：train-labels-idx1-ubyte 和 t10k-labels-idx1-ubyte。要查看这些文件，可使用 loadLabelFile()函数，该函数将文件名的输入作为参数并生成一个独热编码标签数组。

```python
def loadLabelFile(filelabel):
  f = open(filelabel, "rb")

  f.read(8)

  labels_arr = []

  while True:
    row = [0 for x in range(10)]
    try:
      label = ord(f.read(1))
      row[label] = 1
      labels_arr.append(row)
    except:
      break

  f.close()
  abel_sets = np.array(labels_arr)
  return label_sets
```

loadLabelFile()函数以独热编码返回一个 numpy 标签数组，其维度为数据集中样本数乘以 10。我们可以观察单个条目以了解独热编码的性质。运行以下代码，它将输出测试集中第一个样本的独热编码标签集。

```python
test_labels = loadLabelFile("t10k-labels-idx1-ubyte")
print(test_labels[0])
```

其输出如下。

```
[0 0 0 0 0 0 0 1 0 0]
```

可以看到，由于第 7 个索引处的数字是 1，因此测试数据集中第一幅图像的标签是 7。

3.3.5　数据集汇总信息

在对可用数据集进行非常简洁的探索之后，可得出以下结果。

训练数据集包含 60000 幅图像，其维度为 60000×784，其中每幅图像为 28×28 像素。0～9 数字的样本分布如表 3-1 所示。

表 3-1　训练数据集样本数

数　　字	样　本　数	数　　字	样　本　数
0	5923	5	5421
1	6742	6	5918
2	5958	7	6265
3	6131	8	5851
4	5842	9	5949

可以看到，数字 5 的样本数（5421）比数字 1 的样本数（6742）少很多。因此，如果模型训练不充分，那么很可能会在识别数字 5 时出错。

现有标签数量的汇总信息表明，所有 60000 个样本都有相应的标签，无任何标签缺失。

类似地，在测试数据集中有 10000 幅图像和标签，其样本数量分布如表 3-2 所示。

表 3-2　测试数据集样本数

数　　字	样　本　数	数　　字	样　本　数
0	980	5	892
1	1135	6	958
2	1032	7	1028
3	1010	8	974
4	982	9	1009

可以看到，测试数据集中的样本数量分布相对均匀。

3.4　使用 Python 实现一个简单的神经网络

在进行了非常基本的数据分析之后，可以开始使用 Python 编写我们的第一个神经网络。在继续之前，你可以复习在第 2 章"使用 Python 进行深度学习"中介绍的神经网络概念。现在我们将创建一个卷积神经网络（CNN），它可用于预测手写数字标签。

本节将首先创建一个新的 Jupyter Notebook。可以将此笔记本命名为 Model.ipynb。该笔记本将用于开发深度学习模型的 pickle 版本，稍后将其放入生成预测的脚本中。

3.4.1　导入必要的模块

Model.ipynb 所需的模块可按如下方式导入。

```
import numpy as np
import keras
from keras.models import Sequential
from keras.layers import Dense, Dropout, Flatten, Activation
from keras.layers import Conv2D, MaxPooling2D
from keras import backend as K
from keras.layers.normalization import BatchNormalization
```

keras 模块是必要的，有了它才能使用 TensorFlow 后端快速实现高性能神经网络。要
安装 Keras，可使用以下命令。

```
pip3 install keras
```

3.4.2　重用函数以加载图像和标签文件

在 3.3.3 节"创建函数来读取图像文件"和 3.3.4 节"创建函数来读取标签文件"中，
分别创建了 loadImageFile()和 loadLabelFile()函数，现在我们需要重用它们，因此可将这
些函数复制到 Jupyter Notebook 中。

函数可生成两个代码单元格。

❏　loadImageFile()方法。

❏　loadLabelFile()方法。

在一个新的代码单元格中，创建 loadImageFile()函数。

```
def loadImageFile(fileimage):
  f = open(fileimage, "rb")

  f.read(16)
  pixels = 28*28
  images_arr = []
  while True:
    try:
      img = []
      for j in range(pixels):
        pix = ord(f.read(1))
        img.append(pix / 255)
```

```
            images_arr.append(img)
        except:
            break

    f.close()
    image_sets = np.array(images_arr)
    return image_sets
```

在另一个新的代码单元格中，创建 loadLabelFile()函数。

```
def loadLabelFile(filelabel):
    f = open(filelabel, "rb")
    f.read(8)

    labels_arr = []

    while True:
        row = [0 for x in range(10)]
        try:
            label = ord(f.read(1))
            row[label] = 1
            labels_arr.append(row)
        except:
            break

    f.close()
    label_sets = np.array(labels_arr)
    return label_sets
```

然后，使用以下代码行以 numpy 数组的形式导入图像和标签文件。

```
train_images = loadImageFile("train-images-idx3-ubyte")
train_labels = loadLabelFile("train-labels-idx1-ubyte")

test_images = loadImageFile("t10k-images-dx3-ubyte")
test_labels = loadLabelFile("t10k-labels-idx1-ubyte")
```

这将创建 train_images、train_labels、test_images 和 test_labels 4 个 NumPy 数组。我们可以观察它们的形状，例如，train_images 的输出如下。

```
(60000, 784)
```

接下来，我们将学习如何重塑数组以使用 Keras 进行处理。

3.4.3　重塑数组以使用 Keras 进行处理

图像数组的当前形状对于 Keras 来说并不是友好的。因此，必须将图像数组分别转换为(60000, 28, 28, 1)和(10000, 28, 28, 1)的形状。

为此可使用以下代码行。

```
x_train = train_images.reshape(train_images.shape[0], 28, 28, 1)
x_test = test_images.reshape(test_images.shape[0], 28, 28, 1)
```

现在如果观察 x_train 的形状，会得到如下输出。

```
(60000, 28, 28, 1)
```

对标签数组不必进行任何更改，因此可直接将它们赋值给 y_train 和 y_test。

```
y_train = train_labels
y_test = test_labels
```

接下来，我们将使用 Keras 创建一个神经网络。

3.4.4　使用 Keras 创建神经网络

现在可按以下步骤创建神经网络。

（1）在 Keras 中创建一个 Sequential 神经网络模型。

```
model = Sequential()
```

（2）要向网络添加神经元层，可使用以下代码。

```
model.add(Conv2D(32, (3, 3), input_shape=(28,28,1)))
```

这可以向网络中添加一个二维卷积神经元层，其输入形状与图像的形状相同。

（3）添加激活层，以 relu 作为激活函数。

```
model.add(Activation('relu'))
```

（4）在添加激活层之后，可以进行批量归一化。在训练过程中，数据经过若干个计算层，可能会变得太大或太小。这被称为协变量偏移（covariate shift），批量归一化有助于将数据带回中心区域。这有助于神经网络更快地训练。

```
BatchNormalization(axis=-1)
```

（5）现在为模型添加更多隐藏层。

```
model.add(Conv2D(32, (3, 3)))
model.add(Activation('relu'))
model.add(MaxPooling2D(pool_size=(2,2)))

BatchNormalization(axis=-1)
model.add(Conv2D(64,(3, 3)))
model.add(Activation('relu'))
BatchNormalization(axis=-1)

model.add(Conv2D(64, (3, 3)))
model.add(Activation('relu'))
model.add(MaxPooling2D(pool_size=(2,2)))

model.add(Flatten())

BatchNormalization()
model.add(Dense(512))
model.add(Activation('relu'))
BatchNormalization()
model.add(Dropout(0.2))
```

（6）在神经网络的最后一层，需要以独热编码的形式输出 10 个值来表示已预测的数字。为此，可添加 10 个神经元的最后一层。这将在 0～1 的连续范围保存 10 个值。

```
model.add(Dense(10))
```

（7）为了将这 10 个浮点值转换为独热编码，可使用 softmax 激活函数。

```
model.add(Activation('softmax'))
```

接下来，我们将编译和训练 Keras 神经网络。

3.4.5　编译和训练 Keras 神经网络

现在可以开始编译和训练神经网络。要编译神经网络，可使用以下代码。

```
model.compile(loss=keras.losses.categorical_crossentropy,
            optimizer=keras.optimizers.Adam(),
            metrics=['accuracy'])
```

在上述代码块编译的模型中，可以看到损失函数（loss）被设置为分类交叉熵（categorical_crossentropy）；使用的优化器函数（optimizer）是 Adam 优化器，评估指标（metrics）是准确率（accuracy）。

然后使用 Keras 模型对象的 fit()方法训练神经网络，代码如下。

```
model.fit(x_train, y_train,
          batch_size=100,
          epochs=10,
          verbose=2,
          validation_split=0.2)
```

🛈 注意：

建议将训练数据进一步拆分为验证集和训练集，同时保持测试集不变。不过，对于此数据集来说，训练集和测试集已经足够。

可以看到，我们设置了训练进行 10 个时期（Epoch，也称为世代，参数为 epochs），批大小（batch_size）为 100 个样本。

3.4.6　评估和存储模型

在训练模型之后，现在可以评估其准确率。使用的代码如下。

```
score = model.evaluate(x_test, y_test, verbose=1)

print('Test loss:', score[0])
print('Test accuracy:', score[1])
```

上述代码的输出如图 3-4 所示。

```
10000/10000 [==============================] - 1s 56us/step
Test loss: 0.02411479307773807
Test accuracy: 0.9931
```

图 3-4

可以看到，测试的准确率为 99.31%，这是一个非常优秀的准确率分数。

现在我们可以保存模型，以便在未来用于通过 Web 门户对用户的输入进行预测。该模型可分为两部分——模型结构和模型权重。

要保存模型结构，可使用 JSON 格式，具体如下。

```
model_json = model.to_json()
with open("model.json", "w") as json_file:
    json_file.write(model_json)
```

要保存 Keras 模型的权重，可使用 save_weights()方法。

```
model.save_weights('weights.h5')
```

接下来，我们将创建一个 Flask API 来使用服务器端 Python。

3.5　创建 Flask API 以使用服务器端 Python

到目前为止，我们已经完成了深度学习模型，并将其结构存储在 model.json 文件中，而将模型的权重存储在 weights.h5 文件中。现在可以将模型数据包装在 API 中，以便可以通过 GET 或 POST 方法将模型公开给基于 Web 的调用。在本示例中，我们将讨论 POST 方法。

接下来，让我们从服务器上所需的设置开始。

3.5.1　设置环境

在服务器中，我们将需要 Flask 模块，这是服务请求，它运行的代码需要 Keras（以及 TensorFlow）、NumPy 和许多其他模块。

为快速搭建项目环境，可按照以下步骤操作。

（1）安装 Anaconda。

（2）安装 TensorFlow 和 Keras。

（3）安装 Pillow。

（4）安装 Flask。

你可以参考以下命令来安装 TensorFlow、Keras、Pillow 和 Flask。

```
pip3 install tensorflow keras pillow flask
```

在安装完成之后，即可开始开发 Flask API。

3.5.2　上传模型结构和权重

模型结构文件 model.json 和权重文件 weights.h5 需要被存在于工作目录中。如果你使用的是远程服务器，则可以将文件复制到一个新文件夹（如 flask_api）或将它们上传到正确的路径中。

3.5.3　创建第一个 Flask 服务器

在工作目录中创建一个新文件并将其命名为 flask_app.py。该文件将是处理向服务器发出的所有请求的文件。将以下代码放入该文件中。

```
from flask import Flask
app = Flask(__name__)
@app.route("/")
def index():
    return "Hello World!"
if __name__ == "__main__":
    app.run(host='0.0.0.0', port=80)
```

上面的代码首先将必要的模块导入脚本中，然后将应用程序设置为 Flask 服务器对象，并使用指令来定义 index()函数，该指令处理对"/"地址发出的所有请求，而不管请求的类型。在脚本的最后，使用 Flask 对象应用程序的 run()方法将脚本绑定到系统上的指定端口。

现在可以部署这个简单的 Flask 服务器。方法是在终端中运行以下命令。

```
python flask_app.py
```

部署完成之后，当在浏览器中打开 http://localhost/ URL 时，会看到一个显示 Hello World 的页面。index()函数可处理在服务器根目录中发出的请求，因为它的路由被设置为"/"。

接下来，让我们将此示例扩展到创建可以处理专门用于预测的请求的 API。

3.5.4　导入必要的模块

在本示例中，可扩展 flask import 语句以导入一个额外的方法 request，这将允许处理向服务器发出的 POST 请求。该行如下所示。

```
from flask import Flask, request
```

然后导入读取和存储图像所需的模块。此外，还需要导入 numpy 模块，具体代码如下。

```
from scipy.misc import imread, imresize
import numpy as np
```

最后，导入 Keras 模块的 model_from_json()方法来加载保存的模型文件。再导入 tensorflow，因为 Keras 依赖它来执行。

```
from keras.models import model_from_json
import tensorflow as tf
```

接下来，我们需要将数据加载到脚本运行时（runtime）中。

3.5.5　将数据加载到脚本运行时并设置模型

一旦导入了必要的模块，就可加载已保存的模型 JSON 和权重，代码如下所示。

```
json_file = open('model.json','r')
model_json = json_file.read()
json_file.close()
model = model_from_json(model_json)

model.load_weights("weights.h5")
model.compile(loss='categorical_crossentropy',optimizer='adam',
metrics=['accuracy'])
graph = tf.get_default_graph()
```

请注意，上述代码还为前面的会话创建了一个默认 graph 项。这是在模型训练期间隐式创建的，但未在保存的 model 和 weights 文件中保留，因此必须在此处显式创建它。

3.5.6　设置应用程序和 index()函数

现在可以将 app 变量设置为 Flask 对象，并将"/"路由设置为由 index()函数处理，它实际上不会产生任何有意义的输出，这是因为我们将使用/predict 路由来为预测 API 提供服务，如下所示。

```
app = Flask(__name__)

@app.route('/')
def index():
    return "Oops, nothing here!"
```

接下来，我们将介绍转换图像函数。

3.5.7　转换图像函数

如果用户使用合适的设置发出图像 POST 请求，我们有时可能会以 base64 编码字符串的形式获取图像。这可以创建 stringToImage()函数来处理。

```
import re
import base64

def stringToImage(img):
    imgstr = re.search(r'base64,(.*)', str(img)).group(1)
    with open('image.png', 'wb') as output:
        output.write(base64.b64decode(imgstr))
```

在上述代码中，使用了 regex 的 re 模块来判断传入的数据是否是 base64 字符串的形式。如果是，则需要 base64 模块对字符串进行解码，然后将文件保存为 image.png。

3.5.8　预测 API

现在可以定义/predict 路由，它将是响应数字预测请求的 API。

```
@app.route('/predict/', methods=['POST'])
def predict():
    global model, graph
    imgData = request.get_data()
    try:
        stringToImage(imgData)
    except:
        f = request.files['img']
        f.save('image.png')
    x = imread('image.png', mode='L')
    x = imresize(x, (28, 28))
    x = x.reshape(1, 28, 28, 1)

    with graph.as_default():
        prediction = model.predict(x)
        response = np.argmax(prediction, axis=1)
        return str(response[0])
```

上述代码中，predict()函数接收一个 POST 方法输入，检查传入的文件格式，然后将它以 image.png 的名称保存到磁盘中。

此后，图像被读入程序中并调整为 28×28 维度。

接下来，对图像数组进行重新整形，以便将其放入 Keras 模型中进行预测。

最后，使用 Keras 模型的 predict()方法，得到一个独热编码的输出，其中将预测数字的索引设置为 1，其余部分保持为 0。确定数字并将其发送到 API 的输出中。

现在，我们必须在文件末尾添加将服务器绑定到端口的代码并设置所需的配置。

```
if __name__ == "__main__":
    app.run(host='0.0.0.0', port=80)
    app.run(debug=True)
```

注意，这里设置了 debug=True 参数，以便能够在服务器的控制台中查看服务器上是否发生任何错误。这在开发过程中总是一个好主意，但在实际生产环境中，该行代码可以跳过。

在运行应用程序之前，还有最后一个步骤是更新'/'路由的代码。每当有人调用此路由时，就将加载我们创建的 index.html 项，代码如下所示。

```
@app.route('/')
def index():
    return render_template("index.html")
```

至此，我们已经完成所有的准备工作，可以启动服务器并检查它是否正常工作。可使用与之前相同的命令来启动服务器。

```
python flask_app.py
```

这将立即启动服务器。

3.6　通过 cURL 使用 API 并使用 Flask 创建 Web 客户端

在服务器已经运行的情况下，可以向它发送带有图像内容的 POST 请求，并期望输出中有一个预测数字。在不使用任何第三方工具的情况下，可使用以下两种方式测试任何 API。

❑　使用 cURL。
❑　开发客户端调用 API。

接下来，我们将详细介绍这两种方法。

3.6.1　通过 cURL 使用 API

在开发客户端向 API 服务器中发送 POST 请求之前，可以通过 cURL 先测试 API。cURL 是一个命令行工具，用于模拟对 URL 的 GET 和 POST 请求。

在终端或命令提示符中使用以下命令向你的预测 API 发出 curl 请求。

```
curl -X POST -F img=@"path_to_file" http://localhost/predict/
```

其中，-F 标志用于指示 POST 请求将包含文件。将保存文件的 POST 变量的名称是 img，而 path_to_file 则应替换为你希望发送到服务器的文件的完整路径，该文件就是要进行预测的图像。

下面通过一个具体例子来看看该 API 是如何工作的。

假设有一幅图像，文件名为 self2.png，维度为 275×275，如图 3-5 所示。

显然，在服务器端必须调整图像维度。要发出请求，可使用以下命令。

```
curl -X POST -F img=@self2.png http://localhost/predict/
```

图 3-5

其命令行界面如图 3-6 所示。

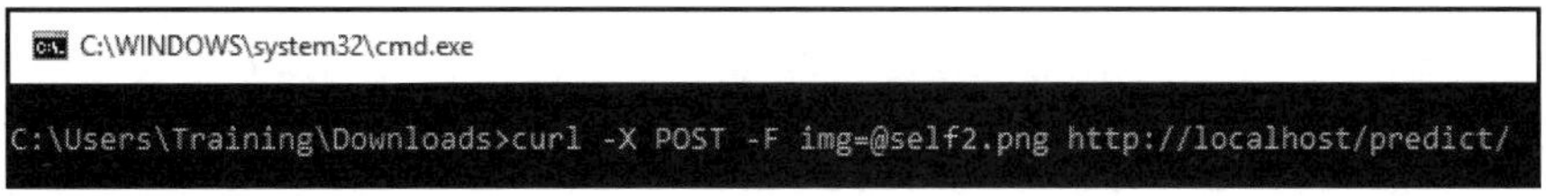

```
C:\WINDOWS\system32\cmd.exe

C:\Users\Training\Downloads>curl -X POST -F img=@self2.png http://localhost/predict/
```

图 3-6

API 的输出是一个整数 2。由此可见，该 API 可成功运行。

3.6.2　为 API 创建一个简单的 Web 客户端

在证明 Flask API 可成功运行之后，现在可以创建一个简单的 Web 客户端来调用 API。为此，我们必须修改当前的代码。在 flask_app.py 中，首先更改 Flask 的 import 语句，以便将其扩展到另一个模块：render_template。具体如下。

```
from flask import Flask, request, render_template
```

然后在工作目录中创建一个 templates 文件夹，并添加一个文件 index.html，其代码如下。

```
<!DOCTYPE html>
<html lang="en">
  <head>
    <title>MNIST CNN</title>
  </head>

  <body>
    <h1>MNIST Handwritten Digits Prediction</h1>

    <form>
      <input type="file" name="img"></input>
```

```
    <input type="submit"></input>
</form>
<hr>
<h3>Prediction: <span id="result"></span></h3>

<script
src='http://cdnjs.cloudflare.com/ajax/libs/jquery/2.1.3/jquery.min.js'>
</script>

<script src="{{ url_for('static',filename='index.js') }}"></script>

</body>
</html>
```

可以看到，index.html 文件中的代码非常简单，实际上只是创建了一个表单，该表单包含一个文件类型的 input 元素，称为 img。然后将 jQuery 添加到页面中并创建了一个指向静态文件 index.js 的链接，index.js 位于服务器的 static 文件夹中。

现在创建 index.js 文件。首先，在根目录下创建一个 static 文件夹，然后创建一个新文件 index.js，其代码如下。

```
$("form").submit(function(evt){
    evt.preventDefault();
    var formData = new FormData($(this)[0]);
    $.ajax({
        url: '/predict/',
        type: 'POST',
        data: formData,
        async: false,
        cache: false,
        contentType: false,
        enctype: 'multipart/form-data',
        processData: false,
        success: function (response) {
            $('#result').empty().append(response);
        }
    });
    return false;
});
```

可以看到，上述 jQuery 代码可向/predict/路由中发出 POST 请求，然后使用从服务器返回的值更新页面上的 result。

现在可以尝试在这个简单的 Web 客户端上运行一个示例。首先需要重启 Flask 服务器，然后在浏览器中打开 http://localhost/，得到如图 3-7 所示的网页。

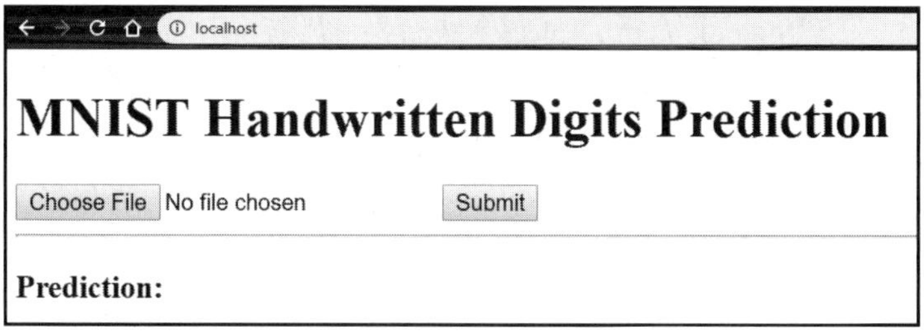

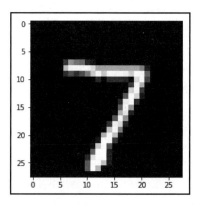

localhost
MNIST Handwritten Digits Prediction
Choose File
No file chosen
Submit
Prediction:

图 3-7

假设选择一个名为 mnist7.png 的文件，它实际上是测试数据集中的第一幅图像，如图 3-8 所示。

0
5
10
15
20
25
0
5
10
15
20
25

图 3-8

预期的输出应该是 7。单击 Submit（提交）按钮之后，在客户端页面上得到如图 3-9 所示的输出。

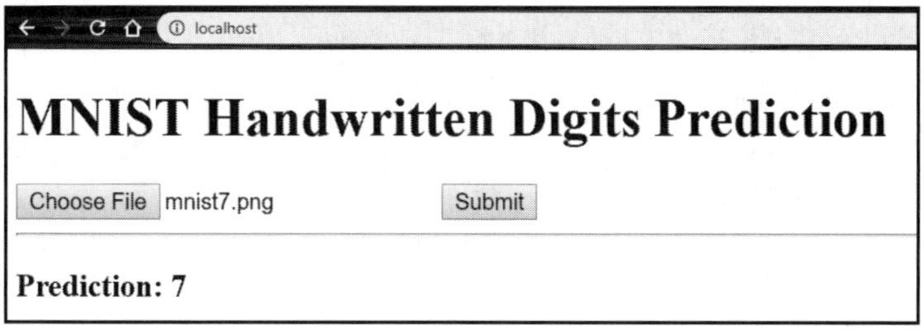

localhost
MNIST Handwritten Digits Prediction
Choose File
mnist7.png
Submit
Prediction: 7

图 3-9

可以看到，预测结果完全正确，说明 Web 客户端可正常工作。

3.7　改进深度学习后端

本示例训练的模型很简单，它并不是什么堪称完美的模型。事实上，可以使用多种方法来扩展此模型以使其更好。

例如，可以采取以下步骤来改进我们的深度学习模型。

❑ 增加训练时期：本示例中的模型仅训练了 10 个时期（epoch）。对于任何深度学习模型来说，这都是一个非常小的值。增加训练时期的数量可以提高模型的准确性。当然，它也可能导致过拟合，因此必须对 epochs 参数进行试验。

❑ 更多训练样本：我们的 Web 客户端目前所做的只是显示预测值。但是，也可以扩展它以从用户那里获得预测是否正确的反馈。然后可以将用户的输入图像添加到训练样本中，并通过用户提供的图像标签进行训练。当然，必须小心防止某些用户输入的垃圾图像和标签，因此应仅向受信任的用户或 Web 应用程序的 Beta 测试人员提供此功能。

❑ 创建更深的网络：可以增加网络中隐藏层的数量，使预测更准确。同样，这种方法容易过拟合，必须仔细试验。

3.8　小　　结

本章详细介绍了如何创建深度学习模型，然后通过 cURL 使用它或建立一个简单的 Web 客户端来调用 Flask API，预测用户提交的图片上的手写数字。

本章首先讨论了深度学习 Web 应用程序的结构、此类应用程序的各种组件以及它们的交互方式。然后，对 MNIST 手写数字数据集进行了简短的讨论和探索。

我们使用 Python 构建了一个深度学习模型，保存了训练获得的模型和权重。然后将这些文件导入服务器 API 脚本中，并在调用 API 时执行。

最后，本章介绍了如何开发一个非常简单的客户端，然后通过浏览器界面上传图像文件，由服务器端进行数字预测并返回结果。

第 4 章将讨论如何使用 TensorFlow.js 在浏览器窗口中执行深度学习。

第 4 章　TensorFlow.js 入门

到目前为止，我们已经从理论和实践两个方面带你进入了深度学习的奇妙世界。深度学习使当今的 Web 应用程序变得更加智能，相信你已经对此有所了解。在第 1 章 "人工智能简介和机器学习基础"中，详细介绍了 AI 爆发前后的 Web 应用程序对比，它使聊天机器人、Web 分析、垃圾邮件过滤和搜索引擎等都发生了很大的变化。在第 3 章 "创建第一个深度学习 Web 应用程序"中，使用简单的神经网络构建了一个实际的基于图像分类模型的 Web 应用程序。

Web 应用程序无处不在，它们很容易成为我们日常生活中密不可分的一部分。在构建 Web 应用程序时，JavaScript 是一个不容忽视的重要工具。那么，如果仅使用 JavaScript 而不使用其他脚本语言构建一个智能 Web 应用程序，该怎么办呢？本章就是为解决这一问题而编写的。我们将演示如何使用名为 TensorFlow.js（TF.js）的 JavaScript 库来构建支持深度学习的 Web 应用程序。特别之处在于，我们将在 Web 浏览器中完成所有这些工作。

本章包含以下主题。

❑　TF.js 的基础知识。

❑　使用 TF.js 开发深度学习模型并进行推理。

❑　直接在浏览器中使用预训练模型。

❑　构建一个 Web 应用程序来识别鲜花物种。

❑　TF.js 的优点和局限性。

4.1　技　术　要　求

本章代码网址如下。

https://github.com/PacktPublishing/Hands-On-Python-Deep-Learning-for-Web/tree/master/Chapter4

学习本章需要以下软件。

❑　TF.js 0.15.1+。

❑　来自 NPM 存储库的@tensorflow/tfjs-node 0.3.0+包。

4.2　TF.js 的基础知识

本节将简要介绍 TF.js 的一些基本概念。我们将首先介绍 TensorFlow，然后讨论 TF.js 的不同组件。

4.2.1　关于 TensorFlow

在开始讨论 TensorFlow.js（TF.js）之前，必须先了解 TensorFlow 是什么。TensorFlow 是一个由 Google 开发和维护的开源库。它建立在称为张量（tensor）的数据结构上。张量是标量和向量的广义形式。TensorFlow 为跨广泛科学领域的高性能数值计算提供了许多高效的实用程序。TensorFlow 还提供了一套非常灵活的实用程序，可用于执行机器学习和深度学习的开发和研究。有关详细信息，可访问 TensorFlow 的官方网站，其网址如下。

https://www.tensorflow.org/

4.2.2　关于 TF.js

TF.js 是一个 JavaScript 库，它提供了一个生态系统来构建和部署机器学习模型。具体来说，它可提供以下功能。

❑　使用 JavaScript 开发机器学习模型。
❑　使用预训练的机器学习模型。
❑　部署机器学习模型。

TF.js 为用户提供了机器学习项目所需的所有元素。它具有用于数据预处理、张量处理、模型构建和模型评估等的专用模块，但全部使用的都是 JavaScript。

在继续深入研究之前，我们先快速了解对 TF.js 的需求。

4.2.3　TF.js 出现的意义

正如在第 3 章"创建第一个深度学习 Web 应用程序"中所看到的，开发者可以在线训练和托管模型，将其封装在 REST API 中，然后在任何前端使用该 API 来显示预测结果，这样做非常简单和直观。那么，为什么还会出现使用 TF.js 的需求呢？

这个问题的一个简单答案是浏览器中是否有人工智能！想象一下需要使用 AI 代理的

游戏，该代理从人类玩家的游戏方法中学习，随着游戏的进行，代理可能变得更吃力，也可能更轻松。现在，如果游戏每隔一秒就不断地向服务器发送请求以在游戏和服务器之间传输数据，那么这可能是小题大做。更重要的是，它可能很容易导致拒绝服务（denial of service，DoS）攻击。

因此，当代理必须实时进行学习时，拥有一个可以在浏览器中实时存在和学习的 AI 是有意义的。它也可以是以下两种方式的混合体。

❑ 如果在代理的渲染（显示）期间加载了预训练模型，则从那一刻起，它可以每隔一段时间学习和更新服务器上的模型。

❑ 如果有多个版本的 AI 代理同时在多个系统上运行，则它们会从与系统的交互中学习。此外，如果它们的集体学习在服务器上被同化，则代理每隔一段时间会从服务器中获取更新。

因此，使用 TF.js 大大减少了对页面的强烈依赖，人类用户将在每一步与服务器进行交互。

本章将构建一个展示 TF.js 强大功能的小项目。不要担心 TF.js 生态系统，因为我们将在进行过程中介绍项目的所有元素。

4.3　TF.js 的基本概念

以下是我们将在项目中使用的 TF.js 组件。

❑ 张量。

❑ 变量。

❑ 操作符。

❑ 模型。

❑ 层。

以下将逐一对它们进行解释。

4.3.1　张量

与 TensorFlow 一样，TF.js 中的中央数据处理单元是张量。Goodfellow 等人在他们关于深度学习的著作中有以下描述：

一般而言，排列在具有可变轴数的规则网格上的数字数组称为张量。

简单来说，张量是一维或多维数组的容器。以下是一些你可能已经知道的张量示例。

❑　标量（零阶张量）。

❑　向量（一维或一阶张量）。

❑　矩阵（二维或二阶张量）。

可以在 TF.js 中创建一个关于给定形状的张量，如下所示。

```
const shape = [2, 3];        // 2行3列
const a = tf.tensor([4.0, 2.0, 5.0, 15.0, 19.0, 27.0], shape);
```

在这里，a 就是创建的一个张量，可使用以下命令输出其内容。

```
a.print()
```

其输出如下。

```
Output: [[4 , 2 , 5 ],
        [15, 19, 27]]
```

可以看到，a 是一个矩阵（一个二阶张量）。

TF.js 还提供了专用函数，如 tf.scalar()、tf.tensor1d()、tf.tensor2d()、tf.tensor3d()和 tf.tensor4d()来创建特定形状的张量，而无须明确指定 shape 参数。它还提供了更好的可读性。张量在 TF.js 中是不可变的。

4.3.2　变量

与张量不同，变量在 TF.js 中是可变的。变量在训练神经网络期间特别有用，因为它们由大量中间数据存储和更新组成。以下是在 TF.js 中使用变量的示例。

```
const initialValues = tf.ones([5]);
const weights = tf.variable(initialValues);       // 初始化权重
weights.print();                                   // 输出: [1, 1, 1, 1, 1]
const updatedValues = tf.tensor1d([0, 1, 0, 1, 0]);
weights.assign(updatedValues);                     // 更新权重的值
weights.print();                                   // 输出: [0, 1, 0, 1, 0]
```

接下来，我们看看操作符。

4.3.3　操作符

操作符允许你对数据执行数学上的运算操作。TF.js 提供了各种运算以操作张量。由于张量本质上是不可变的，因此操作符不会更改张量中包含的数据，而是返回新的张量作为结果。你可以对张量执行二元运算，如加法、乘法和减法。你甚至可以链接多个操

作。以下示例即显示了使用链接在 TF.js 中使用两个不同的操作符。

```
const e = tf.tensor2d([[1.0, 2.0], [3.0, 4.0]]);
const f = tf.tensor2d([[3.0, 4.0], [5.0, 6.0]]);
const sq_sum = tf.square(tf.add(e, f));
sq_sum.print();
```

上述代码首先创建了两个二维张量并将它们赋值给 e 和 f，然后将它们相加并取它们的平方。

其输出如下。

```
// Output: [[16 , 36],
// [64, 100]]
```

接下来，我们将介绍模型和层。

4.3.4　模型和层

在深度学习文献中，模型指的是神经网络本身，特别是神经网络架构。正如在第 2 章"使用 Python 进行深度学习"中所述，神经网络由若干基本组件组成，如层、神经元，以及层之间的连接。TF.js 提供了两个函数来创建这些模型——tf.model 和 tf.sequential。

❏ tf.model 可帮助你获得更复杂的架构，如跳过某些层。

❏ tf.sequential 提供了一种无须跳过、分支等即可创建线性层堆栈的方法。

TF.js 为不同类型的任务提供了不同类型的专用层——tf.layers.dense、tf.layers.dropout、tf.layers.conv1d、tf.layers.simpleRNN、tf.layers.gru 和 tf.layers.lstm。

以下示例在 tf.sequential 和 tf.layers.dense 的帮助下演示了一个简单的神经网络模型。

```
const model = tf.sequential();
model.add(tf.layers.dense({units: 4, inputShape: [4], activation: 'relu'}));
model.add(tf.layers.dense({units: 1, activation: sigmoid}));
```

上面的示例创建了一个简单的神经网络，其含义如下。

❏ 两个层（你应该还记得，在计算总层数时不考虑输入层）。该网络采用具有 4 个特征的输入（inputShape 参数可用于指定该值）。

❏ 第一层包含 4 个神经元（units: 4）。第二层（输出层）只有一个神经元（units: 1）。

❏ 第一层使用了 relu 激活函数，而输出层使用的则是 sigmoid 激活函数。

ⓘ注意：

有关 TF.js 组件的更多信息，可访问以下网址。

https://js.tensorflow.org/api/latest/index.html

4.4　使用 TF.js 的案例研究

本章开发实例将遵循机器学习项目中通常涉及的所有步骤（这在第 1 章"人工智能简介和机器学习基础"中已经阐述过）。一个好的项目始于一个明确定义的问题陈述。因此，让我们快速了解本章项目的问题并相应地决定后续步骤。

4.4.1　TF.js 迷你项目的问题陈述

本示例要解决的问题可能是你开始机器学习之旅时遇到的最著名的挑战之一：通过从鸢尾花数据集中学习鸢尾花的特征来分类和预测鸢尾花的类型。训练以及预测都将在浏览器本身中执行。

在为项目定义了问题陈述之后，接下来就是数据准备步骤。该数据已经是现成的，所以不需要我们自己收集。但是，在准备数据之前，最好多了解数据本身。

4.4.2　鸢尾花数据集

鸢尾花（Iris）数据集由统计学家和生物学家 Ronald Fisher 于 1936 年采集，它包含 150 行数据和大约 3 个不同品种的鸢尾花。该数据集的列包括以下数据。

- ❏ Sepal length（萼片长度，单位为 cm）。
- ❏ Sepal width（萼片宽度，单位为 cm）。
- ❏ Petal length（花瓣长度，单位为 cm）。
- ❏ Petal width（花瓣宽度，单位为 cm）。
- ❏ Variety（品种）。
  - ➢ Setosa。
  - ➢ Versicolour。
  - ➢ Virginica。

🛈 注意：

要获取原始数据集及其更多介绍，可访问以下网址。

http://archive.ics.uci.edu/ml/datasets/Iris

4.5　开发一个使用 TF.js 的深度学习 Web 应用程序

本节将使用 TF.js 开发一个 Web 应用程序。我们的操作将包括标准、全栈、支持深度学习的 Web 项目的步骤。我们将从准备数据开始，然后简要讨论项目架构，再构建所需的组件。

4.5.1　准备数据集

鸢尾花数据集的原始形式是一个 CSV 文件，包含 150 行的数据，以逗号分隔的格式分为 5 列，每个条目由一个新行分隔。

但是，本示例将使用数据的 JSON 格式，以便更轻松地使用 JavaScript。JSON 格式的数据集可从以下网址中下载。

https://gist.github.com/xprilion/33cc85952d317644c944274ee6071547

你可以使用任何语言的简单函数将 CSV 文件转换为 JSON 文件，并按照以下约定更改列名。

- ❑ 萼片长度：sepal_length。
- ❑ 萼片宽度：sepal_width。
- ❑ 花瓣长度：petal_length。
- ❑ 花瓣宽度：petal_width。
- ❑ 品种：species。

我们将在 JSON 中使用这些属性名称，同时开发用于模型构建的张量。

4.5.2　项目架构

本项目将使用 Node.js 来创建一个服务器。这样做是为了通过 Node.js 后端获得 TF.js 更快计算性能的好处。我们将创建一个非常基本的前端，它有一个 Train（训练）按钮，将能够发出一个命令来训练神经网络（这个网络是使用 TF.js 构建的），另外还有一个 Predict（预测）按钮，它可以发出一个命令来基于用户的输入预测鸢尾花的品种。

图 4-1 显示了本项目的组件及其交互。

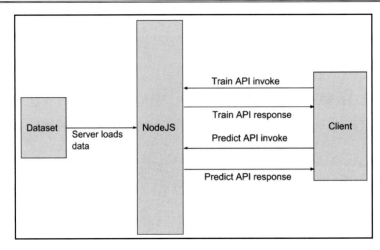

图 4-1

原　　文	译　　文	原　　文	译　　文
Dataset	数据集	Train API response	训练 API 响应
Server loads data	服务器载入数据	Predict API invoke	预测 API 调用
Train API invoke	训练 API 调用	Predict API response	预测 API 响应

在明确了项目架构之后，即可开始实际操作。

4.5.3　启动项目

要开发该项目，首先需要安装最新版本的 Node.js 和 Node Package Manager（NPM）。NPM 是 Node.js 的包管理和分发工具，它允许 JavaScript 开发人员轻松共享代码。

虽然执行此安装操作的标准方法是阅读 Node.js 网站上提供的说明文档，但我们建议使用 Node Version Manager（NVM）安装 Node.js 和 NPM。

🛈 注意：

安装指导和文件的网址如下。

https://github.com/creationix/nvm

在安装了 Node.js 和 NPM 之后，即可开始处理项目本身。

（1）创建一个名为 tfjs-iris 的文件夹。

（2）打开终端并使用以下命令启动此项目的包管理器。

```
npm init -y
```

这应该会在你的项目目录中创建一个文件 package.json。上述命令的输出如图 4-2 所示。

```
(base) xprilion@x1:~/projects/testrepo$ npm init -y
Wrote to /home/xprilion/projects/testrepo/package.json:

{
  "name": "testrepo",
  "version": "1.0.0",
  "description": "",
  "main": "index.js",
  "scripts": {
    "test": "echo \"Error: no test specified\" && exit 1"
  },
  "keywords": [],
  "author": "",
  "license": "ISC"
}
```

图 4-2

可以看到，输出采用了 JSON 格式。main 键定义了作为模块导入的程序入口点的文件。此项目中 main 的值被默认设置为 index.js。当然，当前尚无此文件，因此下一步还需要创建 index.js 文件。

本示例将使用 Node.js 的 express 模块来创建服务器。你可以访问以下网址以了解有关 express 模块的更多信息。

https://expressjs.com

（3）要使用 express，需要将该模块添加到项目中，代码如下。

```
npm install express --save
```

这会将 express 模块依赖项添加到 package.json 文件中，并将其安装在项目工作目录的 node_modules 文件夹中。

（4）在项目仓库的根目录下创建一个名为 index.js 的文件，并添加以下代码。

```
var express = require('express');
var app = express();
```

这将创建一个 express 应用程序对象。

现在需要将 TF.js 添加到项目中。最简单的方法是通过 NPM 安装它。有关完整的设置说明，请访问以下网址。

https://js.tensorflow.org/setup/

（5）在终端中使用以下命令安装 TF.js 模块。

```
npm install @tensorflow/tfjs --save
```

（6）继续将模块添加到 index.js 文件中。

```
const tf = require('@tensorflow/tfjs');
```

（7）我们还需要 Express.js 的 body-parser 模块来处理源自客户端传入的查询数据，这些数据将通过 AJAX POST 请求发送。因此可使用以下命令。

```
npm install body-parser --save
```

（8）创建一个 body-parser 对象并将其绑定到应用程序，代码如下。

```
var bodyParser = require('body-parser');
app.use(bodyParser.urlencoded({extended: false }));
```

在此阶段，package.json 应包含如图 4-3 所示的代码段（这是项目依赖项的列表）。

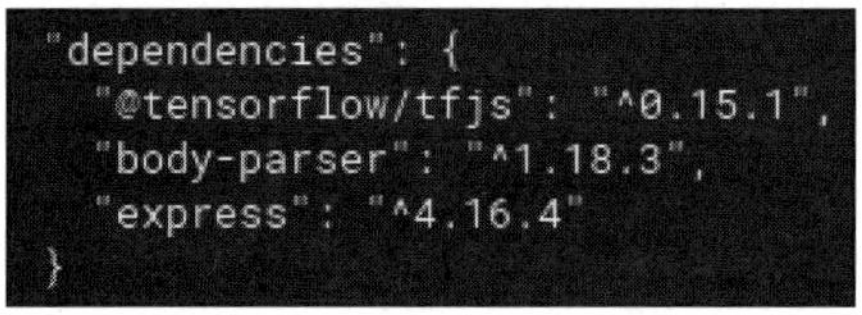

```
"dependencies": {
    "@tensorflow/tfjs": "^0.15.1",
    "body-parser": "^1.18.3",
    "express": "^4.16.4"
}
```

图 4-3

请注意，上述版本可能会发生变化。

现在可以导入 iris.json 文件，我们将在该文件上训练模型。

```
const iris = require('./iris.json');
```

在完成初始设置后，现在可以继续编写 TF.js 代码以在可用数据集上进行训练。

4.5.4 创建 TF.js 模型

首先将存储在 iris 变量中的数据读取到 tensor2d 对象中。

（1）在 index.js 文件中，添加以下代码。

```
const trainingData = tf.tensor2d(iris.map(item=> [
    item.sepal_length, item.sepal_width, item.petal_length,
item.petal_width
]),[144,4])
```

请注意，目前尚无任何测试数据，这将由用户提供。

（2）为可能的 3 种花卉创建独热编码。

```
const outputData = tf.tensor2d(iris.map(item => [
    item.species === 'setosa' ? 1 : 0,
    item.species === 'virginica' ? 1 : 0,
    item.species === 'versicolor' ? 1 : 0
]), [144,3])
```

现在已经可以创建用于训练的模型。以下代码可能会让你想起在第 3 章 "创建第一个深度学习 Web 应用程序" 中为 MNIST 手写数字数据集创建模型时使用的代码，这是因为本示例仍在使用 TensorFlow 的概念，只是使用了不同的语言而已。

（3）声明一个序列化的 TensorFlow 模型。

```
const model = tf.sequential();
```

（4）为模型添加神经元层。

```
model.add(tf.layers.dense({
    inputShape: 4,
    activation: 'sigmoid',
    units: 10
}));
```

inputShape 参数指示将添加到该层中的输入的形状。units 参数设置要在该层中使用的神经元数量。本示例使用的激活函数是 sigmoid 函数。

（5）添加输出层。

```
model.add(tf.layers.dense({
    inputShape: 10,
    units: 3,
    activation: 'softmax'
}));
```

可以看到，在输出层有 3 个神经元，该层的预期输入为 10，与前一层的神经元数量相匹配。

ℹ️ 注意：

除了输入层，本示例只有一个隐藏层和一个输出层。这在本应用程序中是可以接收的，因为数据集很小且预测很简单。请注意，在这里使用了 softmax 激活函数，它将产生类的概率作为输出。

这在本示例中特别有用，因为我们要解决的问题就是一个多类分类问题。

（6）完成后，现在就可以编译模型了，代码如下。

```
model.compile({
    loss: "categoricalCrossentropy",
    optimizer: tf.train.adam()
});
```

由于本示例要解决的是一个分类问题，其中有多个可能的标签，因此使用了categoricalCrossentropy 作为损失函数。为了优化，使用了 adam 优化器。你也可以尝试其他超参数值。

（7）使用以下代码生成模型摘要。

```
model.summary();
```

接下来，我们将训练 TF.js 模型。

4.5.5　训练 TF.js 模型

现在需要编写一个 async 函数（异步函数），这样做的原因是客户端调用函数的JavaScript 不会卡在那里等待结果。在本示例程序中需要时间完成的函数是 train_data()。此函数将执行模型的训练。

```
async function train_data(){
    console.log("Training Started");
    for(let i=0;i<50;i++){
        let res = await model.fit(trainingData, outputData, {epochs: 50});
        console.log(`Iteration ${i}: ${res.history.loss[0]}`);
    }
    console.log("Training Complete");
}
```

train_data()函数可以异步运行。它还将每个训练时期的损失输出到将运行服务器的控制台中。

现在创建一个 API 来调用 train_data()函数。

首先，创建一个名为 doTrain 的中间件（middleware），它会在训练 API 之前运行并返回任何数据。

ℹ **注意**：

有关中间件的更多信息，可访问以下网址。

https://expressjs.com/en/guide/using-middleware.html

　　doTrain()中间件可在其参数中接收向 Node.js 服务器中发出的请求、用于做出响应的
变量，以及在执行完中间件中定义的代码块后将用于转发程序执行的函数的名称。

```
var doTrain = async function (req, res, next) {
    await train_data();
    next();
}
```

　　可以看到，doTrain 中间件将调用 train_data()函数并等待其结果。train_data()函数返
回一个 Promise（承诺），以便继续执行而不会冻结。next()函数在 train_data()函数完成后
立即运行，它只是将程序的执行传递给链接到中间件 next 的函数，如下所示。

```
app.use(doTrain).post('/train', function(req, res) {
    res.send("1");
});
```

　　现在将'/train'路由绑定到 express 应用程序，然后将 doTrain 中间件链接到它。如此一
来，对于'/train' API 的每次调用，中间件首先运行，然后执行传递到 API 的主代码块。该
代码可简单地返回任意值来表示训练的完成。

4.5.6　使用 TF.js 模型进行预测

　　训练完成后，还需要创建一个 API 来调用预测函数并返回预测结果。可以使用 POST
方法将 API 绑定到'/predict'路由以向该 API 中发出请求，具体代码如下。

```
app.post('/predict', function(req, res) {
    var test = tf.tensor2d([parseFloat(req.body.sepLen),
parseFloat(req.body.sepWid), parseFloat(req.body.petLen),
parseFloat(req.body.petWid)], [1,4]);
    var out = model.predict(test);
    var maxIndex = 0;
    for (let i=1;i<out.size; i++){
        if (out.buffer().get(0, i) > out.buffer().get(0, maxIndex)){
            maxIndex = i;
        }
    }
    ans = "Undetermined";
    switch(maxIndex) {
        case 0:
            ans = "Setosa";
        break;
        case 1:
```

```
        ans = "Virginica";
      break;
      case 2:
        ans = "Versicolor";
      break;
    }
    console.log(ans);
    res.send(ans);
});
```

理解该预测 API 的代码非常简单。可以拆开来进行讨论。

```
app.post('/predict', function(req, res) {
```

该行将 '/predict' 路由绑定到 POST 请求方法，并打开以下代码以处理预测请求。

```
    var test = tf.tensor2d([parseFloat(req.body.sepLen),
parseFloat(req.body.sepWid), parseFloat(req.body.petLen),
parseFloat(req.body.petWid)], [1,4]);
    var out = model.predict(test);
```

上述代码行可根据从客户端接收的数据创建一个 TF.js 的 tensor2d 对象，然后在模型上运行 predict 方法并将结果存储在输出变量中。

```
var maxIndex = 0;
for (let i=1;i<out.size; i++){
    if (out.buffer().get(0, i) > out.buffer().get(0, maxIndex)){
        maxIndex = i;
    }
}
```

此代码块仅查找与 tensor2d 变量输出中最高的元素对应的索引。请记住，在 softmax 激活函数的输出中，最大值对应于预测的索引。

在确定输出的最大索引后，我们使用了一个简单的 switch-case 语句来决定从 API 向客户端中发送什么输出结果。请求数据也会被记录到服务器的可见的控制台中。

```
ans = "Undetermined";
switch(maxIndex) {
    case 0:
        ans = "Setosa";
    break;
    case 1:
        ans = "Virginica";
    break;
```

```
    case 2:
        ans = "Versicolor";
    break;
}
console.log(ans);
res.send(ans);
```

最后，使用以下代码绑定 Node.js 应用程序以侦听端口 3000。

```
app.listen(3000);
```

接下来，我们将创建一个简单的客户端。

4.5.7　创建一个简单的客户端

为了处理应用程序中的'/'路由，可将以下代码行添加到 index.js 中，它仅显示一个静态文件 index.html，该文件位于 public 文件夹中。

```
app.use(express.static('./public')).get('/', function (req, res) {
    res.sendFile('./index.html');
});
```

然后，按照以下步骤创建静态 index.html 文件。

（1）创建一个文件夹 public，在该文件夹中创建 index.html，并将以下代码添加到 index.html 文件中。

```
<html>
  <head>
    <title>TF.js Example - Iris Flower Classficiation</title>
  </head>
  <body>
    <h1> TF.js Example - Iris Flower Classification </h1>
    <hr>
    <p>
      First, train the model. Then, use the text boxes to try any dummy
data.
    </p>

    <button id="train-btn">Train</button>

    <hr><br>
    <label for="sepLen">Sepal Length: </label>
    <input type="number" id="sepLen" value="1" /><br>
```

```
<label for="sepWid">Sepal Width:  </label>
<input type="number" id="sepWid" value="1" /><br>
<label for="petLen">Petal Length: </label>
<input type="number" id="petLen" value="1" /><br>
<label for="petWid">Petal Width:  </label>
<input type="number" id="petWid" value="1" /><br>
<br>
<button id="send-btn" disabled="="true">Predict!</button>
<hr>
<h3> Result </h3>
<h4 id="res"></h4>

<script
  src="https://cdnjs.cloudflare.com/ajax/libs/jquery/3.3.1/jquery.
min.js"></script>
```

（2）为开发的客户端设置一个简单的用户界面以调用使用 TF.js 创建的 API 后，即可定义从客户端部署它们的函数。请注意，"/train"和"/predict" API 都将被 POST 请求调用。

```
<script>

  $('#train-btn').click(function(){
  $('#train-btn').prop('disabled', true);
  $('#train-btn').empty().append("Training...");
  $.ajax({
    type: 'POST',
    url: "/train",
    success: function(result) {
      console.log(result);
      $('#send-btn').prop('disabled', false);
      $('#train-btn').empty().append("Trained!");
    }
  });
});

  $('#send-btn').click(function(){
  var sepLen = $('#sepLen').val();
  var sepWid = $('#sepWid').val();
  var petLen = $('#petLen').val();
  var petWid = $('#petWid').val();
  $.ajax({
    type: 'POST',
      url: "/predict",
```

```
          data: {sepLen: sepLen, sepWid: sepWid, petLen: petLen, petWid:
petWid},
        success: function(result) {
          console.log(result);
          $('#res').empty().append(result);
        }
      });
    });
  </script>
 </body>
</html>
```

现在可以尝试运行 TF.js Web 应用程序。

4.5.8　运行 TF.js Web 应用程序

在 Web 应用程序编写完成之后，现在可以运行试一试。

首先打开终端，将包含 package.json 文件的 tfjs-iris 文件夹设为你的工作目录。

运行以下代码行以启动 Node.js 服务器。

```
node index.js
```

该命令会生成类似于图 4-4 所示的输出。

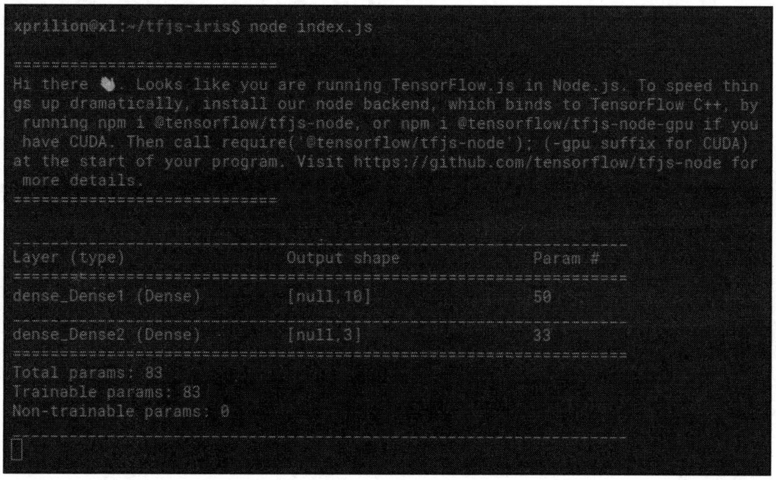

图 4-4

在出现该输出之后，服务器从端口 3000 启动，我们可以在浏览器中进行查看。打开浏览器并在地址栏中输入以下网址。

http://localhost:3000/

此时的页面如图 4-5 所示。

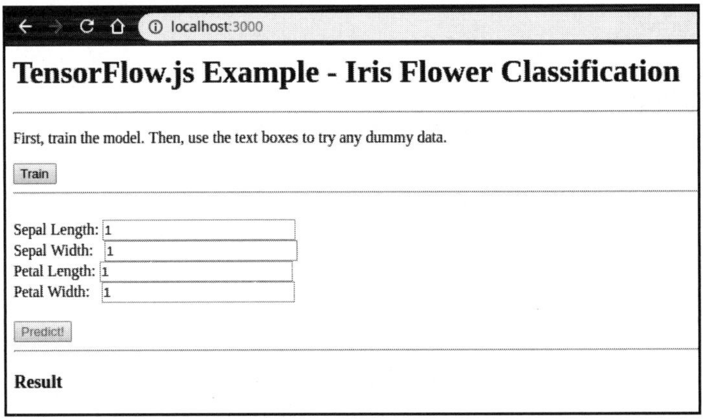

图 4-5

首先，你必须单击 Train（训练）按钮以调用"/train" API，该 API 开始训练，并且按钮变为禁用状态。一旦 Predict（预测）按钮启用，就表示训练完成，用户可以向服务器发送虚拟数据进行预测。

假设从数据集中选择第 50 行数据并将其发送到服务器，则预期输出为 Setosa，如图 4-6 所示。

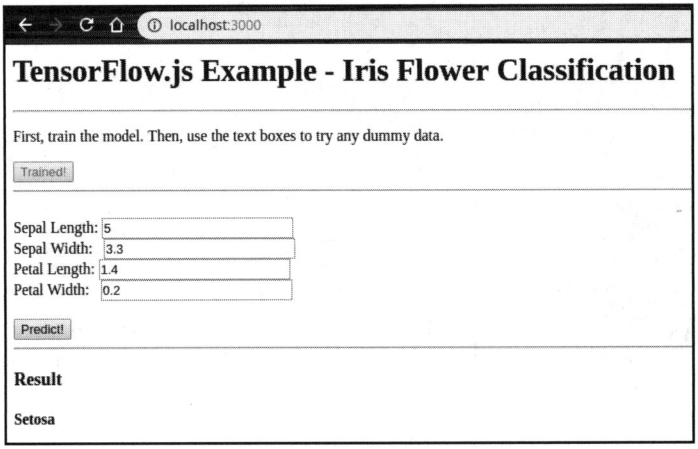

图 4-6

可以看到，该 Web 应用程序为用户提供的输入生成了正确的预测结果。

4.6　TF.js 的优点和局限性

现在来总结 TF.js 相对于 TensorFlow 的一些优势（前面已经讨论过的优势除外）。

❑　自动 GPU 支持：你无须使用 TF.js 单独安装 CUDA 或 GPU 驱动程序即可从系统上存在的 GPU 中受益。这是因为浏览器本身实现了 GPU 支持。

❑　集成：使用 Node.js 将 TF.js 集成到 Web 开发项目中，然后将预训练模型导入项目并在浏览器中运行它们是相当简单的。

但是，它也有一些缺点，在进行生产开发时必须牢记这些缺点。其中一些缺点如下。

❑　速度：TF.js 仅适用于小型数据集。在大规模数据集上，其计算速度将受到严重影响，几乎慢了 10 倍。

❑　缺少张量仪表板：由于 TF.js 只是一个 API，因此框架的 JavaScript 端口中缺少使 TensorFlow 模型可视化的出色工具。

❑　API 支持不完整：并非所有 TensorFlow API 都在 TF.js 上可用，因此在使用 TF.js 进行开发时，你可能需要重新考虑代码逻辑或创建自己的函数以使用某些功能。

4.7　小　　结

本章演示了使用 TF.js 创建深度学习模型的轻松过程。开发人员不仅可以使用整个 JavaScript 生态系统，还可以使用 TF.js 中的所有预训练 TensorFlow 模型。

我们使用 Iris 数据集开发了一个简单的 Web 应用程序，在此过程中，还详细介绍了 TF.js 必须提供的几个组件及其基本概念。

到目前为止，我们已经构建了两个简单的基于端到端深度学习的 Web 应用程序，取得了明显的进步。

在接下来的章节中，我们将构建自己的深度学习 API 并使用它们来创建智能 Web 应用程序，但在此之前，还要先熟悉 API 的整体概念。

第 3 篇

使用不同的深度学习 API 进行 Web 开发

本篇详细介绍 API 在软件开发中的一般用法，并演示如何使用不同的深度学习 API 来构建智能 Web 应用程序。我们的开发将涵盖自然语言处理（natural language processing，NLP）和计算机视觉（computer vision，CV）等领域。

本篇包括以下 4 章。

- ❑ 第 5 章，通过 API 进行深度学习
- ❑ 第 6 章，使用 Python 在 Google 云平台上进行深度学习
- ❑ 第 7 章，使用 Python 在 AWS 上进行深度学习
- ❑ 第 8 章，使用 Python 在 Microsoft Azure 上进行深度学习

第 5 章　通过 API 进行深度学习

到目前为止，我们已经熟悉了深度学习项目中遵循的基本流程。在前面的章节中，分别使用 Keras 和 TensorFlow.js 库完成了两个很简单的端到端深度学习项目。我们已经熟悉了 Python 库，如 NumPy、Pandas 和 Keras，还掌握了如何使用 JavaScript 开发深度学习模型。

在第 3 章“创建第一个深度学习 Web 应用程序”中，我们使用 Flask 框架为深度学习模型创建了一个 API；在第 4 章“TensorFlow.js 入门”中，使用了第三方应用程序编程接口（application programming interface，API）来创建 Web 应用程序。那么问题来了，究竟什么是 API？

本章将详细阐释 API 的整体概念。从非正式的 API 定义开始，我们将介绍所有与深度学习相关的 API。其中有一些是业界广为人知的深度学习 API，也有一些是鲜为人知的 API。我们还将介绍如何选择深度学习 API 提供商。

本章包含以下主题。

❑　什么是 API？

❑　API 与库有何不同？

❑　一些广为人知的深度学习 API。

❑　一些鲜为人知的深度学习 API。

❑　选择深度学习 API 提供商。

5.1　关于 API

我们先来考虑一个问题场景。

想象一下，你正在开发一个 Web 应用程序，需要将图像识别模块集成到其中，但你对于计算机视觉和深度学习并无太多了解，或者虽略有耳闻却从无实践经验，而项目的完成日期又盯得非常紧，如火烧眉毛，怎么办？现学现卖肯定是来不及了，那么你的项目能在规定的截止日期前完成吗？

肯定不能！但是，天无绝人之路，如果你了解 API，那么借助 API 的强大功能，你完全可以轻松地将图像识别模块集成到你的 Web 应用程序中。现在就让我们更仔细地认识 API。

　　API 是一组可以集成到应用程序中以执行某些任务的函数（尽管从技术上讲，一个 API 可以只包含一个函数）。一般来说，作为开发人员，我们希望将自己最喜欢的网站中的特定实用程序集成到我们自己的应用程序中。例如，Twitter 提供了一个 API 来检索匹配某个关键字的推文，我们可以使用此 API 来收集数据，对其进行分析，并最终得出有关数据的有趣见解。

　　Facebook、Google、Stack Overflow 和 LinkedIn 等公司为某些任务提供了 API，作为开发人员，这些 API 确实值得一试。API 实际上类似于网站，当我们单击网站上的某些内容时，会被重定向到另一个页面上。在大多数情况下，我们得到一个网页作为输出结果。但是，API 通常不会生成好看的网页作为其输出。API 的设计初衷是在代码中使用，并且 API 的输出通常采用一些流行的数据交换格式，如 JSON 或 XML。然后根据使用 API 的应用程序相应地处理输出。API 可让你通过提供一套实用程序或生态系统来完成你想做的任务，而无须担心细节。

　　你可以测试 API，而无须编写任何代码。例如，你可以使用 Postman 等 API 客户端并测试你真正喜欢的开放 API，而无须为此编写任何代码。

　　API 更神奇的地方是，你可以使用 Java 编写代码，并使用 Python 开发的 API。当你在一个团队中工作时，这特别有用，因为有些团队成员对他们使用的不同编程语言非常挑剔。例如，你的一位工作伙伴可能非常擅长使用 Java，而另一位伙伴则可能是 Python 专家，他们都认为自己的语言性能最好，拒绝转换语言环境进行开发。在这种情况下，API 无疑可以发挥很好的凝聚作用。

　　本书后续章节将讨论一些由 Google AI、Facebook AI Research 和其他公司提供的深度学习 API，很快你将看到如何使用这些 API 来开发智能 Web 应用程序。

5.2　使用 API 的重要性

　　在创建和部署深度学习模型时，使用 API 不但可以节省大量精力，而且还有许多其他好处，如下所示。

　　❑　标准、稳定的模型。用于深度学习的 API 通常由一整组开发人员共同开发，他们使用的是行业标准技术和研究工具，而这些工具可能并不是所有开发人员都可以获得的。此外，通过商业 API 部署的模型通常使用起来非常稳定，并可提供最先进的功能，包括可扩展性、自定义和准确性。因此，如果你遇到预测准确率问题（这是深度学习模型在生产环境中最常见的情况），那么选择 API 是一个不错的选择。

❑ 高性能模型。商业深度学习 API 通常运行在非常强大的服务器上，并且经过了很大程度的优化，因此它们可以非常快速地执行任务。因此，如果你希望加快深度学习生态系统的学习，此类 API 非常方便。

❑ 开发人员的通用平台。如果你的程序是你从头开始编写的，那么你理解起来会非常简单；但如果你接手的是其他人开发的应用程序，并且最初编写代码的人离开时并没有提供适当的文档，那么几经辗转之后，新接手者理解这些代码可能会非常困难。商业 API 则不同，它定义了一套操作标准，使得集成了此类 API 构建的应用程序很容易维护，因为 API 提供商会提供大量文档，这意味着开发人员可以提前了解 API。

❑ 定期和无缝更新。对于一个处于起步阶段的公司来说，一旦它们运行了第一个版本，就需要花大量时间来改进深度学习模型，尤其是如果它们的整个业务模型并不是特别以人工智能为中心。在这种情况下，使用 API 是更好的选择，因为商业 API 会推送定期更新和新功能。

综上所述，使用 API 不但可以获得最新的技术、高性能和不断更新发展的模型，而且这些模型仅需插入应用程序一次，即可使用多年，而无须再次考虑 API 的问题。

现在，你可能会问：API 和库有什么区别？让我们在 5.3 节中找出答案。

5.3　API 与库的异同

很多人将术语库（library）和 API 互换使用，其实二者有很多相似之处，但又在很多方面有所不同。库与 API 相似的地方在于，它提供了一组可根据你的需要使用的函数和类。

库和 API 的区别如下所示。

❑ 库通常特定于编程语言。例如，如果你使用的是 PHP 编程环境，则不能使用 SciPy Python 库。但是，你可以开发一个使用 SciPy 的 API，然后使用 PHP 代码使用该 API。

❑ 开发人员无法直接访问 API。API 的使用方式与库的使用方式不同。许多 API 在开发人员可以实际使用它们之前强制执行某种身份验证。而在使用库时，这种情况并不常见，开发人员可以轻松地覆盖和重载库函数或类并随意使用它。

❑ 库和 API 可以相互结合使用。许多库在内部使用不同的 API，反之亦然。

以上就是库和 API 之间的大致区别。如果你仍然难以区分，也不必担心，下文我们将讨论大量示例，当你完成这些示例时，肯定能够区分 API 和库。

接下来，我们将介绍一些具体的用于开发支持深度学习应用程序的 API，其中一些 API 非常有名，另外一些则并不那么流行。

5.4　一些广为人知的深度学习 API

本节将介绍一些被广泛使用的声名大噪的 API，它们被部署用于各种深度学习任务，如图像识别、图像情感检测、情感分类、语音到文本转换等。受限于篇幅，本节将深度学习任务分为以下两大类。

❑　计算机视觉和图像处理。

❑　自然语言处理。

然后，我们将列出与每个组相关的一些常见任务，并讨论可用于完成这些任务的 API。以下是一些常见的深度学习任务及其归类。

❑　计算机视觉和图像处理。

➢　图片搜索：就像 Google 搜索一样，图片搜索引擎允许用户搜索与特定图片相似的图片。

➢　图像检测：这是指检测图像的内容。它也被称为标签检测。

➢　对象定位：给定包含一组不同对象（目标）的图像，其任务是找到图像中的特定对象。

➢　内容审核：给定图像，其任务是检测出不适当的内容。

➢　图像属性：给定图像，其任务是提取图像的不同特征。

❑　自然语言处理。

➢　词性标注：给定一段文本，其任务是提取文本包含的词性。

➢　主题摘要：给定一段文本，其任务是确定文本的主题。

➢　情感分类：给定一些文本，其任务是预测文本所传达的情感。

➢　命名实体识别：自动识别给定句子中存在的不同实体。

➢　语音到文本的转换：提取一段语音中包含的文本。

上面列出的所有任务在我们的日常生活中都非常有用，使用 API 可以开发出能够为我们完成这些任务的应用程序。

🛈 注意：

还有其他深度学习 API 可以进行大规模的其他推理任务，但当前我们将忽略它们，而专注于受深度学习影响最大的两个领域。

表 5-1 汇总了一些业内使用最广泛的深度学习 API。

表 5-1

提　供　者	API	归　类
Google	Vision API	计算机视觉和图像处理
Google	Video Intelligence API	计算机视觉和图像处理
Google	Natural Language API	自然语言处理
Google	Speech-to-Text API	自然语言处理
Google	Text-to-Speech API	自然语言处理
Google	Translation API	自然语言处理
Google	Dialogflow API	自然语言处理
Facebook	DensePose	计算机视觉和图像处理
Facebook	Detectron	计算机视觉和图像处理
Amazon	Amazon Rekognition	计算机视觉和图像处理
Amazon	Amazon Comprehend	自然语言处理
Amazon	Amazon Textract	自然语言处理
Amazon	Amazon Polly	自然语言处理
Amazon	Amazon Translate	自然语言处理
Amazon	Amazon Transcribe	自然语言处理
Microsoft	Computer Vision	计算机视觉和图像处理
Microsoft	Video Indexer	计算机视觉和图像处理
Microsoft	Face	计算机视觉和图像处理
Microsoft	Content Moderator	计算机视觉和图像处理
Microsoft	Text Analytics	自然语言处理
Microsoft	Bing Spell Check	自然语言处理
Microsoft	Translator Text	自然语言处理
Microsoft	Language Understanding	自然语言处理

在使用经过良好测试且可扩展的深度学习 API 时，表 5-1 中显示的 API 是目前最受欢迎的 API。当然，还有其他一些 API 也很优秀，只是不够出名。5.5 节将介绍它们。

5.5　一些鲜为人知的深度学习 API

表 5-2 提供了一些鲜为人知的 API 的详细信息。

表 5-2

提 供 者	API	归 类
IBM Watson	Watson Virtual Recognition	计算机视觉和图像处理
IBM Watson	Watson Text to Speech	自然语言处理
IBM Watson	Watson Natural Language Classifier	自然语言处理
IBM Watson	Watson Conversation	自然语言处理
IBM Watson	Watson Natural Language Understanding	自然语言处理
AT&T	AT&T Speech	自然语言处理
Wit.ai	Speech	自然语言处理
Wit.ai	Message	自然语言处理
Wit.ai	Entities	自然语言处理

在这么多的 API 中，如何为特定任务选择特定的提供者？这可能很棘手，需要进行讨论。接下来将介绍一些可以有效帮助我们做出决定的策略。

5.6　选择深度学习 API 提供商

由于可以编译的用于深度学习的 API 提供商列表很长，因此具体决定使用哪个 API 可能是一项艰巨的任务。但是，你可以遵循一些简单的规则来为你的需求选择最合适的 API，具体如下。

- ❑ 平台。
  - ➢ 虽然听起来很简单，但这可能是你选择 API 提供商时最重要的因素。例如，如果你正在开发基于 Google 技术运行的产品，那么你很可能希望使用 Google 提供的深度学习 API，因为它们可以与你正在使用的应用程序开发界面无缝集成。
  - ➢ 通常而言，开发环境还提供模板化的解决方案，用于使用其设置非常简单的深度学习 API。有时，供应商也可能会为使用他们的 API 开发新产品提供额外的奖励。
- ❑ 性能。通过访问多个提供商的 API 来执行单个任务，然后比较它们的性能再进行选择。在这种情况下，比较和判断不同 API 时使用的指标将完全取决于你。
- ❑ 成本。不同的供应商使用不同的成本计算方法，这对于你选择使用哪个供应商可能有很大的影响。例如，某些提供商可能对用于实验的免费 API 调用数量有一个适当的限制，因此对你来说，这可能是一个有吸引力的选择。一般来说，实验开发人员和学生会选择在成本方面提供最佳服务的提供商。

除了上述 3 个因素，还有一些其他不可否认的因素，例如公司要求使用某个 API 或你自己对某个 API 提供商的倾向。但是，除非大规模使用，否则使用哪个提供商几乎无关紧要，因为它们都为中小型使用提供了相似的性能。

5.7　小　　结

本章详细介绍了 API 的作用和重要性，并解释了 API 与库的异同。

我们将深度学习归类于自然语言处理和计算机视觉这两大任务，分别介绍了一些领先企业提供的相应深度学习 API。

在接下来的章节中，我们将实际演示如何使用这些 API 来构建强大而智能的 Web 应用程序。第 6 章即从 Google 云平台提供的深度学习 API 开始。

第 6 章　使用 Python 在 Google 云平台上进行深度学习

在第 5 章 "通过 API 进行深度学习" 中，列出了由不同企业提供的各种深度学习 API。它们的适用性大致可分为两类——第一类是计算机视觉和图像处理，第二类是自然语言处理。

本章将继续探索深度学习 API。我们将介绍 Google 云平台（Google cloud platform，GCP）及其在深度学习领域提供的 3 个 API。

本章包含以下主题。

- ❑ 设置 GCP 账户。
- ❑ 在 GCP 上创建第一个项目。
- ❑ 在 Python 中使用 Dialogflow API。
- ❑ 在 Python 中使用 Cloud Vision API。
- ❑ 在 Python 中使用 Cloud Translation API。

6.1　技 术 要 求

本章代码网址如下。

https://github.com/PacktPublishing/Hands-On-Python-Deep-Learning-for-Web/tree/master/Chapter6

要运行本章代码，你的系统上需要有 Python 3.6+。

其他必要的安装将在具体小节中介绍。

6.2　设置 Google 云平台账户

在使用 Google 云平台（GCP）提供的 API 之前，必须先设置你的 GCP 账户。假设你已经拥有 Google 账户，则可以前往以下网址访问 GCP。

https://cloud.google.com/

如果你是第一次注册，GCP 将为你提供 300 美元的信用额度（可以使用 12 个月）。此额度适用许多优秀的项目，使你实际上能够免费试用 GCP 的产品。

请按以下步骤操作。

（1）在 GCP 主页的右上角可以找到并单击 Try free（免费试用）按钮，如图 6-1 所示。

图 6-1

（2）如果你未登录 Google 账户，则系统会要求你登录。相应地选择你所在的国家/地区并确保选中 Terms of Service（服务条款）下的复选框，然后单击 AGREE AND CONTINUE（同意并继续）按钮，如图 6-2 所示。

> Try Google Cloud Platform for free
>
> ## Step 1 of 2
>
> **Country**
>
> India ▼
>
> **Terms of Service**
>
> ☐ I have read and agree to the Google Cloud Platform Free Trial Terms of Service.
>
> Required to continue
>
> AGREE AND CONTINUE

图 6-2

（3）输入你选择的付款方式的详细信息。即使你有免费额度，为了使用 GCP 的实用程序，你也需要设置一个有效的结算账户。不过别担心，除非你允许 GCP 这样做，否则不会从你的结算账户中收取费用。在你的免费试用期间，你在 GCP 上使用的所有收费项目将仅从你的免费额度中扣除。一旦你的免费信用额度用完，GCP 就会向你发送提醒。

完成计费方式的填表后，即可看到 GCP 的控制台页面，如图 6-3 所示。

这实际上是你的 GCP 仪表板，它可以为你提供 GCP 使用情况的总体摘要。GCP 还允许你自定义 GCP 控制台上显示的标签。

在完成了 GCP 账户设置之后，为了能够使用 GCP 中的实用程序，你还需要创建一个 GCP 项目，并为其标记一个有效的结算账号。接下来，我们将介绍该操作。

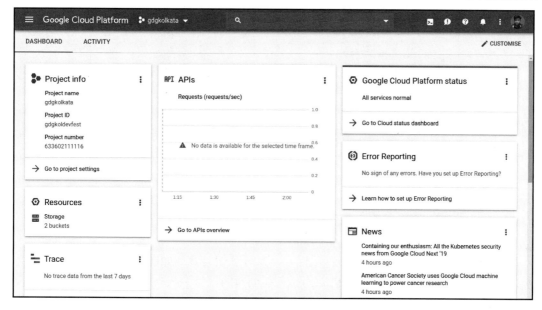

图 6-3

6.3　在 GCP 上创建第一个项目

项目有助于你系统地组织所有 GCP 资源。只需单击几次按钮即可轻松在 GCP 上创建项目。

请按以下步骤操作。

（1）登录 Google 账户后，访问以下网址打开你的 GCP 控制台。

https://console.cloud.google.com

在左上角可以看到 Google Cloud Platform，在其旁边可以看到一个下拉列表，如图 6-4 所示。

图 6-4

（2）如果你在注册 GCP 时或之前创建了任何项目，那么你的项目将出现在标记区域（图 6-4 中的 fast-ai-exploration 就是作者在 GCP 上创建的项目）。现在单击下拉按钮，应该会出现一个对话框，如图 6-5 所示。

图 6-5

（3）单击 NEW PROJECT（新项目），此时应该会看到如图 6-6 所示的页面，它会要求你指定项目的名称。GCP 会自动为你正在创建的项目生成一个 ID，但它也允许你根据自己的选择编辑该 ID。

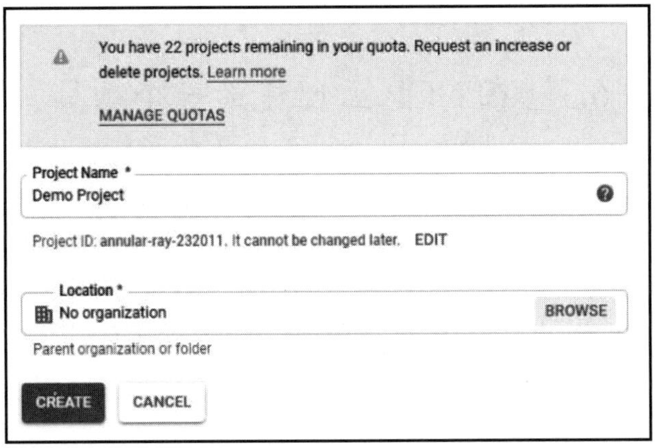

图 6-6

（4）在指定项目的初始详细信息后，单击 CREATE（创建）按钮即可创建项目。

在创建项目后，它应该出现在项目列表中。你始终可以使用 GCP 在其控制台页面上提供的便捷下拉菜单导航到此列表，如图 6-7 所示。

要了解有关 GCP 项目的更多信息，可以访问以下网址查看官方文档。

https://cloud.google.com/storage/docs/projects

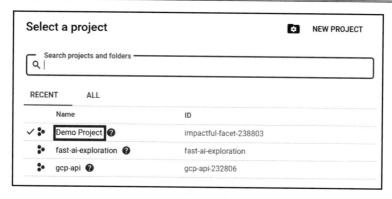

图 6-7

GCP 配备了各种实用程序的广泛套件，详情可访问以下网址。

https://cloud.google.com/products/

GCP 提供了大量 API，可用于各种任务，包括深度学习。在后面的小节中将演示如何在 Python 中使用一些流行的深度学习 API。

下面先从 Dialogflow 开始进行了解。

6.4　在 Python 中使用 Dialogflow API

在开始学习如何在 Python 中使用 Dialogflow API 之前，不妨先来了解 Dialogflow 是什么。

Dialogflow（以前称为 api.ai）提供了一套实用程序，用于构建自然而丰富的对话界面，如语音助手和聊天机器人。它由深度学习和自然语言处理提供支持，并被大量公司使用。它可以与网站、移动应用程序和许多流行平台（如 Facebook Messenger、Amazon Alexa 等）无缝集成。Dialogflow 提供了用于构建对话式用户界面的 3 个主要组件。

❑　可轻松应用于任何对话式用户界面的最佳实践和流程。

❑　添加构建对话用户界面可能需要的任何自定义逻辑的功能。

❑　训练代理以微调界面整体体验的功能。

下面将演示如何使用 Dialogflow 在 Python 中创建一个简单的应用程序。有关 Dialogflow 的更多信息，可访问以下网址。

https://dialogflow.com

我们将从创建 Dialogflow 账户开始。

6.4.1　创建 Dialogflow 账户

创建 Dialogflow 账户非常简单。其操作过程如下。

（1）访问以下网址。

https://console.dialogflow.com/api-client/#/login

此时可以看到如图 6-8 所示的界面。

图 6-8

（2）单击 Sign in with Google（使用 Google 登录）按钮之后，系统会要求你选择要用于 Dialogflow 的 Google 账户。

（3）在选择账户时，你可能会被要求允许 Diagflow 的账户权限并接受 Dialogflow 条款和条件。

6.4.2　创建新代理

在创建 Dialogflow 账户后，你将看到一个仪表板，该仪表板将显示你的活动 Dialogflow 项目或要求你创建要显示的新代理。但什么是代理呢？

在 Dialogflow 术语中，代理（agent）是一种软件，它执行接收用户输入的任务，这些输入可能是文本、音频、图像或视频格式等。然后它尝试确定与输入对应的 Intent 或预先定义的适当动作（action）。匹配的 Intent 可能会执行一个动作，或者它也可能只是响应用户输入的查询，最后，代理将结果返回给用户。

要创建新代理，可在 Dialogflow 控制台的左侧导航菜单中，单击 Create Agent（创建代理）。此时将出现如图 6-9 所示的界面。

可以看到，我们已将代理命名为 DemoBot 并将默认语言设置为英语。此外，还必须为代理选择一个 GOOGLE PROJECT（Google 项目）。

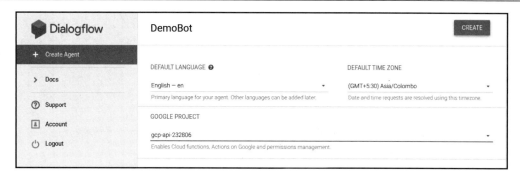

图 6-9

　　Google 项目是你在研究 GCP 时会遇到的一个术语。一个项目包含分配给软件项目的全部资源，并由 GCP 上的单个结算账户提供资金。没有为资源定义项目就不能分配资源。此外，如果不向项目中添加有效的计费选项，则无法创建任何项目。

　　现在可以看到一个如图 6-10 所示的界面，其中包含为你的代理提供的某些默认 Intent。

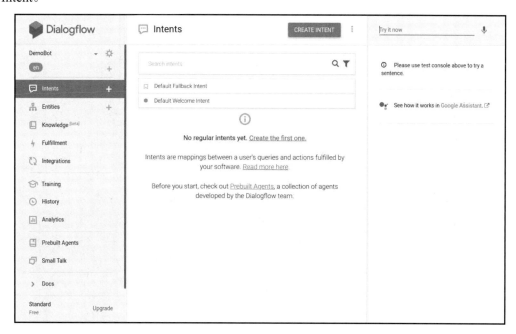

图 6-10

　　在左侧可以看到导航菜单，该菜单提供了可以在你的代理中组合在一起的所有各种模块，选择合适的模块可使你的软件提供更好的类人交互。

在右侧面板中可以选择随时使用你提供的任何输入来测试你的代理。这将在代理响应的开发过程中以及在测试 Intent 与提供的输入匹配时派上用场。

6.4.3 创建新 Intent

要为代理创建新 Intent，请按照下列步骤操作。

（1）单击中间部分右上角的 Create Intent（创建 Intent）按钮。

（2）为此 Intent 提供一个名称——假设为 Dummy Intent。

（3）提供一些会触发这个 Intent 的训练短语。假设提供了 3 个训练短语，如图 6-11 所示。

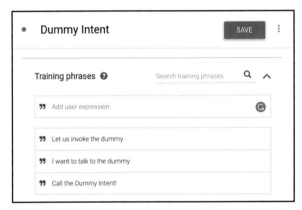

图 6-11

现在，每当系统遇到训练中提到的短语（或类似短语）时，将调用此 Intent。

（4）现在可以添加一些响应，当调用这个 Intent 时，代理将做出响应，如图 6-12 所示。

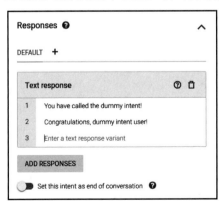

图 6-12

（5）在中间部分的右上角，单击 SAVE（保存）按钮保存新 Intent，你将收到代理训练开始的通知。

对于小型代理，训练会在几秒钟内完成，你将收到代理训练完成通知。

接下来，我们将测试代理是否能够执行这个 Intent。

6.4.4　测试代理

在 Dialogflow 控制台的右侧部分可以测试代理。在顶部的文本域中，可输入查询。在本示例中，要调用 Dummy Intent，可输入 Talk to the dummy。如果 Intent 正确匹配，即可看到来自 Dummy Intent 的响应，如图 6-13 所示。

图 6-13

在图 6-13 中，可以看到用户的输入是 Talk to the dummy，生成的响应正是我们之前在 Dummy Intent 的响应中定义的两个响应之一（见图 6-12）。这里与输入匹配的 Intent 是 Dummy Intent。

接下来，让我们看看如何使用 Python 调用代理。

6.4.5　安装 Dialogflow Python SDK

本示例将演示如何将 Dialogflow Python API V2 与 Dialogflow 代理结合使用，为使用 Python 构建的应用程序带来交互性。我们先来了解 DialogFlow 生态系统的几个组件是如何交互的。

使用 Dialogflow 的应用程序中的信息流如图 6-14 所示。

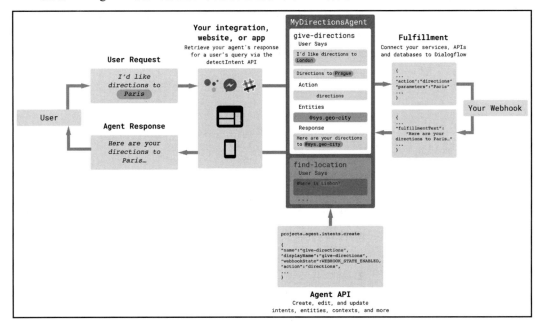

图 6-14

原　　文	译　　文
User	用户
User Request	用户请求
I'd like directions to Paris	我想知道去巴黎的路线
Agent Response	代理请求
Here are your directions to Paris…	这是你前往巴黎的路线……
Your integration, website, or app	你的集成、网站或应用程序
Retrieve your agent's response for a user's query via the detectIntent API	通过 detectIntent API 检索你的代理对用户查询的响应

续表

原　　文	译　　文
Fulfillment	执行
Connect your service, APIs and databases to Dialogflow	将你的服务、API 和数据库连接到 Dialogflow
Your Webhook	你的 Webhook
Agent API	代理 API
Create, edit, and update intents, entities, contexts, and more	创建、编辑和更新 Intent、实体和上下文等

　　用户创建输入，该输入通过集成 API、网站或应用程序发送到代理。代理将用户输入与可用 Intent 进行匹配，并生成查询的实现。通过 Webhook 将响应发送回用户界面，并将响应呈现给用户。

　　集成 API 很可能包含 Dialogflow 以外的服务。你可以创建一个应用程序，将相同的用户查询传播到多个代理并整合他们的响应。

　　或者，开发人员也可以引入中间件处理程序或集成，这将预处理或后处理用户查询和代理响应。

　　请按以下步骤操作。

　　（1）要安装 Dialogflow Python SDK，可在终端中使用以下命令。

```
pip install dialogflow
```

💡 提示：

　　强烈建议在使用上述命令之前通过 virtualenv 创建一个虚拟环境，以获得干净的和未破坏的依赖项。要了解有关 virtualenv 的更多信息，可访问以下网址。

https://virtualenv.pypa.io/en/latest/

　　（2）在安装完成之后，可使用以下代码将 Dialogflow API 导入你的项目中。

```
import dialogflow
```

　　接下来，我们将创建一个 GCP 服务账户来验证 Python 脚本，以使用已创建的 Dialogflow 代理。

6.4.6　创建 GCP 服务账号

　　GCP 服务账号可管理为访问 GCP 资源而提供的权限。我们创建的 Dialogflow 代理是 GCP 资源，因此，要从 Python API 使用它，就需要一个服务账户。

请按以下步骤操作。

（1）在 GCP 控制台中，从左侧导航菜单中，依次选择 APIs→Services（服务）→ Credentials（凭据）。

（2）单击 Create credentials（创建凭据），如图 6-15 所示。

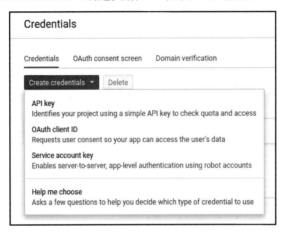

图 6-15

（3）单击 Service account key（服务账户密钥）。在出现的页面中，选择 Dialogflow Integrations（Dialogflow 集成）作为服务账户，再选择 JSON 作为密钥类型。单击 Create（创建）按钮，将有一个 JSON 文件下载到你的计算机中。

（4）记下这个 JSON 文件的地址——如/home/user/Downloads/service-account-file.json。你的文件名可能有所不同，因为它是在你将文件下载到计算机中时由 GCP 控制台提供的。

（5）打开此文件以获取项目 ID。

（6）在终端中使用以下命令（选择你的系统进行替换），将凭据导出到环境变量中。

❑　在 Linux（终端）中，命令如下。

```
export
GOOGLE_APPLICATION_CREDENTIALS="<your_service_account_file_location>"
export DIALOGFLOW_PROJECT_ID="<your_project_id>"
```

❑　在 Windows 中（命令提示符），命令如下。

```
set GOOGLE_APPLICATION_CREDENTIALS=<your_service_account_file_location>
set DIALOGFLOW_PROJECT_ID=<your_project_id>
```

完成上述操作后，即可开始编写调用 Dialogflow 代理的 Python 脚本。

ⓘ **注意：**

　　上述命令仅设置当前会话的变量。每次重新启动会话时都需要运行这些命令。

6.4.7　使用 Python API 调用 Dialogflow 代理

　　在本示例中，我们将创建一个简单的基于 Python 的 API，该 API 可以调用在 Dialogflow 控制台中创建的代理，以调用 Dummy Intent。

　　具体操作步骤如下。

　　（1）将 Dialogflow 模块导入项目中，代码如下。

```
import dialogflow
```

　　（2）要在脚本中获取项目 ID，可以从运行时环境变量中获取它。具体代码如下。

```
import os
project_id = os.getenv("DIALOGFLOW_PROJECT_ID")
```

　　（3）声明一个唯一的会话 ID 来存储在与用户的任何单个会话中进行的会话记录。

```
session_id="any_random_unique_string"
```

　　（4）创建一个方便好用的函数，它将允许我们重复执行一组调用 Dialogflow 代理所需的预处理语句。

```
def detect_intent(project_id, session_id, text, language_code):

    session_client = dialogflow.SessionsClient()
    session = session_client.session_path(project_id, session_id)
    text_input = dialogflow.types.TextInput(text=text,
language_code=language_code)
    query_input = dialogflow.types.QueryInput(text=text_input)
    response = session_client.detect_intent(session=session,
query_input=query_input)
    return response.query_result.fulfillment_text
```

　　在上面的代码中，首先初始化了一个 SessionsClient 对象。会话记录了一次不间断对话期间用户与 Dialogflow 代理之间的完整交互。

　　然后，设置了会话的路径，即项目到唯一会话 ID 的映射。

　　接下来的两行用于创建包含 Dialogflow TextInput 对象的 Dialogflow QueryInput 对象。query_input 变量可保存用户为 Dialogflow 代理输入的消息。

　　再接下来的行调用了 SessionsClient 对象的 detect_intent() 方法。会话 ID 和项目 ID 的

映射与输入一起作为参数传递给该方法。

最后一行，Dialogflow 代理的响应被存储在 response 变量中。该函数返回执行文本响应。

（5）现在可以使用这个方法。首先，声明要传递给 Dialogflow 代理的消息。回想前面为 Dummy Intent 提供给 Dialogflow 代理的训练短语，我们可以传递一条类似于训练短语的消息。

```
message = "Can I talk to the dummy?"

fulfillment_text = detect_intent(project_id, session_id, message, 'en')

print(fulfillment_text)
```

我们将得到一个输出，它是我们为 Dummy Intent 定义的两个响应中的一个。

（6）在 detect_intent()方法中生成响应变量（response），这可以通过在 detect_intent()函数中添加以下代码行来完成。

```
def detect_intent(project_id, session_id, text, language_code):
    ...
    response = session_client.detect_intent(session=session,
query_input=query_input)
    print(response) ### <--- 添加该行
    return response.query_result.fulfillment_text
```

你将获得以下 JSON。

```
response_id: "d1a7b2bf-0000-0000-0000-81161394cc24"
query_result {
  query_text: "talk to the dummy?"
  parameters {
  }
  all_required_params_present: true
  fulfillment_text: "Congratulations, dummy intent user!"
  fulfillment_messages {
    text {
      text: "Congratulations, dummy intent user!"
    }
  }
  intent {
    name: "projects/gcp-
api-232806/agent/intents/35e15aa5-0000-0000-0000-672d46bcefa7"
    display_name: "Dummy Intent"
```

```
}
intent_detection_confidence: 0.8199999928474426
language_code: "en"
}
```

可以看到，匹配 Intent 的名称是 Dummy Intent，在这次代理调用中的输出是 Congratulations, dummy intent user!（祝贺，虚拟 Intent 用户！）。

还有其他几种通过 Python 使用 Dialogflow API 的方法，包括但不限于视听输入和基于传感器的输入。

Dialogflow 代理可以与主要平台集成，如 Google Assistant、Facebook Messenger、Slack、Telegram、WhatsApp 等，如图 6-16 所示。

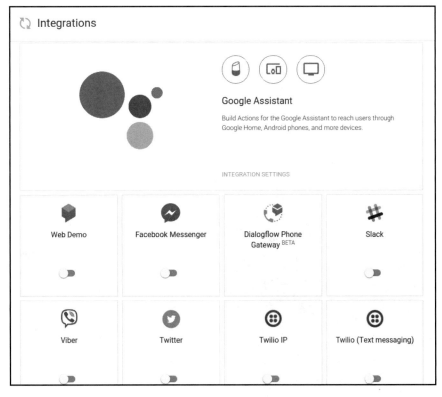

图 6-16

Dialogflow 生态系统正在迅速引入新功能，并且越来越倾向于提供完整的基于 AI 的聊天机器人，这些机器人可以同时执行多项任务。

在 6.5 节中，我们将探索一个可用于预测图像和视频内容的 GCP API。

6.5　在 Python 中使用 Cloud Vision API

计算机视觉（computer vision，CV）是使计算机理解图像并了解图像意义的领域。常见的计算机视觉任务包括图像分类、图像检测、图像分割等。目前的计算机视觉领域基本上是深度学习独占鳌头，因此，深度学习性能的高低对项目成败有决定性的影响。

Cloud Vision API 提供了许多用于执行计算机视觉任务的实用程序。Cloud Vision 允许我们使用预先训练的模型，也可以构建自定义模型以满足不同的需求（如 AutoML Vision Beta）。

Cloud Vision API 提供的功能如下。

❑　标签检测。

❑　光学字符识别。

❑　手写识别。

❑　地标检测。

❑　对象定位。

❑　图片搜索。

❑　产品搜索。

除了上面提到的功能，Cloud Vision 还可以让用户提取给定图像的不同属性，如图 6-17 所示。

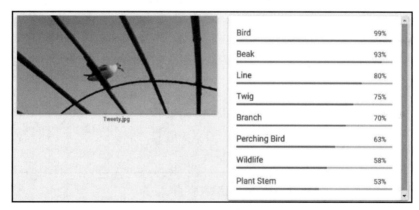

图 6-17

可以看到，当给定图像时，Cloud Vision API 会自动提取其属性。如果你也想尝试此操作，可访问以下网址。

https://cloud.google.com/vision/

前文我们一直在使用术语预训练模型（pre-trained model）。Cloud Vision API 可以让我们集成预训练模型。因此，有必要了解预训练模型的重要性。

6.5.1　使用预训练模型的重要性

使用预训练模型通常被称为迁移学习（transfer learning）。迁移学习并不是深度学习的基础，它只是一种方法论。另外，迁移学习并不表示特定的深度学习模型，但其思路非常有效，尤其是在深度学习环境中。

人类并不是从头开始学习每一项任务，我们总是试图利用过去的经验来完成性质相似的任务。例如，一个已经会轮滑的人很容易学会溜冰，一个桥牌高手也很容易在拖拉机比赛中获胜，这其实就是迁移学习。人们倾向于将过去的经验知识转移到遇到的类似任务中。

但这如何适用于深度学习？接下来我们对其进行解释。

当神经网络针对特定任务进行训练时，它会尝试估计最佳权重矩阵的值。现在，当你尝试在类似任务上训练另一个网络时，结果证明你可以使用前一个任务的权重。相似性（similarity）的定义在这里很宽泛，暂且略过不提。但是你可能想知道这里面的优点是什么。总的来说，优点是多方面的，仅举以下两例。

❑ 你无须从头开始训练神经网络，这节省了大量时间。

❑ 你有机会使用来自与你相似的问题域的最新结果。

在文献中，使用网络权重的任务被称为源任务（source task），应用权重的任务被称为目标任务（target task）。使用权重的网络模型则被称为预训练模型。Goodfellow 等人在他们的 *Deep Learning*（《深度学习》）一书中对迁移学习给出了一个非常微妙的定义：

"即利用在一种环境中学到的知识来提高另一种环境中的泛化能力。"

迁移学习的使用在自然语言处理（NLP）、计算机视觉（CV）等领域的大量深度学习应用程序中显示出卓越的成果。当然，迁移学习也有其局限性，如下所示。

❑ 当源任务与使用迁移学习的目标任务没有足够的相关性时，迁移学习可能会导致性能下降。

❑ 有时很难确定从源任务到目标任务需要多少迁移。

要深入研究迁移学习，建议阅读 Dipanjan 等人所著的 *Hands-On Transfer Learning with Python*（《使用 Python 进行迁移学习实战》）一书。

接下来，我们将继续演示如何通过 Python 使用 Cloud Vision API。

6.5.2　设置 Vision Client 库

Cloud Vision API 可通过一组用于不同语言的库（称为 Vision Client 库）获得。其中一个库是 Python Cloud Vision Client 库，本示例将使用它。

请按以下步骤操作。

（1）要安装 Python Cloud Vision Client 库，可在终端中使用以下命令。

```
pip install --upgrade google-cloud-vision
```

🔵 提示：

强烈建议使用 Python *虚拟环境*来安装 Python Cloud Vision Client 库。

（2）安装完成后，需要设置一个服务账号来使用 API。

（3）如前文所述，设置服务账户的步骤如下。

① 打开 GCP 控制台。

② 在左侧导航菜单中，依次选择 APIs→Services（服务）→Credentials（凭据）。

③ 单击 Create credentials（创建凭据）。

④ 在选择服务账户的下拉菜单中选择 New Service Account（新建服务账户）。

⑤ 为服务账户输入任意名称。

⑥ 取消选中 Role（角色）复选框或保留未选中状态。使用 Cloud Vision API 时不需要它。

⑦ 单击 Create（创建）按钮。在出现任何警告框时均单击确认。

⑧ 服务账户凭据（service account credentials）JSON 文件将下载到你的计算机中。

（4）现在和之前一样，将这个下载的文件导出到系统环境中。

❑　在 Linux（终端）中，命令如下。

```
export GOOGLE_APPLICATION_CREDENTIALS="/home/user/Downloads/service-
account-file.json"
```

❑　在 Windows 中（命令提示符），命令如下。

```
set GOOGLE_APPLICATION_CREDENTIALS=/home/user/Downloads/service-
account-file.json
```

（5）作为使用 Cloud Vision API 之前的最后一步，需要在项目中启用 API。
请执行以下操作。

① 在 Google 云平台（GCP）控制台的左侧导航面板中，单击 APIs and Services（API
和服务）。

② 单击 Enable APIs & Services（启用 API 和服务）。

③ 在出现的列表中选择 Cloud Vision API。

④ 单击 Enable（启用）。

接下来，即可在脚本中通过 Python 使用 Cloud Vision API。

6.5.3　使用 Python 调用 Cloud Vision API

现在可以创建一个新的 Python 脚本（或 Jupyter Notebook）。为了使用 Cloud Vision API，
首先需要导入 Cloud Vision Client 库。

具体操作步骤如下。

（1）使用以下代码导入必要的库。

```
from google.cloud import vision
```

（2）在本示例中，我们的任务是标注图像。图像标注服务由 Cloud Vision Client 库
中的 ImageAnnotatorClient()函数提供。我们将创建该方法的对象。

```
Client = vision.ImageAnnotatorClient()
```

（3）将要测试进行标注的文件加载到程序中。

```
with open("test.jpg", 'rb') as image_file:
    content = image_file.read()
```

ℹ️注意：

必须将 test.jpg 文件放在同一工作目录中才能使其正常工作。

（4）该文件目前是程序的原始二进制数据文件。为了让 Cloud Vision API 正常工作，
还需要将其转换为 Cloud Vision Client 库可接收的图像类型。

```
image = vision.types.Image(content=content)
```

（5）调用 Cloud Vision API 对图像进行标注。

```
response = client.label_detection(image=image)
labels = response.label_annotations
```

在输出 Cloud Vision API 设置的标签后，即可在提供的图片中看到 Cloud Vision API 能够检测到的所有可能的对象和特征。图 6-18 显示了一个示例。

图 6-18

如果输出 labels，则其结果应如图 6-19 所示。

```
{
    "labelAnnotations": [
        {
            "description": "Horizon",
            "mid": "/m/0d1n2",
            "score": 0.98734426,
            "topicality": 0.98734426
        },
        {
            "description": "Sky",
            "mid": "/m/01bqvp",
            "score": 0.981505,
            "topicality": 0.981505
        },
        ...
    ]
}
```

图 6-19

该示例预测的标签是 Sky（天空）、Horizon（地平线）、Atmosphere（大气）、Sunrise（日出）、Sunset（日落）、Morning（早晨）、Ocean（海洋）、Calm（平静）、Wing（机翼）和 Evening（晚上）。这样的预测结果可以说非常接近照片中捕获的真实场景。图 6-18 是日出时透过飞机的窗户拍摄的。

6.6 在 Python 中使用 Cloud Translation API

Cloud Translation API 可帮助开发人员轻松地将语言翻译功能集成到他们的应用程序

中，它由最先进的神经机器翻译提供支持，可以将其视为深度学习和机器翻译的结合。此外，Cloud Translation API 还提供了使用预训练模型的编程接口，也可构建用户生产环境的自定义模型。

许多开发人员使用 Cloud Translation API 的预训练模型将一组给定的文本动态翻译成目标语言。Cloud Translate API 支持 100 多种语言，而且这个语言库仍在不断发展，以增强开发人员的能力。图 6-20 显示了将英语文字翻译成孟加拉语文字的示例。

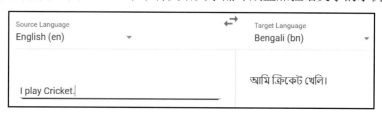

图 6-20

你可以访问以下网址进行尝试翻译。

https://cloud.google.com/translate/

有时候，给定文本的语言本身可能是未知的。Cloud Translation API 提供了一种被称为 Label Detection（标签检测）的服务来处理此类情况。

Cloud Translation API 的 AutoML 变体让开发人员可以根据需要针对语言对（源语言和目标语言）构建自定义模型。

6.6.1　为 Python 设置 Cloud Translate API

要结合使用 Cloud Translation API 与 Python，必须先安装 Google Cloud Translate Python 库。

具体操作如下。

（1）在终端中使用以下 pip 命令。

```
pip install google-cloud-translate
```

（2）现在创建一个服务账户并下载凭据文件（具体操作和 6.5.2 节"设置 Vision Client 库"中的步骤是一样的）。将此文件导出到 GOOGLE_APPLICATION_CREDENTIALS 环境变量的路径中。

（3）在 API 列表中找到 Cloud Translate API 并启用它。完成之后，即可使用 GCP 直接从 Python 中进行翻译了。

6.6.2 使用 Google Cloud Translation Python 库

创建一个新的 Jupyter Notebook 或一个新的 Python 脚本，然后将 Google Cloud Translate API 导入本项目示例中。

具体操作如下。

（1）使用以下代码导入 Google Cloud Translate API。

```
from google.cloud import translate_v2 as translate
```

（2）创建一个 Cloud Translate API 对象来进行服务调用，代码如下。

```
translate_client = translate.Client()
```

（3）开始翻译。首先需要一条消息来进行翻译。

```
original = u'नमस्ते'
```

这将创建一个 Unicode 字符串，其中包含印地语中的 Namaste 一词。下面来试试它在英语中的翻译结果。

使用以下代码调用 API 将文本翻译成英文。

```
translation = translate_client.translate(original, target_language="en")
```

仔细观察 translation 变量，即可看到翻译的结果。

```
{
    'translatedText': 'Hello',
    'detectedSourceLanguage': 'hi',
    'input':'नमस्ते'
}
```

从该字典中很容易推断出检测到的语言是印地语（由 hi 表示）。input 以输入的格式显示。translationText 包含了翻译的结果 Hello，这是印地语 Namaste 的准确翻译。

6.7 小　　结

本章探讨了 Google 云平台（GCP）提供的一些非常有名且创新性的服务，它们都是基于深度学习的。

我们演示了如何在 Python 中使用 Dialogflow 来构建可以随时间学习的对话式聊天机

器人，如何使用 Cloud Vision API 识别图像中的对象，最后还介绍了使用 Cloud Translate API 执行基于 NLP 的深度翻译。

GCP 提供的所有主要服务都可以通过 API 访问，这使得它们可以在任何项目中轻松替换。由专业人员创建并经过预训练的模型其准确率值得称赞，Web 开发人员在构建基于 AI 的应用程序时，使用现成的 API 将使工作变得更轻松。

第 7 章将介绍在 Python 中使用 Amazon Web Services（AWS）提供的 API 进行深度学习以创建集成 AI 的 Web 应用程序。

第 7 章　使用 Python 在 AWS 上进行深度学习

在第 5 章"通过 API 进行深度学习"中，介绍了 Google 云平台（GCP）提供的一些基于深度学习的产品，在第 6 章"使用 Python 在 Google 云平台上进行深度学习"中则详细演示了如何使用它们。现在你应该对云计算有了一个相当好的理解，本章将介绍另一个云计算平台，即 Amazon Web Services（AWS），它也提供了一些高性能和高度可靠的基于深度学习的解决方案。

本章将介绍 AWS 中的两个 API，并演示如何在 Python 程序中使用它们。

我们将首先设置 AWS 账户并在 Python 中配置 boto3，然后演示如何在 Python 中使用 Rekognition API 和 Alexa API。

本章包含以下主题。

❑　设置 AWS 账户。

❑　AWS 产品简介。

❑　在 Python 中配置 boto3。

❑　在 Python 中使用 Rekognition API。

❑　在 Python 中使用 Alexa API。

7.1　技术要求

本章代码网址如下。

https://github.com/PacktPublishing/Hands-On-Python-Deep-Learning-for-Web/tree/master/Chapter7

要运行本章代码，需要以下软件。

❑　Python 3.6+。

❑　Python PIL 库。

其他安装将在具体小节中介绍。

7.2　AWS 入门

在使用任何 AWS 服务或 API 之前，必须先创建 AWS 账户。

要在 AWS 中创建账户，请按以下步骤操作。

（1）访问以下网址。

https://aws.amazon.com/

该页面如图 7-1 所示。

图 7-1

（2）单击右上角的 Create an AWS Account（创建 AWS 账户）按钮，这将进入如图 7-2 所示的注册页面。

（3）填写完注册信息之后并单击 Continue（继续）按钮。

（4）该门户网站会要求你提供一些更多的信息。它还会要求你注册付款方式以验证你的详细信息。

ℹ️注意：

　　如果不提供此信息，则将无法使用 AWS 的免费套餐。

（5）在注册的最后一步，你将被要求在 3 个计划之间进行选择——Free（免费）、Developer（开发者）和 Business（商业）。你可以选择与自己的需求相关的任何一个计划并继续。

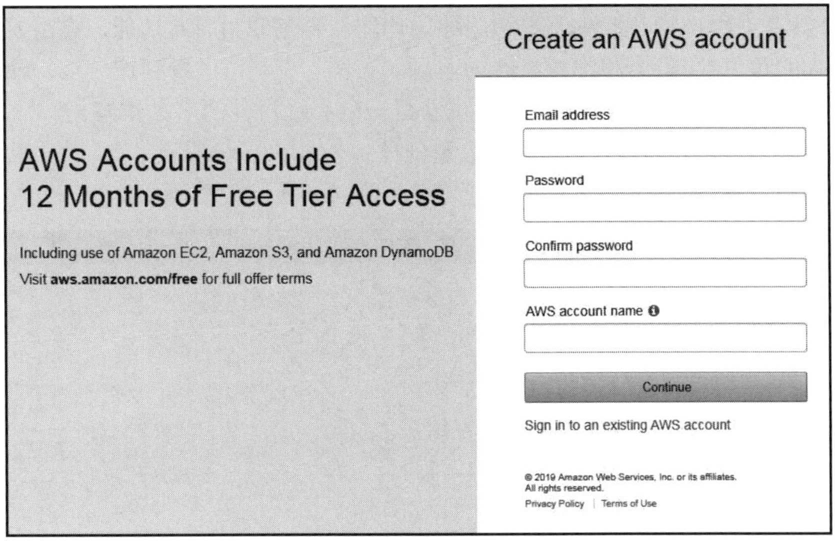

图 7-2

与 Google 云平台一样，AWS 也提供免费层级访问。首次注册 AWS 时，你可以免费使用各种 AWS 服务和产品，但仅限于一定的配额。有关详细信息，可以访问以下网址。

https://aws.amazon.com/free/

按照上述步骤操作完成后，你应该会看到如图 7-3 所示的页面。

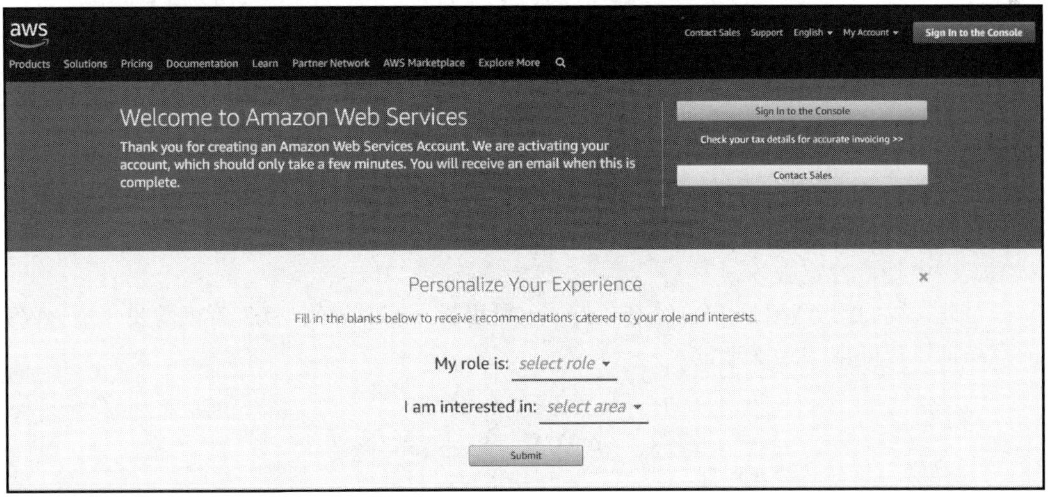

图 7-3

AWS 具有为用户推荐解决方案和服务的功能。要充分利用此功能，你需要输入两项信息——你的角色（role）和你感兴趣的主题。在图 7-3 中可以看到这一点。输入这两个详细信息并单击 Submit（提交）按钮即可获得一些有针对性的产品推荐。

（6）单击 Sign In to the Console（登录到控制台）按钮。

成功登录 AWS 控制台后，你应该会看到如图 7-4 所示的页面。

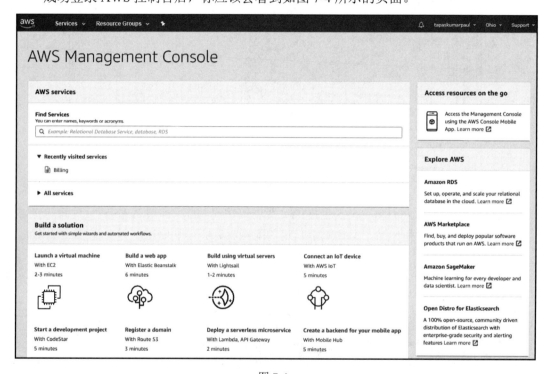

图 7-4

在 AWS Management Console（AWS 管理控制台）中，你可以找到 AWS 提供的所有服务和解决方案。单击左上角的 Services（服务），可随意探索完整的服务集。你还可以从搜索栏中搜索特定服务。

至此，我们的 AWS 账户已经准备好了，可以投入实际应用。7.3 节将简要介绍 AWS 的产品，以更好地了解该平台。

7.3　AWS 产品简介

AWS 可在各种领域提供其服务和解决方案。以下是 AWS 提供的不同类型的模块（括号中的是 AWS 提供的不同服务的名称）。

❑　计算（EC2、Lambda 等）。

❑　存储（S3、Storage Gateway 等）。

❑　机器学习（Amazon SageMaker、AWS DeepLens 等）。

❑　数据库（RDS、DynamoDB 等）。

❑　迁移和传输（Snowball、DataSync 等）。

❑　网络和内容交付（CloudFront、VPC 等）。

❑　开发人员工具（CodeStar、CodeCommit 等）。

❑　机器人（AWS RoboMaker）。

❑　区块链（Amazon Managed Blockchain）。

❑　数据分析（Athena、CloudSearch 等）。

事实上，还有很多其他模块，如图 7-5 所示。

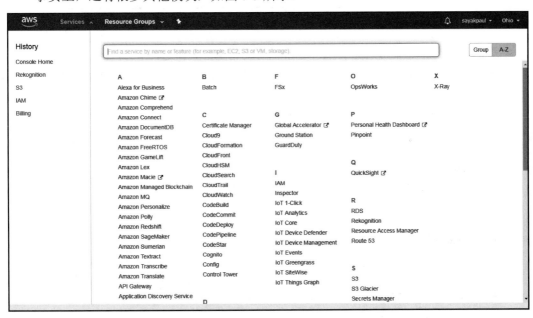

图 7-5

可以看到该列表非常广泛，当然，本书的重点是机器学习（深度学习）服务。

AWS 控制台中的搜索栏还允许你搜索你可能已经听说过的 AWS API。例如，在其中输入 Rekognition 并按 Enter 键，即可看到 Rekognition 的主页，如图 7-6 所示。

图 7-6

下文将更详细地探索 Rekognition API，因此这里暂且略过。

接下来，我们将学习如何使用 boto3（一种提供 Python 编程接口的 AWS 开发工具包）与不同的 AWS 资源进行交互。

7.4　boto3 入门

boto3 是 AWS 团队提供的用于与 AWS API 通信的官方库。你可以在以下网址中找到该库。

https://aws.amazon.com/sdk-for-python/

可以使用以下命令安装它。

```
pip install boto3
```

在安装完成之后，还需要配置 boto3 以用于项目。

要配置 boto3，第一步是从身份和访问管理（identity and access management，IAM）控制台中获取你的 AWS 访问密钥。具体步骤如下。

（1）转到 AWS 的身份和访问管理（IAM）控制台，网址如下。

https://console.aws.amazon.com/iam

该页面如图 7-7 所示。

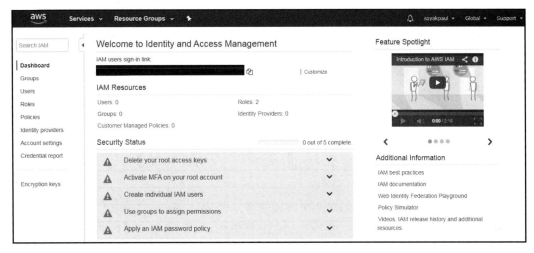

图 7-7

在如图 7-7 所示的仪表板上，可以看到访问密钥。

（2）单击 Delete your root access keys（删除你的根访问密钥），然后单击 Manage Security Credentials（管理安全凭证），将出现如图 7-8 所示的页面。

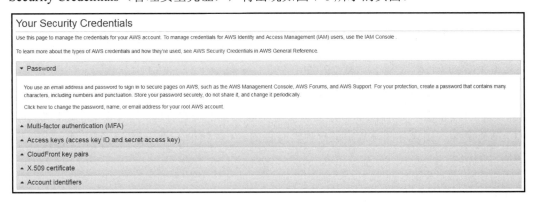

图 7-8

（3）展开 Access Keys(access key ID and secret access key)——访问密钥（访问密钥 ID 和秘密访问密钥），即可获取访问密钥。成功生成密钥后，你应该会收到如图 7-9 所示的消息。

（4）单击 Download Key File（下载密钥文件）并将其保存在安全的地方，因为后面将需要它来配置 boto3。

图 7-9

7.5　配置环境变量并安装 boto3

在获得访问密钥之后，可创建两个环境变量，即 aws_access_key_id 和 aws_secret_access_key。有了密钥之后就可以相应地分配它们的值。密钥将包含可帮助你区分密钥 ID 和秘密访问密钥的信息。现在你已经配置了必要的环境变量，我们可以从在 Python 中加载环境变量开始。

7.5.1　在 Python 中加载环境变量

成功安装库后，可使用以下代码行加载刚刚创建的环境变量。

```
import os
aws_access_key_id= os.environ['aws_access_key_id']
aws_secret_access_key = os.environ['aws_secret_access_key']
```

正确加载环境变量后，即可调用 boto3 与 AWS 资源进行交互。假设你想要登记你在 AWS 账户中拥有的 S3 存储桶，并且想要将图像上传到特定存储桶中，则 S3 是你要访问的 AWS 资源。如果你的 AWS 账户中没有任何 S3 存储桶，不用担心，因为你可以快速创建一个。

7.5.2　创建 S3 存储桶

可通过以下步骤快速创建 S3 存储桶。
（1）转至 S3 控制台主页，其网址如下。

https://s3.console.aws.amazon.com/s3

此页面应该如图 7-10 所示。

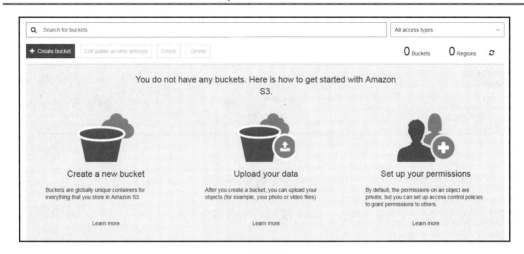

图 7-10

（2）单击左上角的 Create bucket（创建存储桶）按钮，你将被要求输入如图 7-11 所示的详细信息。

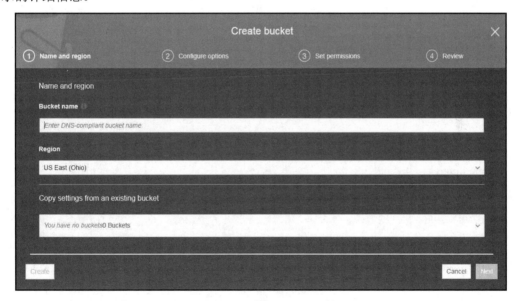

图 7-11

（3）在 Bucket name（存储桶名称）框中为你的存储桶命名，其他的保持原样即可，然后单击 Create（创建）按钮。成功创建存储桶后，即可在 S3 控制台看到它，如图 7-12 所示。

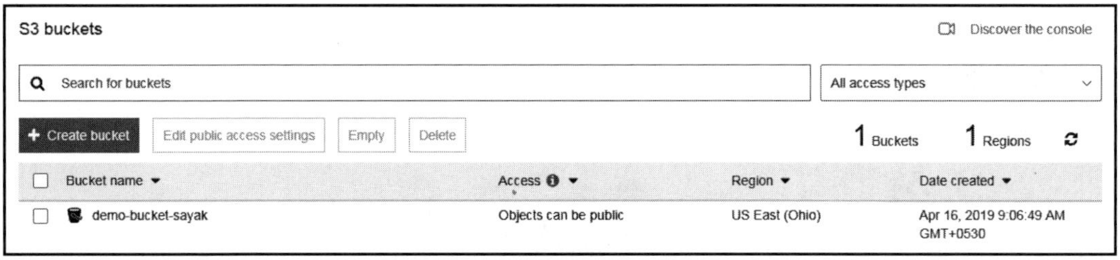

S3 buckets				Discover the console

Q Search for buckets	All access types ∨

+ Create bucket	Edit public access settings	Empty	Delete	**1** Buckets **1** Regions ⟳

☐ Bucket name ▼	Access ❶ ▼	Region ▼	Date created ▼
☐ 🪣 demo-bucket-sayak	Objects can be public	US East (Ohio)	Apr 16, 2019 9:06:49 AM GMT+0530

图 7-12

接下来，我们将介绍如何使用 boto3 从 Python 代码中访问 S3。

7.5.3　使用 boto3 从 Python 代码中访问 S3

现在你已经可以从 Python 代码中访问你的 S3 存储桶。以下代码行将向你显示可用的存储桶。

```
import boto3
s3 = boto3.resource(
    's3',
    aws_access_key_id=aws_access_key_id,
    aws_secret_access_key=aws_secret_access_key
)
```

resource()方法的第一个参数指定你有兴趣访问 S3 存储桶。有关此代码的详细说明，可访问以下网址。

https://bit.ly/2VHsvnP

现在可使用以下代码行找到可用的存储桶。

```
for bucket in s3.buckets.all():
 print(bucket.name)
```

你应该在输出中获得一个列表。现在，假设你要将图像上传到其中一个存储桶中。如果你要上传的图像位于当前工作目录中，则以下代码行可将图像上传到特定的 S3 存储桶中。

```
data = open('my_image.jpeg', 'rb')
s3.Bucket('demo-bucket-sayak').put_object(Key='my_image.jpeg', Body=data)
```

上面的代码行说明如下。

❑　my_image.jpeg 是你要上传的图像的路径。

❑　　在 Bucket() 方法中的参数是图像将被上传到的 S3 存储桶的名称。

如果代码成功执行，则应该收到以下输出。

```
s3.Object(bucket_name='demo-bucket-sayak', key='my_image.jpeg')
```

现在可以转到你的 AWS S3 控制台，进入上述示例中指定的存储桶来验证图像是否已上传。此时应该可以看到类似如图 7-13 所示的内容，这说明图像已经被成功上传。

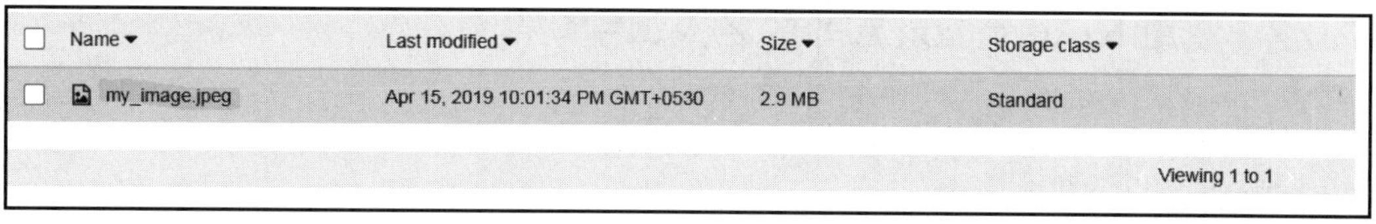

Name ▼	Last modified ▼	Size ▼	Storage class ▼
🖼 my_image.jpeg	Apr 15, 2019 10:01:34 PM GMT+0530	2.9 MB	Standard
			Viewing 1 to 1

图 7-13

这表明你已经在 Python 中成功配置了 boto3，接下来，可以继续学习如何通过 boto3 在 Python 中使用 Rekognition 和 Alexa API。

7.6　在 Python 中使用 Rekognition API

Amazon Rekognition 是一项支持深度学习的视觉分析服务，可帮助你无缝搜索、验证和分析数十亿幅图像。让我们先简单了解 Recognition API，然后在 Python 中使用它。

首先可以转到 Rekognition API 的主页，其网址如下。

https://console.aws.amazon.com/rekognition/home

Rekognition 的主页你已经看过了，就是前面的图 7-6。

7.6.1　Rekognition API 功能介绍

在图 7-6 左侧的导航栏中可以看到，Rekognition API 提供了以下功能。

❑　　Object and scene detection（对象和场景检测）：这使你可以自动标记给定图像中的对象、标签和场景（并附有置信度分数）。

❑　　Image moderation（图像审核）：这使你可以检测图像中的露骨或暗示性成人内容，同样附有置信度分数。

❑　　Celebrity recognition（名人识别）：使用此功能，可以自动识别图像中的名人（附有置信度分数）。

❑　Face comparison（人脸比较）：可用于根据相似度百分比查看人脸的匹配程度。除上述功能外，它还提供了其他功能，这里不再赘述。

Rekognition API 提供的解决方案已被证明对各种企业和组织均极为有用，因为它们真正解决了一些现实世界中的具有挑战性的问题。可以通过单击该 API 主页上的相应解决方案来尝试快速演示上述列表中提到的任何功能。

7.6.2　使用 Rekognition API 的名人识别功能

现在来试试 Rekognition API 的名人识别解决方案。

首先转到以下网址。

https://console.aws.amazon.com/rekognition/home?region=us-east-1#/celebrity-detection

此时的页面应该如图 7-14 所示（请注意，不同区域的页面可能会有所不同）。

图 7-14

该门户允许你上传自己的图像并进行测试。这里作者测试了自己的图像（我们当然可以采用媒体名人的图像，但那些图像都受到版权保护）。结果如图 7-15 所示。

你还可以随意尝试其他解决方案。

接下来，我们将演示如何通过 Python 代码使用 Rekognition API。

图 7-15

7.6.3　通过 Python 代码调用 Rekognition API

请按以下步骤操作。

（1）创建一个新的 Jupyter Notebook。

首先，你需要创建一个名为 Sample.ipynb 的新 Jupyter Notebook。

其次，你还必须提供要使用 AWS Rekognition API 测试名人识别功能的图像。

Jupyter 的目录结构如图 7-16 所示。

图 7-16

（2）为你的 AWS 账户中的凭证导入环境变量。

你需要像之前在 boto3 配置部分中所做的那样，将账户凭据导入脚本中。为此可使用以下代码。

```
import os
aws_access_key_id= os.environ['aws_access_key_id']
aws_secret_access_key = os.environ['aws_secret_access_key']
```

（3）使用 boto3 创建 AWS Rekognition API 客户端。

现在可以实例化 boto3Rekognition API 客户端对象。为此，需要将要使用的 API（即 Rekognition）以及你希望使用该 API 的 AWS 区域名称（本示例中为 us-east-1）传递给 boto3 对象。另外还必须传递在步骤（2）中检索到的凭据，具体代码如下。

```
import boto3
client=boto3.client('rekognition', region_name='us-east-1',
aws_access_key_id=aws_access_key_id,
aws_secret_access_key=aws_secret_access_key)
```

（4）从磁盘中读取图像并将其传递给 API。

有两种方法可以将文件从 boto3 开发工具包发布到 AWS API。首先，可以直接从你拥有权限的 S3 存储桶中发送图像，其次，你也可以将图像作为 Bytes 数组从本地磁盘中发送。

前文已经介绍了如何从 S3 存储桶中查找图像，因此不再赘述。这里要演示的是另一种方式，即从本地磁盘中获取大量图像并将它们传递到 API 调用中。

① 使用 Python 的原生方法打开文件并将图片读入变量中，具体代码如下。

```
image = open("image.jpg", "rb")
```

② 现在通过之前实例化的客户端将其传递给 API，请使用以下代码行。

```
response = client.recognize_celebrities(Image={'Bytes':image.read()})
```

（5）观察 response。在 API 调用成功之后，response 变量将保存 API 返回的信息。要查看它，可以输出该变量，具体如下。

```
{'CelebrityFaces': [{'Urls': ['www.imdb.com/name/nm1682433'],
 'Name': 'Barack Obama',
 'Id': '3R3sg9u',
 'Face': {'BoundingBox': {'Width': 0.3392857015132904,
 'Height': 0.270560204982757757,
 'Left': 0.324404776096344,
 'Top': 0.06436233967542648},
```

```
'Confidence': 99.97088623046875,
 'Landmarks': [{'Type': 'eyeLeft',
 'X': 0.44199424982070923,
 'Y': 0.17130307853221893},
 {'Type': 'eyeRight', 'X': 0.5501364469528198, 'Y':
0.1697501391172409},
 {'Type': 'nose', 'X': 0.4932120144367218, 'Y':
0.2165488302707672},
 {'Type': 'mouthLeft', 'X': 0.43547138571739197, 'Y':
0.25405779480934143},
 {'Type': 'mouthRight', 'X': 0.552975058555603, 'Y':
0.2527817189693451}],
 'Pose': {'Roll': -1.301725149154663,
 'Yaw': -1.5216708183288574,
 'Pitch': 1.9823487997055054},
 'Quality': {'Brightness': 82.28946685791016,
 'Sharpness': 96.63640594482422}},
 'MatchConfidence': 96.0}],
 'UnrecognizedFaces': [],
 'ResponseMetadata': {'RequestId':
'ba909ea2-67f1-11e9-8ac8-39b792b4a620',
 'HTTPStatusCode': 200,
 'HTTPHeaders': {'content-type': 'application/x-amz-json-1.1',
 'date': 'Fri, 26 Apr 2019 07:05:55 GMT',
 'x-amzn-requestid': 'ba909ea2-67f1-11e9-8ac8-39b792b4a620',
 'content-length': '813',
 'connection': 'keep-alive'},
 'RetryAttempts': 0}}
```

API 将图像中的名人识别为 Barack Obama（美国前总统奥巴马）。它还提供了其他有用的信息，如匹配面部的 BoundingBox（边界框）、预测的置信度、眼睛、嘴巴和鼻子的位置等。可使用这些信息进一步对图像进行操作，例如简单地裁剪出匹配的部分。

（6）获取图像的匹配部分。要在识别出的位置准备图像的裁剪版本，可使用以下代码。

```python
from PIL import Image
from IPython.display import display

im=Image.open('image.jpg')
w, h = im.size

celeb = response['CelebrityFaces'][0]['Face']['BoundingBox']
```

```
x1 = (celeb["Left"])*w
y1 = (celeb["Top"])*h
x2 = (celeb["Left"] + celeb["Width"])*w
y2 = (celeb["Top"] + celeb["Height"])*h

box=(x1,y1,x2,y2)
im1=im.crop(box)

display(im1)
```

此时应该会看到如图 7-17 所示的结果，这是 API 生成的用于执行名人识别功能的边界框。

图 7-17

在进一步探索适用于 AWS 的 boto3 API 时，你会发现它完全能够处理所有的 AWS 服务，而不仅限于 Rekognition API。这意味着，基于 API 规范要求，上述示例代码几乎可用于所有的 AWS API，开发人员只需稍作修改即可。

接下来，我们将讨论 Alexa，这是亚马逊公司的旗舰产品，用于构建语音界面，其功能范围可从聊天机器人到虚拟个人助理。我们将演示如何使用 Alexa 构建简单的家庭自动化解决方案。

7.7　在 Python 中使用 Alexa API

Amazon Alexa 是由亚马逊公司开发的基于语音的个人助理。该产品最初是作为 Amazon Echo 设备的界面出现的，它激发了 Google 使用 Google Assistant 开发 Google Home 设备的灵感。Alexa 的其他竞争对手还包括微软的 Cortana（小娜）和苹果的 Siri。

作为虚拟助手，Alexa 可以轻松设置通话、安排会议或播放歌曲。Alexa 可以执行的各种任务在 Alexa 术语中被称为技能（Skill），这也是本节要介绍的内容。

Alexa 中的技能是为平台添加功能的主要核心。每个技能都需要从 Alexa 的主界面中调用，因此，除非程序逻辑完成或用户明确要求技能结束，否则该技能将接管整个功能。

技能将应用要执行的任务逻辑，因此该逻辑需要存储在某处，可能还要与数据库和执行运行时（runtime）一起存储。虽然许多技能可托管在多种平台上（如 Heroku、PythonAnywhere、GCP 等），但将技能和逻辑代码托管为 AWS Lambda 函数仍是最常见的。

本节将使用适用于 Alexa 的 Python SDK 创建一个 Home Automation（家庭自动化）Alexa 技能示例，并将其托管在 AWS Lambda 上。

7.7.1　先决条件和项目框图

在开始构建 Alexa 技能之前，你需要分别在 AWS 和 Amazon Developer 上拥有以下两种类型的账户。

❑　一个 AWS 账户（免费套餐有效），注册网址如下。

aws.amazon.com

❑　一个 Amazon 开发者账户（这是免费的），注册网址如下。

developer.amazon.com

一旦创建了这些账户，就可继续进行本示例的操作，创建 Home Automation（家庭自动化）技能。

本示例的架构如图 7-18 所示。

在构建 Alexa 家庭自动化技能时，将使用以下服务。通过列表中的相应链接可了解其更多信息。

❑　Amazon Alexa Skills Kit。

https://developer.amazon.com/alexa-skills-kit

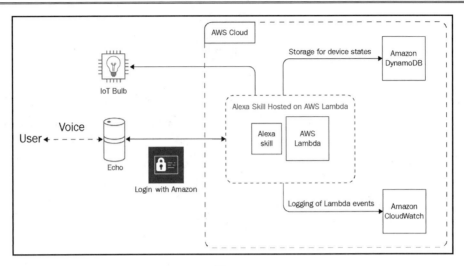

图 7-18

原　　文	译　　文
User	用户
Voice	语音
IoT Bulb	物联网智能灯
Echo	亚马逊触屏设备
Storage for device states	设备状态的存储
Alexa Skill Hosted on AWS Lambda	在 AWS Lambda 上托管的 Alexa 技能
Alexa skill	Alexa 技能
Logging of Lambda events	Lambda 事件日志

❑　Login with Amazon。

https://developer.amazon.com/docs/login-with-amazon/minitoc-lwa-overview.html

❑　AWS CloudWatch。

https://aws.amazon.com/cloudwatch/

❑　Amazon DynamoDB。

https://aws.amazon.com/dynamodb/

❑　AWS Lambda。

https://aws.amazon.com/lambda/

7.7.2　为 Alexa 技能创建配置

Alexa 技能需要服务之间有一定的连接才能工作。此外，部署在 AWS Lambda 上的技能逻辑需要配置为由 Alexa 上的技能使用。

使用以下内容在工作文件夹的根目录中创建一个 setup.txt 文件。

```
[LWA Client ID]
amzn1.application-oa2-client.XXXXXXXXXXXXXXXXXXXXXXXXXXXXXXX

[LWA Client Secret]
XXXXXXXXXXXXXXXXXXXXXXXXXXXXXXXXXXXXXXXXXXXXXXXXXXXXXXXXXXXX
[Alexa Skill ID]
amzn1.ask.skill.XXXXXXXX-XXXX-XXXX-XXXX-XXXXXXXXXXXX

[AWS Lambda ARN]
arn:aws:lambda:us-east-1:XXXXXXXXXXXX:function:skill-sample-language-
smarthome-switch

[APIs]
https://pitangui.amazon.com/api/skill/link/XXXXXXXXXXXXX
https://layla.amazon.com/api/skill/link/XXXXXXXXXXXXX
https://alexa.amazon.co.jp/api/skill/link/XXXXXXXXXXXXX
```

上述内容有很多 XXXXX 项，别担心，它们只是格式占位符，在以下各节中，还会多次引用到该文件并不断完善这些内容。它的作用主要是保存有关你的技能的信息。你也可以在任何其他文本编辑器（如 Google Docs）中编辑它。

7.7.3　设置 Login with Amazon 服务

对于 Home Automation（家庭自动化）技能来说，需要先启用 Login with Amazon 服务。要设置 Login with Amazon 服务，按以下步骤操作。

（1）前往 Login with Amazon 服务页面，其网址如下。

https://developer.amazon.com/lwa/sp/overview.html

此时的页面如图 7-19 所示。

（2）单击 Create a New Security Profile（创建新安全配置文件）按钮。

（3）将 Security Profile Name（安全配置文件名称）设置为 Smart Home Automation

Profile。

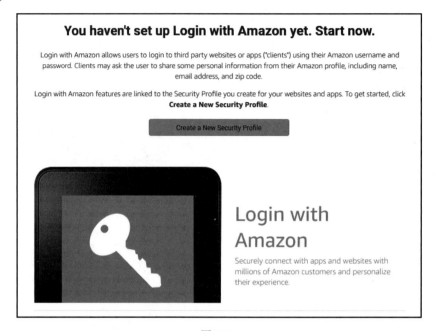

图 7-19

（4）提供该配置文件的简要描述。

（5）对于 Content Privacy Notice URL（内容隐私声明 URL），你需要一个有效的隐私政策网页才能将该技能推向生产环境。创建并托管隐私政策，并在此字段中提供指向它的链接。可在以下网址找到一个非常方便的创建隐私政策的工具。

https://app-privacy-policy-generator.firebaseapp.com/

（6）单击 Save（保存）按钮。

（7）在出现下一页时，单击齿轮菜单中的 Security Profile（安全配置文件）选项，进入 Security Profile Management（安全配置文件管理）页面，如图 7-20 所示。

（8）在安全配置文件列表中，单击 Web Settings（Web 设置）选项卡以显示 Home Automation Profile（Home Automation 配置文件）的 Show Client ID and Client Secret（显示客户端 ID 和客户端秘密密钥）链接。

（9）复制显示的 Client ID 和 Client Secret 值并将它们保存到工作目录的 setup.txt 文件中，分别替换[LWA Client ID]和[LWA Client Secret]的格式示例条目。

保持此选项卡打开以备将来使用。在新的浏览器选项卡中执行 7.7.4 节中的操作。

图 7-20

7.7.4　创建技能

现在可以开始创建技能。具体操作步骤如下。

（1）登录以下网址。

https://developer.amazon.com/alexa/console/ask

此时的页面将如图 7-21 所示。

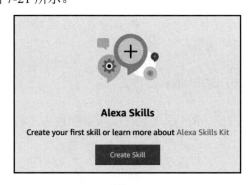

图 7-21

（2）单击 Create Skill（创建技能）按钮。

（3）将名称设置为 Home Automation Skill，当然你也可以使用自己的命名。

（4）在 Choose a model to add to your skill（选择要添加到技能的模型）页面中，单击 Smart Home（智能家庭）模型，如图 7-22 所示。

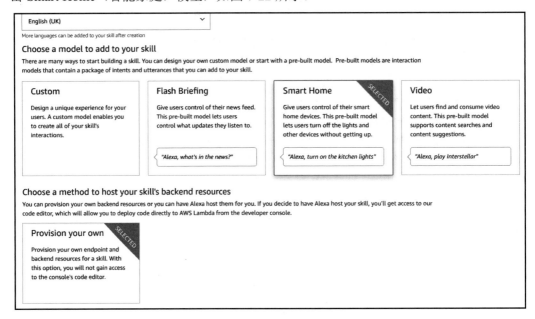

图 7-22

（5）单击 Create Skill（创建技能）按钮完成技能创建的初始阶段。

（6）在出现的下一页上，你将能够看到技能 ID。将此技能 ID 复制到本地工作目录的 setup.txt 文件中，覆盖[Alexa Skill ID]的格式占位符。

同样不要关闭此选项卡，因为还有一些字段需要在此处填写。打开一个新的浏览器选项卡以继续执行 7.7.5 节中的操作。

7.7.5 配置 AWS Lambda 函数

在可以将 Lambda 函数的 ARN 添加到技能端点配置中之前，必须为 Lambda 函数创建一个配置。

具体操作步骤如下。

（1）访问以下网址。

https://console.aws.amazon.com/iam/home#/policies

此时的页面应如图 7-23 所示。

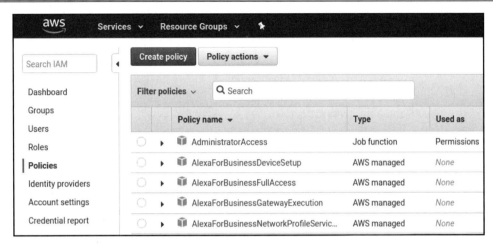

图 7-23

（2）单击 Create policy（创建策略）。

（3）在 Create policy（创建策略）编辑器的 JSON 选项卡中输入以下 JSON。

```
{
"Version": "2012-10-17",
"Statement": [
{
"Effect": "Allow",
"Action": [
"logs:CreateLogStream",
"dynamodb:UpdateItem",
"logs:CreateLogGroup",
"logs:PutLogEvents"
],
"Resource": "*"
}
]
}
```

（4）单击 Review policy（检查策略）并将策略的名称设置为 HomeAutomationPolicy。

（5）单击 Create policy（创建策略）。

（6）在页面左侧的导航菜单上，单击 Roles（角色）。

（7）单击 Create role（创建角色）。

（8）选择 AWS service（AWS 服务）和 Lambda，然后单击 Next: Permissions（下一步：权限）。

（9）在过滤字段中搜索 HomeAutomationPolicy。检查该策略。此时的页面应如图 7-24 所示。

图 7-24

（10）单击 Next:Tags（下一步：标签）。

（11）单击 Next:Review（下一步：检查）。

（12）将 Role（角色）名称设置为 lambda_home_automation。

（13）单击 Create role（创建角色）。

接下来，我们将创建 Lambda 函数。

7.7.6　创建 Lambda 函数

有了 Lambda 函数的合适配置之后，现在可以创建 Lambda 函数本身。为此，请在 AWS 控制台中导航到以下网址。

https://console.aws.amazon.com/lambda/home

然后按以下步骤操作。

（1）单击 Create function（创建函数）。

（2）将函数名称设置为 homeAutomation。

（3）选择 Python 3.6 运行时（runtime）。

（4）单击执行角色中的现有角色，从下拉列表中选择 lambda_home_automation 角色。

（5）单击 Create function（创建函数）。

（6）从出现的下一页复制 Lambda ARN，其中包含一条祝贺你创建 Lambda 函数的消息。将此 ARN 放在本地工作目录的 setup.txt 文件的[AWS Lambda ARN]字段中，覆盖原有的格式占位符。

此时的页面应如图 7-25 所示。

图 7-25

注意：

此页面上显示的触发器（trigger）和目标（destination）可能与前面的屏幕截图不同。

（7）在左侧导航栏中，单击 Add trigger（添加触发器）按钮以显示 Lambda 函数可用触发器的下拉列表，如图 7-26 所示。

图 7-26

（8）单击 Alexa Skills Kit 以显示此触发器的配置对话框。

（9）在 Skill ID（技能 ID）字段中粘贴 Alexa 技能 ID。我们之前在 setup.txt 文件中存储了该值，它看起来像 amzn1.ask.skill.XXXXXXXX-XXXX-XXXX-XXXX-XXXXXXXXXXXX。

（10）单击 Add（添加）以添加触发器并返回 Lambda 函数管理屏幕中。

（11）单击页面右上角的 Save（保存）。

在完成上述操作后，触发器部分将显示连接的 Alexa 技能的详细信息。如果没有，那么应该检查是否正确执行了前面的操作步骤。

7.7.7　配置 Alexa 技能

现在需要配置在浏览器的另一个选项卡中保持打开状态的技能。

具体操作步骤如下。

（1）返回该选项卡并在 Default endpoint（默认端点）字段中填写 Lambda 函数的 ARN。

（2）单击 SAVE（保存）。

（3）单击页面底部的 Setup Account Linking（设置账户链接）。

（4）对于 Authorization URL（授权 URL），输入 https://www.amazon.com/ap/oa。

（5）对于 Access Token URL（访问令牌 URL），输入 https://api.amazon.com/auth/o2/token。

（6）对于 Client ID（客户端 ID）字段，从 setup.txt 文件中复制[LWA Client ID]。

（7）对于 Client Secret（客户端秘密密钥）字段，从 setup.txt 文件中复制[LWA Client Secret]。

（8）单击 Add scope（添加范围）并输入 profile:user_id。

（9）从页面底部复制 Redirect URLs（重定向 URL），并将它们粘贴到 setup.txt 文件的[APIs]部分中。这些 URL 应该类似于图 7-27。

图 7-27

（10）单击 Save（保存）。

（11）在 Security Profile Management（安全配置文件管理）浏览器选项卡中，单击

Web Settings（Web 设置）选项卡。

（12）单击 Edit（编辑），将 3 个重定向 URL 添加到 Allowed Return URLs（允许的返回 URL）字段中。注意，必须单击 Add another（添加另一个）才能输入多个 URL。

（13）单击 Save（保存）。

接下来，我们将为该技能设置 Amazon DynamoDB。

7.7.8　为技能设置 Amazon DynamoDB

对于能够保存用户数据的技能来说，它还需要一个数据库。为此，我们将使用 Amazon DynamoDB 服务。设置该服务的步骤如下。

（1）访问以下网址。

https://console.aws.amazon.com/dynamodb/home?region=us-east-1

（2）单击 Create table（创建表）按钮。

（3）输入 Table name（表名称）为 SmartHome。

（4）对于 Primary key（主键），输入 ItemId。

（5）其他值保留默认即可，然后单击 Create（创建）。

此时的页面应如图 7-28 所示。

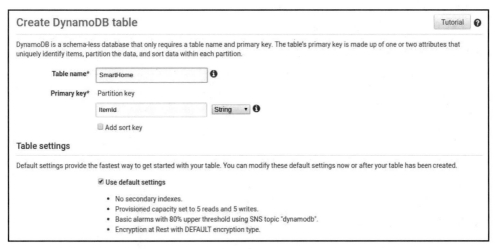

图 7-28

现在你可以转到 DynamoDB 仪表板中查看刚刚创建的表，当然，这可能需要一些时间。

7.7.9　为 AWS Lambda 函数部署代码

现在还剩下设置的最后一部分——为 AWS Lambda 函数提供逻辑的代码。转到 Lambda 函数配置页面并向下滚动到编辑器中。

此时可以看到编辑器有一个两栏界面：左侧栏显示 Lambda 函数存储中的文件，右侧则可以编辑这些文件，如图 7-29 所示。

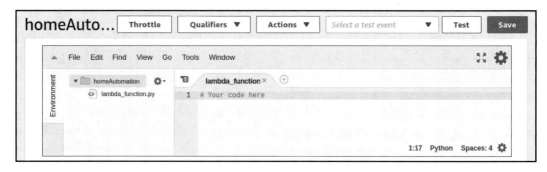

图 7-29

单击 lambda_function.py 开始编辑文件并执行以下操作。

（1）导入必要的模块。

为了使该函数正常工作，需要一些常用库的支持，导入语句如下。

```
import boto3
import json
import random
import uuid
import time
```

boto3 API 用于连接到 Amazon DynamoDB 实例。JSON 模块有助于为 Alexa 技能生成响应。其余模块则有助于生成响应。

（2）创建 AlexaResponse 类。

为了能够完全复制 Alexa 技能的预期响应格式，可以快速设置一个将为 Lambda 函数调用生成响应的辅助类。将其命名为 AlexaReponse，类的初始化显示在以下代码片段中。

```
class AlexaResponse:

    def __init__(self, **kwargs):

        self.context_properties = []
```

```
            self.payload_endpoints = []
            # 设置响应的结构
            self.context = {}
            self.event = {
                'header': {
                    'namespace': kwargs.get('namespace', 'Alexa'),
                    'name': kwargs.get('name', 'Response'),
                    'messageId': str(uuid.uuid4()),
                    'payloadVersion': kwargs.get('payload_version', '3')
                },
                'endpoint': {
                    "scope": {
                        "type": "BearerToken",
                        "token": kwargs.get('token', 'INVALID')
                    },
                    "endpointId": kwargs.get('endpoint_id', 'INVALID')
                },
                'payload': kwargs.get('payload', {})
            }

            if 'correlation_token' in kwargs:
                self.event['header']['correlation_token'] =
kwargs.get('correlation_token', 'INVALID')

            if 'cookie' in kwargs:
                self.event['endpoint']['cookie'] = kwargs.get('cookie', '{}')

            if self.event['header']['name'] == 'AcceptGrant.Response'
or self.event['header']['name'] == 'Discover.Response':
                self.event.pop('endpoint')
```

AlexaResponse 类的上述初始化方法设置了预期的输出格式和各种常量设置，如有效负载（payload）的版本号，以及输出对象的一些基本验证。

接下来，我们将创建添加内容属性的方法和另一种在响应中设置 cookie 的方法。

最后，添加另一种方法来设置有效负载端点。

```
def add_context_property(self, **kwargs):
self.context_properties.append(self.create_context_property(**kwargs))

def add_cookie(self, key, value):

    if "cookies" in self is None:
        self.cookies = {}
```

```
        self.cookies[key] = value

    def add_payload_endpoint(self, **kwargs):
        self.payload_endpoints.append(self.create_payload_endpoint(**kwargs))
```

（3）现在定义在步骤（2）中创建的 3 个处理程序方法。

步骤（2）中声明的方法依赖于它们自己的内部方法。它们主要是一些辅助函数，你可以通过研究 AWS Lambda 函数的响应主体的说明文档和 Alexa 技能来创建这些函数。在本章的代码库中也可以找到示例实现，具体如下。

```
def create_context_property(self, **kwargs):
    return {
        'namespace': kwargs.get('namespace', 'Alexa.EndpointHealth'),
        'name': kwargs.get('name', 'connectivity'),
        'value': kwargs.get('value', {'value': 'OK'}),
        'timeOfSample': get_utc_timestamp(),
        'uncertaintyInMilliseconds': kwargs.get('uncertainty_in_
milliseconds', 0)
    }

def create_payload_endpoint(self, **kwargs):
    # 返回端点所需的正确结构
    endpoint = {
        'capabilities': kwargs.get('capabilities', []),
        'description': kwargs.get('description', 'Sample Endpoint
Description'),
        'displayCategories': kwargs.get('display_categories', ['OTHER']),
        'endpointId': kwargs.get('endpoint_id', 'endpoint_' + "%0.6d" %
random.randint(0, 999999)),
        'friendlyName': kwargs.get('friendly_name', 'Sample Endpoint'),
        'manufacturerName': kwargs.get('manufacturer_name', 'Sample
Manufacturer')
    }

    if 'cookie' in kwargs:
        endpoint['cookie'] = kwargs.get('cookie', {})

        return endpoint

def create_payload_endpoint_capability(self, **kwargs):
    capability = {
        'type': kwargs.get('type', 'AlexaInterface'),
        'interface': kwargs.get('interface', 'Alexa'),
```

```
        'version': kwargs.get('version', '3')
    }
    supported = kwargs.get('supported', None)
    if supported:
        capability['properties'] = {}
        capability['properties']['supported'] = supported
        capability['properties']['proactivelyReported'] =
kwargs.get('proactively_reported', True)
        capability['properties']['retrievable'] =
kwargs.get('retrievable', True)
    return capability
```

（4）可设置从 AlexaResponse 类生成最终响应的方法。

我们创建了将所有不同部分（上下文、事件、有效负载、端点和 cookie）整合为单个对象的方法，它可以与 Alexa 技能交互。

```
def get(self, remove_empty=True):

    response = {
        'context': self.context,
        'event': self.event
    }

    if len(self.context_properties) > 0:
        response['context']['properties'] = self.context_properties

    if len(self.payload_endpoints) > 0:
        response['event']['payload']['endpoints'] = self.payload_endpoints

    if remove_empty:
        if len(response['context']) < 1:
            response.pop('context')

    return response

def set_payload(self, payload):
    self.event['payload'] = payload

def set_payload_endpoint(self, payload_endpoints):
    self.payload_endpoints = payload_endpoints

def set_payload_endpoints(self, payload_endpoints):
    if 'endpoints' not in self.event['payload']:
```

```
    self.event['payload']['endpoints'] = []

  self.event['payload']['endpoints'] = payload_endpoints
```

（5）AlexaResponse 类现已完成。接下来需要连接 DynamoDB 服务，代码如下。

```
aws_dynamodb = boto3.client('dynamodb')
```

（6）定义文件的主要方法和入口点——lambda_handler()方法。

```
def lambda_handler(request, context):

    # 请求的 JSON 转储
    print('Request: ')
    print(json.dumps(request))

    if context is not None:
        print('Context: ')
        print(context)
```

在上述代码中，声明了一个 lambda_handler()方法，该方法接收来自 Alexa 技能的请求和上下文对象。然后它对请求进行 JSON 转储，以便稍后可以从 Amazon CloudWatch 仪表板观察它。接下来，如果有任何内容附加到请求中，它会生成上下文的转储。

```
# 验证是否有 Alexa 指令
if 'directive' not in request:
    aer = AlexaResponse(
        name='ErrorResponse',
        payload={'type': 'INVALID_DIRECTIVE',
                 'message': 'Missing key: directive, Is the request
a valid Alexa Directive?'})
    return send_response(aer.get())
```

上述代码验证请求中是否包含有效的 Alexa 指令，如果没有找到，则会生成一条错误消息并将其作为响应发回。请注意此处 AlexaResponse 类对象的用法。我们将来会使用它来从该脚本中生成响应。

```
# 检查 payload 版本
payload_version = request['directive']['header']['payloadVersion']
if payload_version != '3':
    aer = AlexaResponse(
        name='ErrorResponse',
        payload={'type': 'INTERNAL_ERROR',
                 'message': 'This skill only supports Smart Home API
```

```
version 3'})
    return send_response(aer.get())
```

类似地,这里进行了另一项检查以确保请求的有效负载版本为 3。这是因为我们的程序只是为 Alexa 的 Smart Home API 版本 3 开发的。

（7）打开请求,看看请求的是什么。

```
name = request['directive']['header']['name']
namespace = request['directive']['header']['namespace']
```

（8）基于 namespace 处理来自 Alexa 的传入请求。请注意,此示例接收任何授权请求（Grant Request）,但在你的实现中,将使用代码和令牌来获取和存储访问令牌。

```
if namespace == 'Alexa.Authorization':
    if name == 'AcceptGrant':
        grant_code = request['directive']['payload']['grant']['code']
        grantee_token =
request['directive']['payload']['grantee']['token']
        aar = AlexaResponse(namespace='Alexa.Authorization',
name='AcceptGrant.Response')
        return send_response(aar.get())
```

上述代码使用了 if 语句来处理 Alexa 授权请求。

（9）对于发现（Discovery）动作和关闭电源开关的动作,可使用以下代码。

```
if namespace == 'Alexa.Discovery':
    if name == 'Discover':
        adr = AlexaResponse(namespace='Alexa.Discovery',
name='Discover.Response')
        capability_alexa = adr.create_payload_endpoint_capability()
        capability_alexa_powercontroller =
adr.create_payload_endpoint_capability(
            interface='Alexa.PowerController',
            supported=[{'name': 'powerState'}])
        adr.add_payload_endpoint(
            friendly_name='Sample Switch',
            endpoint_id='sample-switch-01',
            capabilities=[capability_alexa,
capability_alexa_powercontroller])
        return send_response(adr.get())
    if namespace == 'Alexa.PowerController':
        endpoint_id = request['directive']['endpoint']['endpointId']
        power_state_value = 'OFF' if name == 'TurnOff' else 'ON'
```

```
        correlation_token =
request['directive']['header']['correlationToken']
```

本示例始终为 TurnOff 或 TurnOn 请求返回 success 响应。

（10）在设置状态时检查错误。

```
        state_set = set_device_state(endpoint_id=endpoint_id,
state='powerState', value=power_state_value)
        if not state_set:
            return AlexaResponse(
                name='ErrorResponse',
                payload={'type': 'ENDPOINT_UNREACHABLE', 'message':
'Unable to reach endpoint database.'}).get()

        apcr = AlexaResponse(correlation_token=correlation_token)
apcr.add_context_property(namespace='Alexa.PowerController',
name='powerState', value=power_state_value)
        return send_response(apcr.get())
```

（11）提取指令名称和指令的命名空间，以确定要发回的响应类型。根据发送的指令，生成不同的响应并最终使用 AlexaResponse 类对象发送。

（12）注意前面代码中的 send_response()方法的用法。我们需要定义该方法。它的任务是以 JSON 格式发送 AlexaResponse 对象并将其记录在 Amazon CloudWatch 中以供观察。

```
def send_response(response):
    print('Response: ')
    print(json.dumps(response))
    return response
```

（13）更新与设备状态相关的方法。由于我们使用的是 Alexa 为示例开关设备构建自动化，因此需要维护开关的状态信息。为此，我们将其状态存储在 DynamoDB 中。另外，还可以为此添加一个更新方法，具体代码如下。

```
def set_device_state(endpoint_id, state, value):
    attribute_key = state + 'Value'
    response = aws_dynamodb.update_item(
        TableName='SmartHome',
        Key={'ItemId': {'S': endpoint_id}},
        AttributeUpdates={attribute_key: {'Action': 'PUT', 'Value':
{'S': value}}})
    print(response)
    if response['ResponseMetadata']['HTTPStatusCode'] == 200:
```

```
        return True
    else:
        return False
```

接下来，我们将测试 Lambda 函数。

7.7.10　测试 Lambda 函数

现在可以检查 Lambda 函数是否能正确响应。为此，必须通过以下步骤在 Lambda 函数的仪表板中创建一个测试。

（1）在已经创建的函数的 Lambda 函数页面上，单击右上角的 Test（测试）按钮。

（2）此时将出现一个对话框，其中包含编写新测试或使用现有测试的选项。选择 Create new test event（创建新测试事件）选项。

（3）在 Event template（事件模板）下拉列表中，确保选择了 Hello World。

（4）提供 Event name（事件名称）为 directiveDiscovery。

（5）在编辑器中输入以下 JSON。

```
{
  "directive": {
    "header": {
      "namespace": "Alexa.Discovery",
      "name": "Discover",
      "payloadVersion": "3",
      "messageId": "1bd5d003-31b9-476f-ad03-71d471922820"
    },
    "payload": {
      "scope": {
        "type": "BearerToken",
        "token": "access-token-from-skill"
      }
    }
  }
}
```

此时你的屏幕应大致如图 7-30 所示。

（6）向下滚动并单击 Create（创建）按钮。

（7）返回 Lambda 函数仪表板后，在右上角的下拉列表中选择 directoryDiscover 测试。

（8）单击 Test（测试）按钮。

完成上述操作后，测试将显示响应状态和 Lambda 函数的响应。可以在 Lambda 函数仪表板顶部的页面上看到结果，如图 7-31 所示。

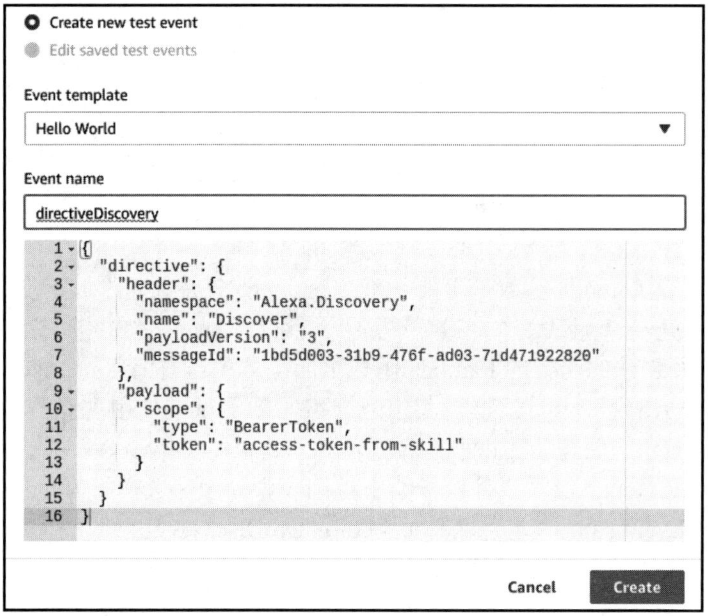
Create new test event
Edit saved test events
Event template
Hello World
Event name
directiveDiscovery
{
"directive": {
"header": {
"namespace": "Alexa.Discovery",
"name": "Discover",
"payloadVersion": "3",
"messageId": "1bd5d003-31b9-476f-ad03-71d471922820"
},
"payload": {
"scope": {
"type": "BearerToken",
"token": "access-token-from-skill"
}
}
}
}
Cancel
Create

图 7-30

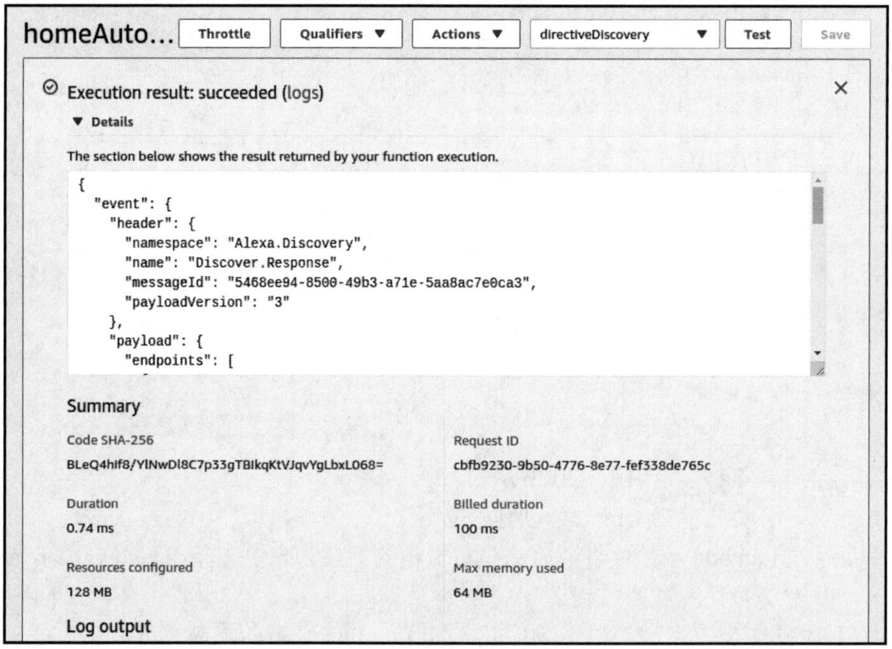
homeAuto...
Throttle
Qualifiers
Actions
directiveDiscovery
Test
Save
Execution result: succeeded (logs)
Details
The section below shows the result returned by your function execution.
{
"event": {
"header": {
"namespace": "Alexa.Discovery",
"name": "Discover.Response",
"messageId": "5468ee94-8500-49b3-a71e-5aa8ac7e0ca3",
"payloadVersion": "3"
},
"payload": {
"endpoints": [
Summary
Code SHA-256
BLeQ4hif8/YlNwDl8C7p33gTBlkqKtVJqvYgLbxL068=
Request ID
cbfb9230-9b50-4776-8e77-fef338de765c
Duration
0.74 ms
Billed duration
100 ms
Resources configured
128 MB
Max memory used
64 MB
Log output

图 7-31

如果测试失败，请确保你已按照上述步骤仔细操作，并确认不同服务所在的区域相同。

7.7.11　测试 AWS Home Automation 技能

作为该项目的最后阶段，现在可以在 Alexa Test 模拟器中测试我们的技能。
具体操作步骤如下。

（1）访问以下网址并登录。

https://alexa.amazon.com

（2）单击左侧菜单中的 Skills（技能）。

（3）单击页面右上角的 Your Skills（你的技能）。

（4）单击 DEV SKILL（开发技能）选项卡。

（5）单击 HomeAutomationSkill。你应该看到如图 7-32 所示的屏幕。

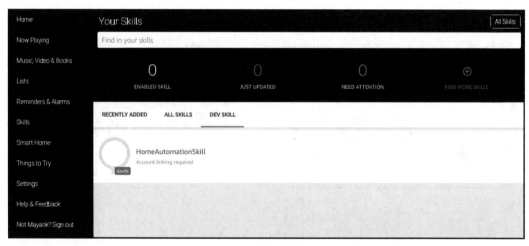

图 7-32

（6）单击 Enable（启用）按钮。系统会要求你授予对开发者账户的访问权限。

（7）返回 Alexa 开发人员控制台并单击 Discover devices（发现设备）。一个名为 Sample Switch（示例开关）的新设备将显示为可用，如图 7-33 所示。

（8）转到 HomeAutomation 技能的 Alexa Skills Kit（Alexa 技能工具包）开发页面上的 Test（测试）选项卡。

（9）在 Alexa Simulator（Alexa 模拟器）中，输入 alexa, turn on the sample switch。如果请求被接收，那么你将收到来自 Alexa 的响应，即 OK，如图 7-34 所示。

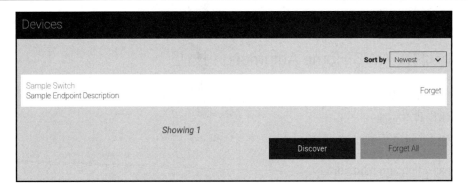

图 7-33

要检查该技能是否真正起作用，可以转到你的 DynamoDB 表 SmartHome 并切换到表的 Items（项目）选项卡中。此时你应该能够看到如图 7-35 所示的记录。

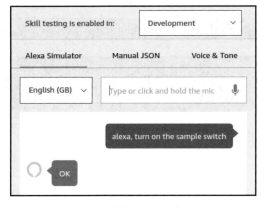

图 7-34

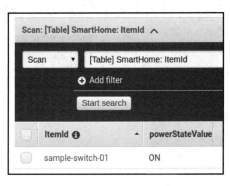

图 7-35

恭喜你在 Alexa 中成功构建简单的 Home Automation 技能！你可以使用此技能，也可以为 Alexa 建立自己的 Home Automation 技能。当然，如果要向更广泛的受众发布你的自定义技能，请遵循以下网址文档中提供的建议。

https://developer.amazon.com/docs/alexa-for-business/create-and-publish-private-skills.html

7.8　小　　结

本章介绍了如何使用 AWS 的 Python API——boto3。

我们讨论了使用该 API 的各种选项和配置要求,并演示了如何将其与 Rekognition API 结合使用以识别图像中的名人。

本章深入研究了如何为家庭自动化创建 Alexa 技能,以完成打开/关闭家用设备电源开关的简单任务。这可以被轻松地推广到其他智能家居设备上。我们演示了如何在 AWS Lambda 上托管 Alexa 技能逻辑,并通过 AWS CloudWatch 进行观察。我们还探讨了 Amazon DynamoDB 中动态设备数据的存储。

第 8 章将介绍使用 Python 在 Microsoft Azure 平台上进行深度学习。

第 8 章　使用 Python 在 Microsoft Azure 上进行深度学习

本章将结束云 API 探索之旅。到目前为止，你应该已经了解了 API 的好处，特别是能让开发人员轻松进行深度学习的 API。我们已经演示了如何使用 REST API 并以编程方式使用它们。

与 Google 云平台（GCP）和 Amazon Web Services（AWS）一样，Microsoft 也提供了自己的云服务平台，称为 Azure。与前几章一样，我们将只关注 Azure 提供的基于深度学习的解决方案。稍有不同的是，我们还将讨论 Microsoft 的 Computational Network Toolkit（CNTK），它是一个类似于 Keras 的深度学习框架。

本章包含以下主题。
❑　设置 Azure 账户。
❑　Azure 提供的深度学习解决方案。
❑　在 Python 中使用 Face API。
❑　在 Python 中使用 Text Analytics API。
❑　关于 CNTK。

8.1　技 术 要 求

本章代码网址如下。

https://github.com/PacktPublishing/Hands-On-Python-Deep-Learning-for-Web/tree/master/Chapter8

要运行本章代码，需要以下软件。
❑　Python 3.6+。
❑　Python PIL 库。
❑　Matplotlib 库。
在后面的具体小节中还将介绍其他软件包的安装，如 CNTK 和 Django。

8.2　设置 Azure 账户

根据之前使用 Google 云平台（GCP）和亚马逊 AWS 的经验，你应该已经意识到，使用 Microsoft Azure 云平台的第一步操作必然是设置账户和计费。这是一个非常标准的工作流程，Azure 也不例外。因此，我们访问以下网址。

https://azure.microsoft.com

然后按照以下步骤操作。

（1）单击左侧 Start free（免费开始）按钮，如图 8-1 所示。

图 8-1

ℹ️ **注意：**

你需要一个 Microsoft 账户才能继续执行以下步骤。因此，如果没有的话，请访问以下网址并创建一个 Microsoft 账户。

https://account.microsoft.com/account

（2）你将被重定向到另一个页面中，在该页面中你将再次看到另一个 Start free（免费开始）按钮，如图 8-2 所示，单击该按钮。

图 8-2

（3）系统将要求你登录 Microsoft 账户以继续操作，如图 8-3 所示。

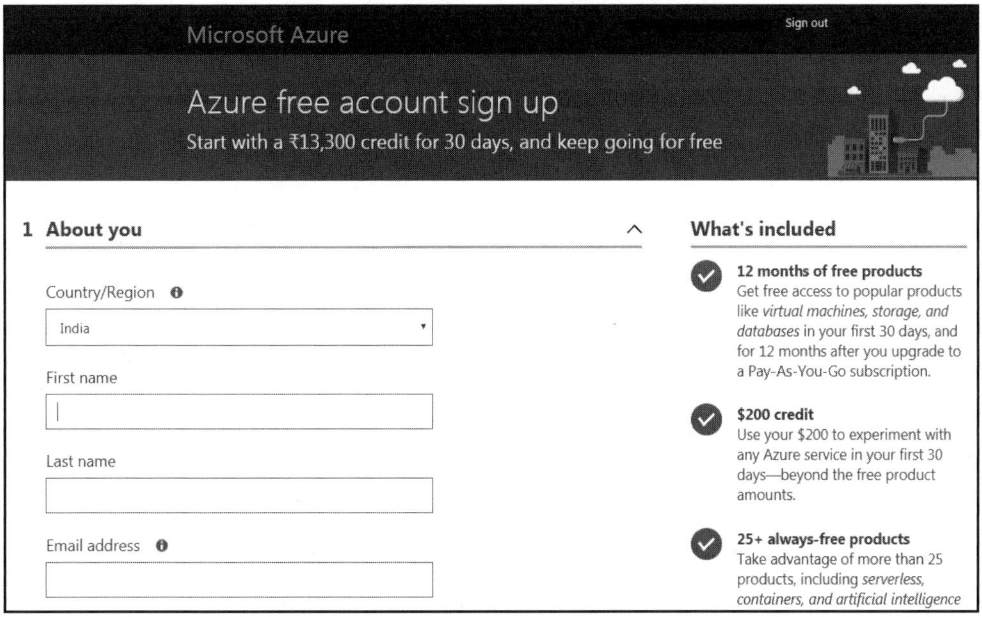

图 8-3

如果你是第一次使用，则将获得 200 美元的免费信用额度 30 天，以探索 Azure 提供的不同服务。

（4）填写你的详细信息，其中包括通过卡验证你的身份。

你可能会为此支付一些象征性的费用。请务必查看 Azure 免费套餐的条款和条件，你可以在以下网址上找到这些条款和条件。

https://azure.microsoft.com/en-in/offers/ms-azr-0003p/

完成此过程后，你就已完成设置并可转到 Azure 门户，其网址如下。

https://portal.azure.com

该门户网站的作用与你在前几章中看到的 GCP 和 AWS 控制台相同。

Azure 门户如图 8-4 所示。

在设置了 Azure 账户之后，接下来，我们将探索 Azure 基于深度学习的产品。

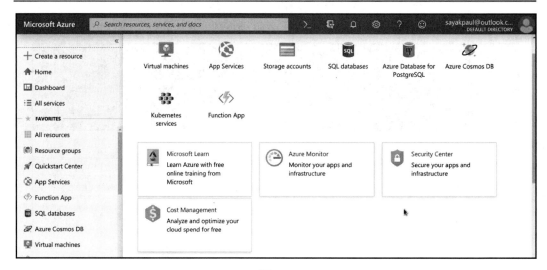

图 8-4

8.3　Azure 提供的深度学习服务

Azure 基于深度学习（和通用机器学习）的产品大致分为以下 3 个部分。

❏　Azure 机器学习服务。提供端到端的机器学习生命周期，包括模型构建、训练和部署。其网址如下。

https://azure.microsoft.com/en-in/services/machine-learning-service/

该页面如图 8-5 所示。

❏　机器学习 API：为广泛的学习任务提供 API，如内容审核、翻译、异常检测等。其网址如下。

https://gallery.azure.ai/machineLearningAPIs

该页面如图 8-6 所示。

❏　Azure AI：专注于诸如知识挖掘（knowledge mining）和决策挖掘（decision mining）之类的主题，以及计算机视觉和语言建模领域的许多其他类似机器学习的功能。其网址如下。

https://azure.microsoft.com/en-in/overview/ai-platform/

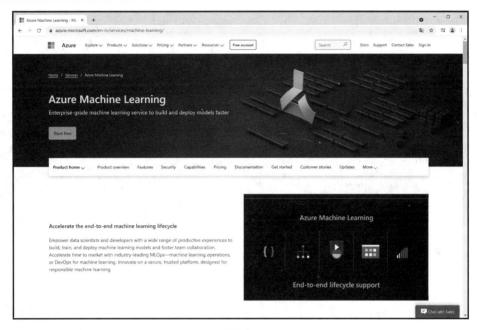

图 8-5

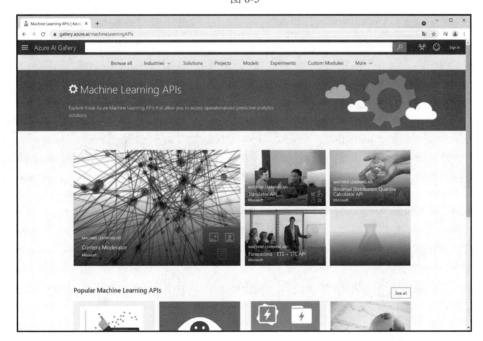

图 8-6

该页面如图 8-7 所示。

图 8-7

接下来，我们将分别研究用于计算机视觉任务和自然语言理解任务的两个 API。我们还将讨论如何在 Python 中使用这些 API。

8.4　使用 Face API 和 Python 进行对象检测

对象检测（object detection，也称为目标检测）是计算机视觉的经典用例，广泛应用于许多现实世界的问题，如视频监控系统。本节将使用 Face API 从给定图像中检测人脸。这在设计视频监控系统时可以直接使用。有关 Face API 的更多信息，可访问以下网址。

https://azure.microsoft.com/en-us/services/cognitive-services/face/

8.4.1　初始设置

Azure 允许你在 7 天内免费试用此 API。但是由于你已经有一个 Azure 账户（假设你有免费信用），则可以用另一种方式来操作，具体如下。

（1）登录你的 Azure 账户。

（2）访问以下网址。

https://azure.microsoft.com/en-us/services/cognitive-services/face/

（3）单击 Already using Azure? Try this service for free now（已在使用 Azure？立即免费试用此服务）。

现在应该会出现一个对话框，如图 8-8 所示。

图 8-8

（4）相应地填写详细信息，完成后单击 Create（创建）按钮，将会弹出一个对话框，上面写着 Submitting deployment（正在提交部署）。

部署完成后，会出现一个如图 8-9 所示的页面。

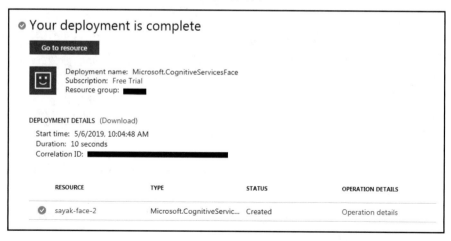

图 8-9

（5）单击 Go to resource（转到资源页面）按钮，你应该被重定向到资源页面，其中包含一堆详细信息，如图 8-10 所示。

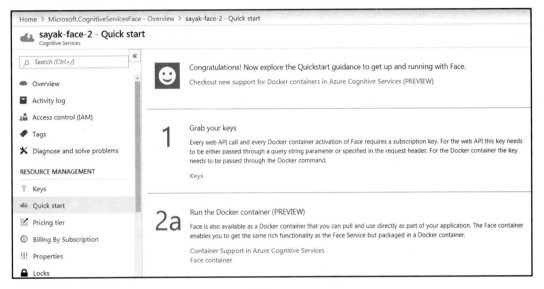

图 8-10

稍微向下滚动，你就可以看到 Face API 的端点。请注意，它会根据你在创建部署时输入的配置详细信息而有所不同。该端点看起来应该如下所示。

https://eastus.api.cognitive.microsoft.com/face/v1.0

记住该端点。

现在，为了能够以编程方式使用 Face API，还需要创建相应的 API 密钥。在同一页面的顶部有一个部分写着 Grab your keys（获取你的密钥），如图 8-11 所示。

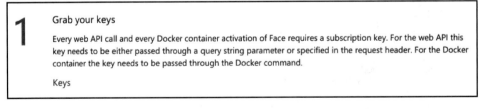

图 8-11

（6）在该部分下，单击 Keys（密钥），你将看到如图 8-12 所示的内容。

现在你已经拥有 Face API 的 API 密钥，可以开始使用它了。

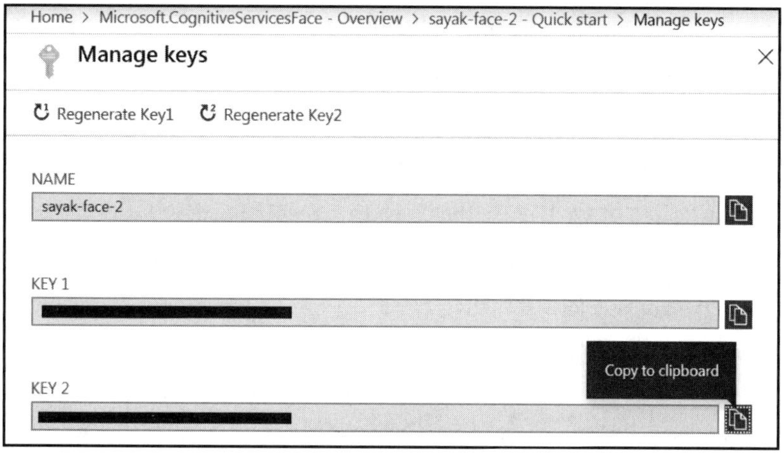

Home > Microsoft.CognitiveServicesFace - Overview > sayak-face-2 - Quick start > Manage keys

🔑 **Manage keys**　　　　　　　　　　　　　　　　　　　　　　　×

↻ Regenerate Key1　↻ Regenerate Key2

NAME

sayak-face-2

KEY 1

　　　　　　　　　　　　　　　　　　　　　　　　　　Copy to clipboard

KEY 2

图 8-12

8.4.2　在 Python 代码中使用 Face API

当你的程序包含安全凭证（如 API 密钥）时，将这些密钥定义为环境变量，然后在你的程序中调用它们通常是一种很好的做法。因此，本示例将创建一个环境变量来存储 Face API 的 API 密钥之一。

🛈 **注意：**

要将环境变量添加到计算机中，可以按照以下网址中的文章进行操作。

https://www.twilio.com/blog/2017/01/how-to-set-environment-variables.html

本示例将环境变量命名为 face_api_key。你可以将任何包含人脸的图像放入其中，图 8-13 是本示例将使用的图片。

图 8-13

现在创建一个新的 Jupyter Notebook 并按照以下步骤操作。

（1）使用 Python 加载环境变量，具体代码如下。

```
import os
face_api_key = os.environ['face_api_key']
```

（2）将你的 Face API 端点（用于对象检测）分配给一个变量。

（3）另外，别忘记将你要测试的图像上传到在线文件服务器（如 Imgur）中，并找到允许从 Imgur 中获取原始图像的 URL。

在本示例中，作者已将图像上传到 GitHub 存储库中，并使用了相应的 URL。

```
face_api_url =
'https://eastus.api.cognitive.microsoft.com/face/v1.0/detect'

image_url=
'https://raw.githubusercontent.com/PacktPublishing/Hands-On-Python-
Deep-Learning-for-Web/master/Chapter8/sample_image.jpg'
```

请注意，在上述 API 中，只有 URL 末尾的端点名称发生了变化。在大多数情况下，端点名称之前的部分将在你使用 Cognitive 服务的整个过程中保持不变，除非 Azure 平台本身需要进行修改。

（4）导入 requests 模块并设置 API 负载，如下所示。

```
import requests
params = {
'returnFaceId': 'true',
'returnFaceLandmarks': 'false',
'returnFaceAttributes': 'age,gender',
}
```

（5）现在可以向 Face API 发出请求，代码如下。

```
# 定义标头参数
headers = { 'Ocp-Apim-Subscription-Key': face_api_key
}
# 定义主体参数
params = {
'returnFaceId': 'true',
'returnFaceLandmarks': 'false',
'returnFaceAttributes': 'age,gender',
}
```

（6）显示从 API 收到的响应。

```
# 调用 API
response = requests.post(face_api_url, params=params,
headers=headers, json={"url": image_url})
# 获取响应并记录日志
faces = response.json()
print('There are {} faces im the given
image'.format(str(len(faces))))
```

在本示例中，返回的代码如下。

```
There are 2 faces in the given image
```

注意 returnFaceAttributes 主体参数，它允许你指定人脸的若干个属性，Face API 将根据这些属性分析给定的人脸。要了解有关这些属性的更多信息，可访问以下网址。

http://bit.ly/2J3j6nM

8.4.3　可视化识别结果

在从 API 获得识别结果之后，可以通过可视化的方式，将响应嵌入图像中。本示例将在图像中显示检测到的人脸的可能性别和可能年龄。可使用 Matplotlib、PIL 和 io 库执行此操作。

我们将使用 Jupyter Notebook 处理本节代码。先从导入库开始。

```
%matplotlib inline #仅适用于 Jupyter Notebook
import matplotlib.pyplot as plt
from PIL import Image
from matplotlib import patches
from io import BytesIO
```

要将从 API 中返回的响应以叠加方式显示在图像上，可使用以下方法。
（1）存储 API 响应。

```
response = requests.get(image_url)
```

（2）从响应内容中创建图像。

```
image = Image.open(BytesIO(response.content))
```

（3）创建一个空白图形。

```
plt.figure(figsize=(8,8))
```

（4）显示用响应创建的图像。

```
ax = plt.imshow(image, alpha=0.6)
```

（5）在 8.4.2 节指定的 face 上进行迭代，并提取必要的信息。

```
for face in faces:
 # 提取信息
 fr = face["faceRectangle"]
 fa = face["faceAttributes"]
 origin = (fr["left"], fr["top"])
 p = patches.Rectangle(origin, fr["width"], fr["height"],
fill=False, linewidth=2, color='b')
 ax.axes.add_patch(p)
 plt.text(origin[0], origin[1], "%s, %d"%(fa["gender"].capitalize(),
fa["age"]), fontsize=20, weight="bold", va="bottom")
 # 关闭轴
 _ = plt.axis("off")
plt.show()
```

输出结果如图 8-14 所示。

图 8-14

你还可以尝试使用 API 提供的其他参数。

接下来，我们将探索 Azure 平台的自然语言理解（natural language understanding，NLU）API。

8.5　使用 Text Analytics API 和 Python 提取文本信息

无论是有意还是无意，你都应该遇到过一些自然语言处理用例。无论是自动更正、下一个单词建议还是语言翻译，这些用例都非常重要，可能构成某些产品的核心功能。本节将使用 Text Analytics API 从给定的文本片段中提取有意义的信息。有关该 API 的详细介绍，可访问以下网址。

https://azure.microsoft.com/en-us/services/cognitive-services/text-analytics/

8.5.1　快速试用 Text Analytics API

在上面的链接中，你可以免费试用 Text Analytics API 并查看其功能。例如，我输入了短语 I want to attend NeurIPS someday and present a paper there（我想某一天参加 NeurIPS 并在该会议上提交一篇论文），Text Analytics API 从中提取了 4 个有意义的信息，如图 8-15 所示。

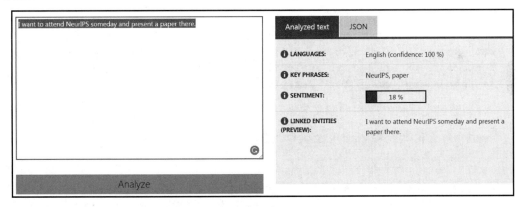

图 8-15

可以看到，该 API 准确地从短语中提取了所有关键信息。

接下来，我们将演示如何使用 Python 以编程方式执行此操作。设置步骤与前面的步骤完全相同。你可以访问以下网址并按照其指示操作。

https://portal.azure.com/#create/Microsoft.CognitiveServicesTextAnalytics

在获得使用 Text Analytics API 的相应 API 密钥后，还要注意记下相应的端点。端点的开头部分如下。

https://eastus.api.cognitive.microsoft.com/text/analytics/v2.0

注意，这个 URL 不能单独工作，它需要有一个后缀指向要调用的正确方法。

8.5.2　在 Python 代码中使用 Text Analytics API

本节将演示如何在 Python 代码中使用 Text Analytics API。

具体操作步骤如下。

（1）导入需要的库。

```
import requests
import os
from pprint import pprint
```

（2）从环境变量中加载 Text Analytics API 的 API 密钥。

```
api_key = os.environ['text_api_key']
```

（3）指定几个 URL 来存储 API 端点。

```
text_analytics_base_url = \
'https://eastus.api.cognitive.microsoft.com/text/analytics/v2.0'
language_api_url = text_analytics_base_url + "/languages"
sentiment_api_url = text_analytics_base_url + "/sentiment"
key_phrase_api_url = text_analytics_base_url + "/keyPhrases"
```

（4）通过提供 API 密钥来定义 headers 参数。

```
headers = {"Ocp-Apim-Subscription-Key": api_key}
```

（5）另外还需要定义主体参数。

```
documents = { 'documents': [
{ 'id': '1', 'text': 'I want to attend NeurIPS someday and present
a paper there.' }
]}
```

（6）现在可以调用 Text Analytics API。首先从检测语言开始。

```
response = requests.post(language_api_url, headers=headers,
json=documents)
language = response.json()
pprint(language)
```

得到相应的响应，如图 8-16 所示。

```
{'documents': [{'detectedLanguages': [{'iso6391Name': 'en',
                                        'name': 'English',
                                        'score': 1.0}],
                'id': '1'}],
 'errors': []}
```

图 8-16

在图 8-16 中使用红色方框突出显示了语言。

现在可以继续进行情感分析部分。

```
response = requests.post(sentiment_api_url, headers=headers,
json=documents)
sentiment = response.json()
pprint(sentiment)
```

显示的情绪分数如图 8-17 所示。

```
{'documents': [{'id': '1', 'score': 0.17243406176567078}], 'errors': []}
```

图 8-17

可以看到，此处使用的短语既不包含正面情绪也不包含负面情绪，因此获得的是这个分数。

现在从给定的文本中提取关键短语。

```
response = requests.post(key_phrase_api_url, headers=headers,
json=documents)
phrases = response.json()
print(phrases)
```

关键短语的输出如图 8-18 所示。

```
{'documents': [{'id': '1', 'keyPhrases': ['NeurIPS', 'paper']}], 'errors': []}
```

图 8-18

请注意端点相对于任务发生的变化。要详细了解上述示例中使用的端点的不同参数，可访问以下网址。

http://bit.ly/2JjLRfi

8.6　关于 CNTK

CNTK 是 Microsoft 出品的开源深度学习工具包。该框架是开放神经网络交换（open neural network exchange，ONNX）格式计划的一部分，ONNX 允许在不同的神经工具包框架之间轻松转换模型。

CNTK 框架负责 Microsoft 软件和平台上的大部分深度学习生产工作负载。该框架于 2016 年推出，一直是 TensorFlow、PyTorch 等流行框架的竞争者。该框架是完全开源的，其网址如下。

https://github.com/microsoft/CNTK

CNTK 可为企业服务（如 Cortana 和 Bing）和广告（如 Skype Translate、Microsoft Cognitive Services 等）提供支持。事实证明，它在多个应用程序中的运行速度比 TensorFlow 和 PyTorch 等竞争对手要快。

本节将介绍 CNTK 的一些基础知识，然后继续创建一个 Django 应用程序，将基于 CNTK 的模型移植到 Web 上。

8.6.1　CNTK 入门

CNTK 是最容易上手的框架之一，这要归功于其简单的语法和无须使用会话（session）概念的工作能力，这和 TensorFlow 是一样的，当然也让很多初学者感到困惑。

接下来，我们将介绍如何在本地机器或 Google Colaboratory 上设置 CNTK。

8.6.2　在本地机器上安装 CNTK

CNTK 框架支持 64 位和 32 位架构的机器。但是，在编写本书时，它仅支持 Python 版本最高为 3.6 的版本。你可以访问以下网址验证最新支持的版本。

https://pypi.org/project/cntk/

此外，CNTK 目前无法作为 macOS 上的内置二进制文件使用。

要安装该框架，可以使用 pip 包管理器或使用 Anaconda 上的已编译二进制文件进行安装。

假设你已经搭建了一个 Python 环境，则可以使用以下命令在 Windows 和 Linux 上安装 CNTK。

❑　如果没有 Anaconda，则对 CPU 版本使用以下命令。

```
# 对于 CPU 版本
pip install cntk
```

❑　对支持 GPU 的版本使用以下命令。

```
# 对于支持 GPU 的版本
pip install cntk-gpu
```

❑　在已启用 Anaconda 的机器上，可使用以下命令安装 CNTK 框架。

```
pip install <url>
```

上述命令中的<url>可以从 CNTK 网站获得。其网址如下。

http://tiny.cc/cntk

以下是在已启用 Anaconda 的机器上安装 CNTK 的一个命令示例。

```
pip install
https://cntk.ai/PythonWheel/CPU-Only/cntk-2.6-cp35-cp35m-win_amd64.whl
```

接下来，我们将介绍如何在 Google Colaboratory 上安装 CNTK。

8.6.3　在 Google Colaboratory 上安装 CNTK

默认情况下，CNTK 框架在 Google Colaboratory 平台上不可用，因此必须与其他所需的模块一起安装。要在 Google Colaboratory 运行时上安装 CNTK，请在脚本顶部使用以下命令。

```
!apt-get install --no-install-recommends openmpi-bin libopenmpi-dev
libopencv-dev python3-opencv python-opencv && ln -sf /usr/lib/x86_64-
linux-gnu/libmpi_cxx.so /usr/lib/ x86_64-linux-gnu/libmpi_cxx.so.1 && ln -sf
/usr/lib/x86_64-linux-gnu/openmpi/lib/libmpi.so /usr/lib/x86_64-linux-gnu/
openmpi/lib/libmpi.so.12 && ln -sf /usr/lib/x86_64-linux -gnu/libmpi.so
/usr/lib/x86_64-linux-gnu/libmpi.so.12 && pip install cntk
```

ⓘ注意：

上面的命令是单行命令。如果将其分成多行，则应确保将所需的更改添加到命令中。

上述步骤成功运行之后，在 Google Colaboratory 运行时中即不再需要使用此命令。因此，该命令可以在程序的未来运行中注释掉。

一般是通过 C 别名将 CNTK 导入 Python 项目中。因此，可使用以下代码将库导入项目中。

```
import cntk as C
```

可使用以下代码行检查安装的 CNTK 的版本。

```
print(C.__version__)
```

将 CNTK 导入项目中后，即可开始创建深度学习模型。

8.6.4　创建 CNTK 神经网络模型

本节将完成创建预测神经网络之前所需的步骤，然后再创建神经网络本身。

请按以下步骤操作。

（1）将必要的模块导入项目中。

```
import matplotlib.pyplot as plt
%matplotlib inline

import numpy as np
from sklearn.datasets import fetch_openml
import random

import cntk.tests.test_utils
from sklearn.preprocessing import OneHotEncoder

import cntk as C          # 如果你在 8.6.3 节的操作步骤中未执行此语句
```

sklearn 模块的 fetch_openml()方法可帮助我们将本示例中使用的数据集直接下载到项目中，即 MNIST Handwritten Digits 数据集。OneHotEncoder()方法则用于标签的独热编码。

（2）设置程序执行过程中需要的几个常量。

```
num_samples = 60000
batch_size = 64
learning_rate = 0.1
```

上述参数表明，我们将对 60000 个样本进行训练，初始学习率为 0.1。这个学习率可以在训练期间动态更新。

（3）创建一种方法，为训练生成随机的 mini-batch。

```
class Batch_Reader(object):
    def __init__(self, data , label):
```

```
        self.data = data
        self.label = label
        self.num_sample = data.shape[0]

    def next_batch(self, batch_size):
        index = random.sample(range(self.num_sample), batch_size)
        return
self.data[index,:].astype(float),self.label[index,:].astype(float)
```

上述方法每次调用生成的批与步骤（2）中设置的大小相等——在本示例中，每一批有 64 个样本。这些样本是从数据集中随机抽取的。

（4）需要获取数据集，这可以使用以下代码行。

```
mnist = fetch_openml('mnist_784')
```

在获取数据后，可以将其分为训练数据集和测试数据集，如下所示。

```
train_data = mnist.data[:num_samples,:]
train_label = mnist.target[:num_samples]
test_data = mnist.data[num_samples:,:]
test_label = mnist.target[num_samples:]
```

（5）数据集中的标签在输入训练模型之前需要进行独热编码（one-hot encoding）。要执行此操作，可使用以下代码。

```
enc = OneHotEncoder()
enc.fit(train_label[:,None])
train_encoded = enc.transform(train_label[:,None]).toarray()
```

（6）为训练批次生成器创建一个生成器对象，如下所示。

```
train_reader = Batch_Reader(train_data, train_encoded)
```

（7）快速对 test 数据集执行上述步骤。

```
enc = OneHotEncoder()
enc.fit(test_label[:,None])
test_encoded = enc.transform(test_label[:,None]).toarray()

test_reader = Batch_Reader(test_data, test_encoded)
```

（8）创建一个 CNTK 神经网络模型。首先定义一些常量，如下所示。

```
dimensions = 784
classes = 10
```

```
hidden_layers = 3
hidden_layers_neurons = 400
```

本示例将输入数据的维度定义为 784。在第 3 章"创建第一个深度学习 Web 应用程序"中，即使用了 MNIST 数据集。MNIST 数据集中的图像以包含 28×28 值的单维数组格式存储，范围为 0～255。这些图像属于 10 个不同的类，对应于阿拉伯数字系统中的每个数字（0～9）。我们保留了 3 个隐藏层，每个隐藏层中有 400 个神经元。

（9）创建两个 CNTK 输入变量以在创建模型时使用。这是 CNTK 最重要的概念之一。

```
input = C.input_variable(dimensions)
label = C.input_variable(classes)
```

CNTK 中的 input 变量本质上是在模型训练和评估或测试期间用来填充样本的占位符。数据集输入的形状必须与此步骤中 input 变量声明中声明的维度完全匹配。

值得一提的是，很多人将 input 的维度与数据集具有的特征数量混淆了。具有 N 个特征和 M 个样本的数据集具有(M, N)形状，因此该数据集的维度仅为 2。

```
def create_model(features):
    with C.layers.default_options(init = C.layers.glorot_uniform(),
activation = C.ops.relu):

        hidden_out = features

        for _ in range(hidden_layers):
            hidden_out =
C.layers.Dense(hidden_layers_neurons)(hidden_out)

        network_output = C.layers.Dense(classes, activation =
None)(hidden_out)
        return network_output
```

（10）创建 create_model()方法，将输入的特征作为参数。

首先，为模型设置默认值以使用均匀分布的值初始化权重和其他值。默认激活函数被设置为 ReLU。

第一层包含特征本身，最后一层包含一个维度等于分类数的向量。中间的所有层都包含一个全连接网络，其中有 3 个隐藏层，每个隐藏层有 400 个神经元，另外还有一个 ReLU 激活函数。

```
model = create_model(input/255.0)
```

最后，可使用前面定义的 create_model() 函数创建模型。input 除以 255 将为数据集提供归一化，即将图像数组中的值限制为 0～1。

8.6.5　训练 CNTK 模型

在创建模型之后，即可训练模型并使其学习预测。为此，需要使用 CNTK 模型对象并拟合数据集中的样本。我们可以同时记录 loss 和其他评估指标。

请按以下步骤来训练模型。

（1）为 loss 和分类错误创建占位符。

```
loss = C.cross_entropy_with_softmax(model, label)
label_error = C.classification_error(model, label)
```

（2）为 CNTK 框架设置一个 trainer 对象，用于执行实际训练。

```
lrs = C.learning_rate_schedule(learning_rate, C.UnitType.minibatch)
learner = C.sgd(model.parameters, lrs)
trainer = C.Trainer(model, (loss, label_error), [learner])
```

（3）开始执行训练。

```
epochs = 10
num_iters = (num_samples * epochs) / batch_size

for i in range(int(num_iters)):

    batch_data, batch_label =
train_reader.next_batch(batch_size=batch_size)

    arguments = {input: batch_data, label: batch_label}
    trainer.train_minibatch(arguments=arguments)

    if i % 1000 == 0:
        training_loss = False
        evalaluation_error = False
        training_loss = trainer.previous_minibatch_loss_average
        evalaluation_error =
trainer.previous_minibatch_evaluation_average
        print("{0}: , Loss: {1:.3f}, Error: {2:.2f}%".format(i,
training_loss, evalaluation_error * 100))
```

可以看到，本示例将训练的时期（epoch）数设置为 10，以允许快速训练和评估。可以将其设置为更高的值以提高训练的准确率；当然，在某些情况下，较小的训练时期数可能导致训练不充分或过拟合。要了解究竟训练多少个时期合适，可以在每经过 1000 次迭代时，查看获得的损失和评估误差。如果损失的总趋势仍在下降，则可以继续训练。

8.6.6　测试和保存 CNTK 模型

在使用 Django 框架将这个项目变成 Web 应用程序之前，可以快速测试在模型训练中获得的准确率。可执行以下操作以根据模型进行预测。

```
Predicted_label_probs = model.eval({input: test_data})
```

这将为数据集中的每个标签创建一个 NumPy 概率数组。必须将它转换为索引并与测试数据的标签进行比较。执行该操作的代码如下。

```
predictions = np.argmax(predicted_label_probs, axis=1)
actual = np.argmax(test_encoded, axis=1)
correct = np.sum(predictions == actual)
print(correct / len(actual))
```

输出结果表明该预测的准确率约为 98%。这是一个非常好的值，因此可保存模型并通过 Django 使用它。要保存 CNTK 模型，可执行以下操作。

```
model.save("cntk.model")
```

在成功保存模型之后，如果你使用 Colaboratory 构建模型，则必须将模型文件下载到本地系统中。

接下来，我们将在基于 Django 的服务器上部署模型。

8.7　Django Web 开发简介

Django 是使用 Python 进行 Web 开发最流行的框架之一。该框架是轻量级的，稳定可靠，并由社区积极维护，可快速修补安全漏洞和添加新功能。

在本书第 3 章"创建第一个深度学习 Web 应用程序"中介绍过 Flask 框架，它实际上就是一个用于 Python Web 开发的基本框架，当然，Django 带有许多内置功能，可以实现更先进的方法和做法。

Django 项目最初是按如图 8-19 所示的方式构建的。

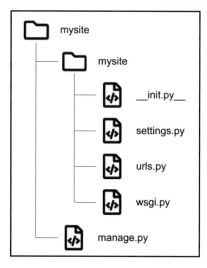

图 8-19

当使用 django-admin 工具创建新的 Django 项目时，这些文件会自动生成。顶级目录 mysite 表示 Django 项目的名称。每个 Django 项目都包含应用程序。这些应用程序类似于软件开发中的模块概念。它们通常是整个项目的独立部分，并由项目目录中的 mysite 主应用程序组合在一起。每个项目中都可以有多个应用程序。

接下来，我们看看如何使用 Django 并创建一个新项目。

8.7.1 Django 入门

在使用 Django 之前先要安装它。幸运的是，该框架可以轻松地被作为模块从 Python PIP 存储库中安装。它也可以在 Conda 存储库中找到。

要安装 Django，请打开一个新的终端窗口并使用以下命令。

```
conda install django
```

或者，如果你更喜欢 PIP，则可以使用以下命令。

```
pip install django
```

上述操作会将 Django 模块安装到你的 Python 环境中。

要检查是否已成功安装，可在终端中使用以下命令。

```
python -m django --version
```

这应该会产生一个版本号的输出，如-2.0.8。如果输出不符，请检查你的 Django 安装。

8.7.2　创建一个新的 Django 项目

Django 提供了一个名为 django-admin 工具的方便实用程序，可用于生成样板代码（这是 Django 项目所需要的）。

要创建一个名为 cntkdemo 的新项目，可使用以下代码。

```
django-admin startproject cntkdemo
```

这将创建所有样板文件夹和文件。但是，我们必须在项目中至少创建一个应用程序。因此，可使用终端将活动工作目录更改为 cntkdemo 文件夹，然后通过以下命令在项目中创建一个应用程序。

```
python manage.py startapp api
```

至此，我们创建了一个名为 api 的文件夹，其中包含如图 8-20 所示的文件夹。所有文件都是使用占位符代码和文档自动生成的。

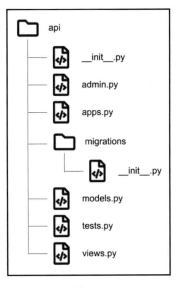

图 8-20

接下来，我们将进行初始用户界面的编码。

8.7.3　设置主页模板

现在创建一个在访问'/'路由时加载的网页。为简单起见，可以将索引页作为此应用程序的一部分。虽然可以在 mysite 应用程序的 urls.py 文件中创建此路由，但本示例将为 api 应用程序提供自己的路由处理文件。

下面从设置主页模板的步骤开始。

（1）在 api 文件夹中创建一个文件 urls.py。此文件相对于项目目录的完整路径将是 mysite/api/urls.py。在该文件中，可使用以下代码添加'/'路由。

```
from django.urls import path

from . import views

urlpatterns = [
  path('', views.indexView), # 该行处理'/'路由
]
```

（2）保存此文件。上述代码实际上是向 api 应用程序（注意，不是项目！）中添加了一个新路径'/'。它导入 api 应用程序 views.py 文件中的所有可用视图。

请注意，上述代码中的 indexView 当前尚不存在。下文将创建此视图。

（3）api 应用程序未链接到主项目应用程序。因此需要将以下行添加到 mysite/mysite/urls.py 文件中，以启用 api 应用程序的路由处理程序的路由处理。

```
from django.contrib import admin
from django.urls import path
from django.urls import include    # -- 添加该行

urlpatterns = [
  path('', include('api.urls')),   # -- 添加该行
  path('admin/', admin.site.urls),
]
```

上述代码中的第一行导入了一个实用程序，用于将与应用程序相关的路由设置包含到项目应用程序中。通过上述代码，可使用 api.urls 字符串将 urls.py 文件包含在 api 应用程序中。这会自动将字符串转换为尝试查找并包含正确文件的代码行。

（4）在 api 应用程序目录的 views.py 文件中，添加以下几行。

```
from django.http import HttpResponse
from django.template import loader
```

HttpResponse()方法允许 view()方法返回 HTML 响应。loader 类提供了从磁盘中加载 HTML 模板的方法。

（5）现在创建 indexView()方法。

```
def indexView(request):
  template = loader.get_template('api/index.html')
  context = {}
  return HttpResponse(template.render(context, request))
```

indexView()方法将加载 api/index.html 模板文件，并使用 context 字典中提供的变量以及模板可用的 request 参数来呈现它。当前传递的是一个空白上下文，因为没有任何值要发送到模板中。另外，上面定义的 api/index.html 文件当前尚不存在。

（6）让我们创建用于保存模板的文件夹并将其链接到项目设置。为此，请转到项目的根目录并创建一个名为 templates 的文件夹。我们需要项目能够将此文件夹识别为模板的目录。为此，可修改 mysite/mysite/settings.py 文件中的 TEMPLATES 设置。

```
TEMPLATES = [
 {
 'BACKEND': 'django.template.backends.django.DjangoTemplates',
 'DIRS': [os.path.join(BASE_DIR, 'templates')], # -- 添加该行
 'APP_DIRS': True,
 'OPTIONS': {
 'context_processors': [
```

在添加上面的行之后，项目将在 mysite/templates/文件夹中查找模板。

（7）创建 index.html 模板文件。

请注意，我们在步骤（4）中的模板文件路径存在于 api 目录中。在 templates 目录中创建一个名为 api 的文件夹。因此，可在其中使用以下代码创建 index.html 文件。

```
{% load static %}
...
        <div class="jumbotron">
           <h3 class="jumbotronHeading">Draw here!</h3>
           ...
        </div>
        <div class="jumbotron">
           <h3>Prediction Results</h3>
           <p id="result"></p>
        </div>
        <div id="csrf">{% csrf_token %}</div>
    </div>
    <script
src='https://cdnjs.cloudflare.com/ajax/libs/jquery/2.1.3/jquery.min.js'>
    </script>
    <script src="{% static "/index.js" %}"></script>
...
```

在上述代码块的末尾包含了一些必需的脚本，例如，从后端获取 CSRF 令牌的脚本。

（8）使用上述代码块中的 jumbotron 类向 div 中添加一个 canvas 元素，我们将在其中手写数字。还可以添加一个用于选择绘图笔宽度的滑块，代码如下。

```html
<div class="jumbotron">
    <h3 class="jumbotronHeading">Draw here!</h3>
    <div class="slidecontainer">
        <input type="range" min="10" max="50" value="15"
id="myRange">
        <p>Value: <span id="sliderValue"></span></p>
    </div>
    <div class="canvasDiv">
        <canvas id="canvas" width="350" height="350"></canvas>
        <p style="text-align:center;">
            <button class="btn btn-success" id="predict-btn"
role="button">Predict</button>
            <button class="btn btn-primary" id="clearButton"
role="button">Clear</button>
        </p>
    </div>
</div>
```

template 文件还包括两个静态文件，即 style.css 和 script.js。接下来将创建这些文件。我们尚未创建用于将数据发送到服务器中，并显示接收到的响应的脚本。

（9）添加与后端 API 通信所需的 JavaScript 代码。首先，创建一个方法来检查是否需要 CSRF 令牌来与后端通信。这只是一个实用函数，与调用后端 API 无关，后端 API 有时可能被设计为接收没有 CSRF 令牌的请求。该函数如下所示。

```javascript
<script type="text/javascript">
    function csrfSafeMethod(method) {
        return (/^(GET|HEAD|OPTIONS|TRACE)$/.test(method));
    }
```

（10）为 Predict 按钮创建一个 click 处理程序。此处理程序函数首先设置调用后端 API 所需的正确标头，然后将画布上的绘图转换为数据 URL 字符串。

```javascript
$("#predict-btn").click(function() {

    var csrftoken = $('input[name=csrfmiddlewaretoken]').val();

    $.ajaxSetup({
```

```
    beforeSend: function(xhr, settings) {
        if (!csrfSafeMethod(settings.type) && !this.crossDomain) {
            xhr.setRequestHeader("X-CSRFToken", csrftoken);
        }
    }
});

$('#predict-btn').prop('disabled', true);

var canvasObj = document.getElementById("canvas");
var img = canvasObj.toDataURL();
// 在该行之下添加更多代码

// 在该行之上添加更多代码
});
</script>
```

（11）在 Predict 按钮的 click 处理函数中添加代码，使用画布中的数据对后端进行
Ajax 调用，具体代码如下。

```
$("#predict-btn").click(function() {
...
        // 在该行之下添加更多代码
        $.ajax({
            type: "POST",
            url: "/predict",
            data: img,
            success: function(data) {
                console.log(data);
                var tb = "<table class='table table-hover'>
<thead><tr><th>Item</th><th>Confidence</th></thead><tbody>";
                var res = JSON.parse(data);
                console.log(res);
                $('#result').empty.append(res.data);
                $('#predict-btn').prop('disabled', false);
            }
        });
        // 在该行之上添加更多代码
...
});
    </script>
```

（12）在创建静态文件之前，还需要为它们创建一个文件夹并将其链接到项目。这

类似于前面创建 templates 文件夹的方式。

首先，在项目目录中创建一个 static 文件夹，其路径为 mysite/static/。

然后，修改 mysite/mysite/settings.py 文件中的 STATIC 配置，具体如下。

```
STATIC_URL = '/static/'

STATICFILES_DIRS = [
    os.path.join(BASE_DIR, "static"), # -- 添加该行
]
```

现在可以使用模板文件顶部的{% load static %}指令创建静态文件并将其加载到项目模板中，就像前面在 index.html 文件中所做的那样。

（13）创建 style.css 和 script.js——由于这些文件与本书的上下文没有明确的相关性，因此你可以直接从以下网址中下载它们。

http://tiny.cc/cntk-demo

🛈 注意：

如果没有 script.js 文件，项目将无法运行。

现在我们已经创建了图像预测设置（该图像是通过 index.html 模板文件中的画布绘制的）。但是，尚未创建/predict 路由。因此，接下来我们看看如何在 Django 中加载和使用 CNTK 模型。

8.8　使用来自 Django 项目的 CNTK 进行预测

本节将首先为 CNTK 模型设置所需的路由、视图和导入，以便与 Django 一起使用，然后将从保存的文件中加载 CNTK 模型并使用它进行预测。

8.8.1　设置预测路由和视图

在 api 应用程序中创建 '/' 路由及其相应的视图。

（1）在 mysite/api/urls.py 中添加以下行。

```
urlpatterns = [
    path('', views.indexView),
    path('predict', views.predictView), # -- 添加该行
]
```

这将创建/predict 路由。当然，视图 predictView 尚未创建。

（2）在 api 应用程序的 views.py 文件中添加以下行。

```
from django.http import JsonResponse

def predictView(request):
    # 在该行之下添加更多代码

    # 在该行之上添加更多代码
    return JsonResponse({"data": -1})
```

请注意上述代码行中的占位符。在接下来的步骤中将添加更多内容。

8.8.2 进行必要的模块导入

现在可加载使用 CNTK 模型进行预测所需的所有模块，具体操作步骤如下。

（1）在 api 应用程序的 views.py 文件中添加以下代码行导入必要的模块。

```
import os
from django.conf import settings
```

（2）从磁盘中加载模型，必须执行步骤（1）的导入操作才能正常加载。

```
import cntk as C
from cntk.ops.functions import load_model
```

上述代码行可将 CNTK 模块导入 Django 项目中。load_model()方法将帮助我们加载已保存的 CNTK 模型文件。

以下模块用于操作图像。

```
from PIL import Image
import numpy as np
```

以下模块提供了处理 Base64 编码字符串的实用程序。Base64 编码是 index.html 页面在请求中发送画布数据的格式。

```
import re
import base64
import random
import string
```

其他库将在下文涉及时进行解释。

8.8.3　使用 CNTK 模型加载和预测

现在可按照以下步骤进一步编辑 predictView 视图。

（1）使用以下代码将 Base64 编码的图像字符串数据读入变量中。

```
def predictView(request):
  # 在该行之下添加更多代码

  post_data = request.POST.items()
  pd = [p for p in post_data]
  imgData = pd[1][0].replace(" ", "+")
  imgData += "=" * ((4 - len(imgData) % 4) % 4)
```

Base64 解码的字符串没有适当的填充并且包含需要转换为+的空格。上述代码块中的最后两行可对字符串执行相同的操作。

（2）将 Base64 编码的字符串转换成 PNG 图像，并使用以下代码行将其保存到磁盘中。

```
filename = ''.join([random.choice(string.ascii_letters +
string.digits) for n in range(32)])

convertImage(imgData, filename)
```

上述代码中的第一行为文件名创建一个 32 个字符长的随机字符串。下一行调用了 convertImage()方法，该方法可将 base64 字符串存储为提供的文件名。

（3）但是，convertImage()方法尚未定义。因此，在 predictView()方法之外，还需要添加该函数的定义，具体如下。

```
def convertImage(imgData, filename):
  imgstr = re.search(r'base64,(.*)', str(imgData)).group(1)
  img = base64.b64decode(imgstr)
  with open(filename+'.png', 'wb') as output:
    output.write(img)
```

可以看到，该方法可从字符串中去除额外的元数据，然后对字符串进行解码并将其保存为 PNG 文件。

（4）回到 predictView()方法中。先加载已保存的图像文件。

```
image = Image.open(filename+'.png').convert('1')
```

图像将仅转换为黑白通道，因此图像中的通道数从 3 减少到 1。

（5）如前文所述，MNIST 数据集中的所有图像的尺寸为 28×28。因此，本示例必须将当前图像的大小调整为相同的尺寸。执行此操作的语句如下。

```
image.thumbnail((28,28), Image.ANTIALIAS)
```

（6）使用以下代码将图像转换为 NumPy 数组。

```
image_np = np.array(image.getdata()).astype(int)
image_np_expanded = np.expand_dims(image_np,axis = 0)
```

np.expanded_dims 是 NumPy 中的一个简单实用程序，用于向数组中添加额外的维度，以便与大多数机器学习库正确兼容。

（7）加载 CNTK 模型。首先，在项目的根目录下创建一个名为 data 的文件夹，并将已保存的模型文件复制到 mysite/data/cntk.model 中。

在 predictView()方法中加载 CNTK 模型，具体如下。

```
model = load_model(os.path.join(settings.BASE_DIR, "data/cntk.model"))
```

（8）预测图像的标签，具体代码如下。

```
predicted_label_probs = model.eval({model.arguments[0]: image_np_expanded})
data = np.argmax(predicted_label_probs, axis=1)
```

可以看到，eval()方法在其第一个参数中需要图像的 NumPy 数组，并返回每个输出类的概率列表。np.argmax()方法用于找到概率最高的类的索引。

（9）返回输出，修改 predictView()方法的 return 部分。

```
# 在该行之上添加更多代码
return JsonResponse({"data": str(data[0])})
```

图像的预测标签将作为 JSON 响应的 data 变量中包含的数字被发送，它将显示在页面上。

8.8.4　测试 Web 应用程序

至此，我们已经可以测试开发的 CNTK + Django 应用程序。为此，可打开终端并将其定向到项目的根目录中。

使用以下命令启动 Django 服务器。

```
python manage.py runserver
```

如果端口空闲，则该服务器将在 http://localhost:8000 中启动。

要测试该应用程序，可在 Web 浏览器中打开 localhost 页面，然后在提供的画布上书写一个数字，完成后单击 Predict（预测）按钮，即可在页面底部看到模型预测的结果，如图 8-21 所示。

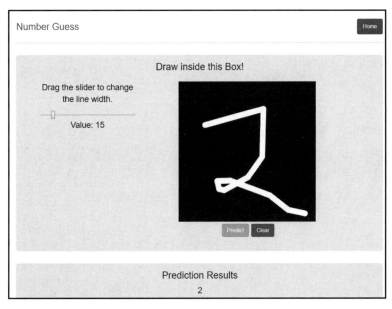

图 8-21

可以看到，该模型在图 8-21 中返回了正确的预测结果，即数字 2。

这表明，我们正确使用了 Django 部署 CNTK 模型。

8.9　小　　结

本章介绍了 Microsoft AI 和 Azure 云提供的用于在网站上执行深度学习的产品。

我们演示了如何使用 Face API 预测图像中人物的性别和年龄，以及如何使用 Text Analytics API 预测给定文本的语言，并且可以进行关键字提取和情感分析。最后，我们在 MNIST 数据集上使用 CNTK 创建了一个深度学习模型。我们探讨了如何保存模型，然后以 API 的形式通过基于 Django 的 Web 应用程序进行部署。这种通过 Django 部署保存的模型可以轻松适应其他深度学习框架（如 TensorFlow 或 PyTorch）。

第 9 章将讨论使用 Python 构建生产环境级深度学习应用程序的通用框架。

生产环境中的深度学习——智能 Web 应用程序开发

本篇提供不同的案例研究，以展示如何开发和部署深度学习 Web 应用程序（使用深度学习 API），另外还演示了如何使用深度学习系统保护 Web 应用程序。

本篇包括以下 4 章。

- ❏ 第 9 章，支持深度学习的网站的通用生产框架
- ❏ 第 10 章，使用深度学习系统保护 Web 应用程序
- ❏ 第 11 章，自定义 Web 深度学习生产环境
- ❏ 第 12 章，使用深度学习 API 和客服聊天机器人创建端到端 Web 应用程序

第9章 支持深度学习的网站的通用生产框架

在前面的章节中，我们已经介绍了在应用程序中使用工业级云深度学习（deep learning，DL）API 的良好基础，并通过实际示例了解了它们的使用。本章将介绍开发支持深度学习的网站的通用框架。这要求我们将迄今为止学习到的所有东西都汇总起来，以便可以将它们应用于现实生活中的用例。

在构建用于生产环境的深度学习 Web 应用程序时，首先应该定义问题陈述，然后为此准备数据集，接着在 Python 中训练深度学习模型，最后使用 Flask 将深度学习模型包装在 API 中。

本章包含以下主题。

- ❑ 定义问题陈述。
- ❑ 将问题分解为若干个部分。
- ❑ 建立一个心智模型来绑定项目组件。
- ❑ 如何收集数据。
- ❑ 遵循项目的目录结构。
- ❑ 从头开始构建项目。

9.1 技 术 要 求

本章代码网址如下。

https://github.com/PacktPublishing/Hands-On-Python-Deep-Learning-for-Web/tree/master/Chapter9

要运行本章中使用的代码，需要以下软件。

- ❑ Python 3.6+。
- ❑ Python PIL 库。
- ❑ NumPy。
- ❑ Pandas。
- ❑ 自然语言工具包（natural language toolkit，NLTK）。
- ❑ Flask 1.1.0+和以下兼容版本。

> ➢　　FlaskForm。
> ➢　　wtforms。
> ➢　　flask_restful。
> ➢　　flask_jsonpify。

在后面的具体小节中还将介绍其他软件包的安装。

9.2　定义问题陈述

任何项目都应该从一个明确定义的问题陈述开始，否则项目开发必然会受到影响。问题陈述管理整个项目开发流程中涉及的所有主要步骤，从项目规划到项目成本。

例如，在基于深度学习的 Web 项目中，问题陈述需要明确回答以下问题。

❑　　需要什么样的数据。

❑　　在代码、规划和其他资源方面会有多少复杂性。

❑　　将开发什么样的用户界面。

❑　　将有多少人参与，以便可以对项目的人力等进行估算。

因此，在开始进一步的项目开发之前，确实需要一个明确定义的问题陈述。

想象一下，某公司计划构建一个推荐系统，根据用户提供的一些标准从产品列表中推荐产品。作为该公司的深度学习工程师，你的老板要求你基于此开发一个概念证明（proof of concept，PoC）。那么，此时你应该怎么做呢？如前文所述，首先要做的就是定义问题陈述。

向最终的推荐系统提供输入的主要实体是用户。根据用户的偏好（可称之为输入特征偏好），系统将提供最符合他们偏好的产品列表。所以，问题陈述可以写成如下形式。

给定一组输入特征（用户偏好），我们的任务是推荐产品列表。

在有了一个明确定义的问题陈述之后，即可进入下一步：建立项目的心智模型。

9.3　建立项目的心智模型

看到问题陈述之后，你可能会立刻想到打开浏览器并开始搜索某些数据集。但是，就正确开发一个项目而言，你需要明确的计划来逐步构建它，而不是东一榔头西一棒子。

一个没有结构的项目就像是一艘没有舵的船，飘到哪里算哪里。因此，从一开始就应该持谨慎态度。

本节将讨论在项目构建过程中发挥重要作用的模块，这也包括一些心理上的考虑。作者喜欢将这个阶段称为构建项目的心智模型（mental model）。

接下来我们花一些时间进一步讨论问题陈述，以便找出需要开发的基本模块。

我们的项目涉及根据用户的偏好向用户推荐产品。因此，为了执行此推荐，我们需要一个知道如何理解用户提供给它的偏好集的系统。为了能够理解这些偏好，系统需要执行某种深度学习训练。但是偏好呢？它们会是什么样子的？在需要人工参与的实际项目情况中，你经常会遇到像这样的问题。

现在，你可以试着想想自己在选择要购买的产品时通常会在意的方面。例如下面这些方面。

- ❑ 产品的规格是什么？如果我想要一件大号的 T 恤，那么系统就不应该推荐小号的 T 恤。
- ❑ 产品的成本是多少？用户的钱是有限的，这个推荐的产品对他们来说可以承受吗？
- ❑ 这个产品是什么牌子的？用户通常对某几家公司生产的类似产品有品牌偏好。

请注意，上述指标没有任何特定的重要性顺序。

因此，从定义问题陈述开始，我们就需要了解，我们要开发的东西是什么，它是一个界面（在本示例中，实际上就是一个网页），供用户提供他们的偏好。收集到这些偏好信息之后，我们的系统将预测一组它认为最合适特定用户的产品。这就是深度学习能够发挥作用的地方。

如前文所述，要使深度学习模型处理给定的问题，需要让它在一些尽可能接近问题的数据上进行训练。因此，现在可以来讨论系统的数据部分。

我们为示例项目准备了一个现成的数据集——由 Amazon 提供并由斯坦福网络分析项目团队创建的 Amazon Fine Food Reviews 数据集。该数据集很大，因此在本章创建演示时将不会使用完整的数据集。这里可能会触发的一个直接问题是，该数据集的外观如何？我们需要制订一个粗略的计划来决定以下东西。

- ❑ 选择哪些特征来构建数据集？
- ❑ 在哪里收集数据？

在继续下一步之前，让我们对原始问题陈述再添加一些东西来完善它。原始的问题陈述如下。

给定一组输入特征（用户偏好），我们的任务是推荐产品列表。

　　如果我们的系统向用户推荐不合格的产品，那么用户显然不会喜欢该系统。所以，可以稍微修改问题陈述，具体如下。

　　给定一组输入特征（用户偏好），我们的任务是推荐一份用户可能购买的最佳产品列表。

　　为了让系统根据给定标准推荐最佳产品列表，它首先需要知道产品的平均评分。除平均评分外，获得关于特定产品的以下信息（除了其名称）也会很有用。

❏　产品规格。

❏　产品类别。

❏　卖家名称。

❏　平均价格。

❏　预计交货时间。

　　在准备数据时，我们会寻找有关特定产品的上述指标。那么，究竟应该从哪里收集这些数据呢？答案是亚马逊。亚马逊以其在电子商务行业的服务而闻名，它可以为我们提供各种产品和有关它们的信息，如它们的评级、产品规格和商品价格等。但是，一般来说亚马逊并不允许你直接将这些数据作为压缩文件下载。为了以所需的形式从亚马逊获取数据，我们将不得不借助于网络抓取。

　　因此，到目前为止，我们对项目的两个问题领域已经有了确定的答案。

❏　接收用户偏好的界面。

❏　代表我们要处理的问题陈述的数据。

　　对于深度学习模型的构建，我们将从简单的、全连接的、基于神经网络的架构开始。从一个简单的模型开始并逐渐增加复杂性通常很有用，因为它使代码库更易于调试。

　　因此，可以肯定地说，以下 3 个模块将在该项目中发挥重要作用。

❏　一个界面。

❏　数据。

❏　一个深度学习模型。

　　现在你应该对项目的开发有一个大致的想法。在这个阶段你应该问什么问题，以及你可能需要考虑什么要素，都可以从你现在拥有的相关框架中得出。

　　例如，我们不希望该推荐系统偏向于任何东西，这是因为亚马逊的数据中可能隐藏着多种类型的偏差，很自然地，它会导致使用它的深度学习系统继承该偏差。

要了解有关机器学习系统中不同类型偏差的更多信息，建议你访问以下网址。

https://developers.google.com/machine-learning/crash-course/fairness/types-of-bias

在我们的案例中，一个很明显的偏见示例是男性访问者获得的产品推荐被平均化的情况。这样的推荐可能是仅基于他的性别，而不是基于任何其他访问者浏览模式。这样的结果可能是错误的，并且可能是执行上的错误。像这样的例子会使模型推荐的结果非常不合适。因此，接下来我们将讨论一些识别错误数据的要点，以了解如何避免对数据的偏见。

9.4　避免获得错误数据

什么是错误数据（erroneous data）？是仅指数据中包含了错误值吗？答案是否定的。除了具有错误值或缺失值的数据外，错误数据还可能存在细微但严重的错误，而这可能导致模型训练效果不佳甚至出现偏差。因此，在训练模型之前识别此类错误数据并将其删除非常重要。

识别这些错误有以下 5 种主要方法。

- ❑ 寻找缺失值。
- ❑ 寻找看起来超出比例或可能性的值——换句话说，就是寻找异常值。
- ❑ 不要在数据集中包含任何可能导致数据泄露的特征。
- ❑ 确保所有类别的评估在数据集中都具有相似数量的样本。
- ❑ 确保对问题本身的解决方案的设计不会引入偏见。

在清楚了这些要点之后，即可进入更具体的领域，以小心收集数据。重要的是，在数据收集过程中要准备一个适当的计划，以牢记数据源的所有属性和问题陈述的要求。

例如，假设你在亚马逊网站上从美国网点抓取产品数据，并最终在淘宝上搜索产品，则抓取工具可能会为你提供来自美国网点的数据，而这些数据可能并不适合向淘宝用户推荐。

因此，在数据收集过程中，不能将抓取工具当作挖掘机，一股脑地什么东西都挖。重要的是，抓取工具应不时清除其上下文并避免由于亚马逊实施的人工智能而获得有偏见的结果。

来看 Amazon Fine Food Reviews 数据集的情况。虽然乍一看该数据集很平衡，但我们仍可以发现该数据集中的很多偏差。以客户为产品评论撰写的文本长度为例，我们可根据评分将它们绘制在图表中。图 9-1 显示了 1 星和 2 星产品的绘图结果。

图 9-2 显示了 3 星和 4 星产品的绘图结果。

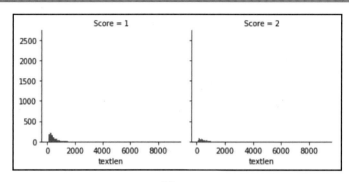

图 9-1

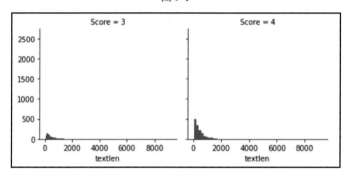

图 9-2

图 9-3 显示了 5 星产品的绘图结果。

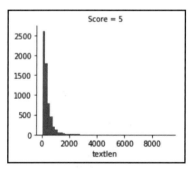

图 9-3

可以看到，更积极的评论包含更多的书面文字，这将直接转换为数据集中的大部分单词，从而获得用户更高的评分。但是，其实也可能有这样一个场景：用户写了一篇冗长的评论，评分很低，并且对产品完全持负面看法。由于我们的模型经过训练，偏向于将更长的评论与正面评分相关联，因此它很可能将负面评论标记为正面。

出现这种错误的原因是现实世界的数据可能包含许多模棱两可的情况，就像上述示例，如果处理不当，那么你很可能会得到错误的模型。

9.5　关于构建 AI 后端的问题

考虑到 Web 应用程序可能发展到很庞大的规模，并且几乎所有其他平台的客户端都对作为 Web 服务运行的后端具有强烈依赖性，因此，对后端进行深思熟虑并正确执行非常重要。基于 AI 的应用程序，即使在概念证明（PoC）阶段，响应速度一般也不会很快，或者需要花费大量时间来训练新样本。

虽然下文我们将讨论使后端不会因性能瓶颈而在压力下窒息的技巧，但是在此我们仍需要列出一些你可能产生的错误想法。例如：

❑　期望网站的 AI 部分是实时的。

❑　假设来自网站的传入数据是理想的。

在为网站开发集成 AI 的后端时，应该避免掉入这些迷思的漩涡。

9.5.1　期望网站的 AI 部分是实时的

人工智能的计算成本很高，不用说，这对于旨在尽可能快地为客户提供服务的网站来说是不可取的。虽然较小的模型或使用浏览器 AI（如 TensorFlow.js 或其他库）可以提供实时 AI 响应的体验，但即使是它们也会遇到客户端位于慢速网络区域或使用低端设备的问题。因此，无论是浏览器内 AI 模型还是轻量级 AI 模型，近乎即时回复的方法都将受设备配置和网络带宽的影响。

因此，网站后端应该对客户端做出快速响应，理想情况下应该与处理 AI 模型响应的部分分开。两者并行工作，应维护共同的数据存储和两者之间适当的交互方法，以便负责响应客户端的后端代码对 AI 模型部分的依赖较小。

9.5.2　假设来自网站的传入数据是理想的

尽管与项目相对应的网站或应用程序可能扮演类似于理想数据收集器的角色，但是我们并不能假定来自它的数据没有错误。糟糕的网络请求、恶意连接或用户提供的简单垃圾输入都可能导致数据不适合训练。非恶意用户可能会遇到网络问题并在短时间内刷新同一页面 10～20 次，但这不应增加该页面基于浏览数的重要性。因此，从网站收集的所有数据都必须根据模型的要求进行清洗和过滤。必须牢记的是，网站面临的挑战几乎肯定会影响它所收集数据的质量。

9.6　端到端 AI 集成 Web 应用程序示例

在了解了当创建 AI 驱动的网站后端时要避免的陷阱之后，现在让我们通过一个示例（尽管相当简单）来演示端到端 AI 集成 Web 应用程序的解决方案。

如前文所述，本项目涉及以下步骤。

❑　根据问题陈述收集数据。

❑　数据清洗和预处理。

❑　构建 AI 模型。

❑　创建界面。

❑　在界面上使用 AI 模型。

前文已经讨论了收集数据的陷阱，因此接下来我们将仅简要介绍可用于完成任务的工具和方法。

9.6.1　数据收集和清洗

如果仅从收集数据的目的出发，那么一般可以有多个数据源。你可以从网站上抓取数据或简单地下载一些准备好的数据集，也可以采用其他方法，例如：

❑　在应用程序/网站运行时动态生成数据。

❑　从应用程序或智能设备中收集记录。

❑　通过系统形式（如测验或调查）直接从用户处收集数据。

❑　从调查机构处收集数据。

❑　通过特定方法（科学数据）和其他方式测量的观测数据。

工具方面，Beautifulsoup 是一个常用于执行网页抓取的库，而 Scrapy 则是另一个流行的工具，它们都可以快速上手使用。

数据清洗（data cleaning）是一个重要的步骤，它完全取决于你收集的数据的形式。本节将使用名为 Amazon Fine Food Reviews 的现成数据集，该数据集可以从以下地址中下载。

https://www.kaggle.com/snap/amazon-fine-food-reviews

解压缩下载的 ZIP 文件后，你将获得名为 Reviews.csv 文件形式的数据集。

要了解如何执行网页抓取和准备干净的数据集，请访问以下网址。

https://github.com/Nilabhra/kolkata_nlp_workshop_2019

9.6.2　构建 AI 模型

现在，我们将准备 AI 模型，该模型将根据用户的查询推荐产品。为此，我们需要创建一个新的 Jupyter Notebook，然后执行以下操作。

- ❑　导入必要的模块。
- ❑　读取数据集并准备清洗函数。
- ❑　提取需要的数据。
- ❑　应用文本清洗函数。
- ❑　将数据集拆分为训练集和测试集。
- ❑　聚合有关产品和用户的文本。
- ❑　创建用户和产品的 TF-IDF 向量化器。
- ❑　根据提供的评级创建用户和产品索引。
- ❑　创建矩阵分解函数。
- ❑　将模型保存为 pickle 文件。

接下来，让我们逐一讲解这些操作。

9.6.3　导入必要的模块

首先需要将必要的 Python 模块导入项目中。

```
import numpy as np
import pandas as pd
import nltk
from nltk.corpus import stopwords
from nltk.tokenize import WordPunctTokenizer
from sklearn.model_selection import train_test_split
from sklearn.feature_extraction.text import TfidfVectorizer

# 如果你已经安装了 stopwords，那么下面这一行可以注释掉
nltk.download('stopwords')
```

在上述代码中，导入了 TfidfVectorizer，它可以帮助创建用于执行自然语言处理的词频-逆文档频率（term frequency-inverse document frequency，TF-IDF）向量。给定许多可能包含也可能不包含单词的文档，TF-IDF 是对单个文档中某个单词的重要性的数字度量。

从数值上讲，当单个单词在单个文档中频繁出现但在其他文档中不出现时，它会增加重要性值。TF-IDF 非常流行，以至于目前世界上超过 80%的基于自然语言的推荐系统都在使用它。

上述代码还导入了 WordPunctTokenizer。分词器（tokenizer）执行将文本分解为元素标记的功能。例如，一个大的段落可能被分解成句子并进一步分解成词。

9.6.4　读取数据集并准备清洗函数

本示例将使用 ISO-8859-1 编码读取 Amazon Fine Food Reviews 数据集。这样做只是为了确保不会丢失评论文本中使用的任何特殊符号。

```
df = pd.read_csv('Reviews.csv', encoding = "ISO-8859-1")
df = df.head(10000)
```

由于该数据集非常大，因此本示例将限制在数据集中的前 10000 行。

我们需要从文本中删除停用词（stop word）并过滤掉诸如括号之类的标点符号和其他对于书面文本来说不自然的符号（诸如笑脸字符之类）。

我们将创建一个名为 cleanText()的函数，它将执行停用词的过滤和删除。

```
import string
import re

stopwordSet = set(stopwords.words("english"))

def cleanText(line):
    global stopwordSet
    line = line.translate(string.punctuation)
    line = line.lower().split()
    line = [word for word in line if not word in stopwordSet and len(word)
>= 3]
    line = " ".join(line)
    return re.sub(r"[^A-Za-z0-9^,!.\/'+-=]", " ", line)
```

使用上述函数可从文本中删除停用词和任何短于 3 个字符的词。该处理过滤掉了标点符号，只保留了文本中的相关字符。

9.6.5　提取需要的数据

该数据集包含的数据远远超出了本项目演示的需要，因此，我们将仅提取 ProductId、UserId、Score 和 Text 列来准备项目演示。出于隐私原因，产品名称被加密，就像用户名称被加密一样。

```
data = df[['ProductId', 'UserId', 'Score', 'Text']]
```

　　保持数据加密且不包含个人信息是数据科学中的一项挑战。从数据集中删除某些部分很重要，因为后者可能会导致识别出属于数据集一部分的私有实体。例如，你需要从评论文本中删除人员和组织名称，以阻止识别产品和用户，尽管它（他）们具有加密的产品和用户 ID。

9.6.6　应用文本清洗函数

　　现在可以应用文本过滤和停用词删除函数来清洗数据集中的文本。

```
%%time
data['Text'] = data['Text'].apply(cleanText)
```

　　这会显示任务所用的时间。

🛈 注意：

　　上述代码块仅适用于 Jupyter Notebook 而不适用于普通的 Python 脚本。要在普通Python 脚本上运行它，请删除%%time命令。

9.6.7　将数据集拆分为训练集和测试集

　　由于只有一个数据集，因此需要将它分成两部分，特征部分和标签部分都需要被分成两份。

```
X_train, X_valid, y_train, y_valid = train_test_split(data['Text'],
df['ProductId'], test_size = 0.2)
```

　　这里使用了 sklearn 模块中的 train_test_split()方法将数据集分成两部分，其中 80%用于训练，另外 20%用于测试。

9.6.8　聚合有关产品和用户的文本

　　现在可以按用户和产品 ID 聚合（aggregate）数据集的评论。我们需要每个产品的评论来确定该产品适合的用途。

```
user_df = data[['UserId','Text']]
product_df = data[['ProductId', 'Text']]
```

```
user_df = user_df.groupby('UserId').agg({'Text':''.join})
product_df = product_df.groupby('ProductId').agg({'Text':''.join})
```

同样，用户聚合的评论将帮助我们确定用户喜欢什么。

9.6.9　创建用户和产品的 TF-IDF 向量化器

现在可以创建两种不同的向量化器（vectorizer），一种用于用户，另一种用于产品。我们需要这些向量化器来确定用户的要求和产品评论之间的相似性。

首先，为用户创建向量化器并显示其形状。

```
user_vectorizer = TfidfVectorizer(tokenizer =
WordPunctTokenizer().tokenize, max_features=1000)
user_vectors = user_vectorizer.fit_transform(user_df['Text'])
user_vectors.shape
```

然后，为产品创建向量化器并显示其形状。

```
product_vectorizer = TfidfVectorizer(tokenizer =
WordPunctTokenizer().tokenize, max_features=1000)
product_vectors = product_vectorizer.fit_transform(product_df['Text'])
product_vectors.shape
```

在上述代码中，使用了 WordPunctTokenizer 来分解文本并使用 TfidfVectorizer 对象的 fit_transform() 方法来准备向量，将单词字典映射到它们在文档中的重要性。

9.6.10　根据提供的评级创建用户和产品索引

本示例将使用 Pandas 模块的 pivot_table() 方法来创建用户对产品的评分矩阵，然后使用此矩阵进行矩阵分解以确定用户喜欢的产品。

```
userRatings = pd.pivot_table(data, values='Score', index=['UserId'],
columns=['ProductId'])
userRatings.shape
```

将用户和产品的 TfidfVectorizer 向量转换成适合矩阵分解的矩阵。

```
P = pd.DataFrame(user_vectors.toarray(), index=user_df.index,
columns=user_vectorizer.get_feature_names())
Q = pd.DataFrame(product_vectors.toarray(), index=product_df.index,
columns=product_vectorizer.get_feature_names())
```

接下来，我们将创建矩阵分解函数。

9.6.11　创建矩阵分解函数

现在可以创建一个函数来执行矩阵分解（matrix factorization，MF）。矩阵分解是 2006 年 Netflix Prize 挑战赛期间用于推荐系统的流行算法系列。它是一系列算法，可将用户–项目矩阵分解为一组两个低维度矩形矩阵，这些矩阵可以相乘以恢复原始高阶矩阵。

```python
def matrix_factorization(R, P, Q, steps=1, gamma=0.001,lamda=0.02):
    for step in range(steps):
        for i in R.index:
            for j in R.columns:
                if R.loc[i,j]>0:
                    eij=R.loc[i,j]-np.dot(P.loc[i],Q.loc[j])
                    P.loc[i]=P.loc[i]+gamma*(eij*Q.loc[j]-lamda*P.loc[i])
                    Q.loc[j]=Q.loc[j]+gamma*(eij*P.loc[i]-lamda*Q.loc[j])
        e=0
        for i in R.index:
            for j in R.columns:
                if R.loc[i,j]>0:
                    e= e + pow(R.loc[i,j]-
np.dot(P.loc[i],Q.loc[j]),2)+lamda*(pow(np.linalg.norm(P.loc[i]),2)+
pow(np.linalg.norm(Q.loc[j]),2))
        if e<0.001:
            break
    return P,Q
```

然后执行矩阵分解并记录花费的时间。

```python
%%time
P, Q = matrix_factorization(userRatings, P, Q, steps=1,
gamma=0.001,lamda=0.02)
```

完成之后，即可保存模型。

9.6.12　将模型保存为 pickle 文件

在项目的根目录中创建一个名为 api 的文件夹，然后保存训练好的模型，即用户产品评分矩阵分解后得到的低阶矩阵。

```python
import pickle
output = open('api/model.pkl', 'wb')
pickle.dump(P,output)
```

```
pickle.dump(Q,output)
pickle.dump(user_vectorizer,output)
output.close()
```

将模型保存为二进制 pickle 文件允许我们在网站后端部署模型期间将它们快速加载回内存中。

至此，我们已经完成了预测模型的开发，接下来将为应用程序构建一个界面。

9.6.13　构建用户界面

要为 Web 应用程序构建用户界面，需要考虑用户与系统交互的方式。在本示例中，我们希望用户在提交搜索查询时根据他们在搜索栏中输入的内容向他们提供建议。这意味着需要系统实时响应并即时生成建议。要构建这样一个系统，可按以下步骤操作。

（1）创建一个 API 来响应搜索查询。

（2）创建用户界面以使用 API。

接下来，让我们逐一讲解这些操作。

9.6.14　创建 API 来响应搜索查询

我们将创建一个 API，该 API 接收 HTTP 请求形式的查询，并根据用户输入的查询回复产品建议。

具体步骤如下。

（1）导入 API 所需的模块。这些模块在 9.6.3 节"导入必要的模块"中已经介绍过。

```
import numpy as np
import pandas as pd
from nltk.corpus import stopwords
from nltk.tokenize import WordPunctTokenizer
from sklearn.feature_extraction.text import TfidfVectorizer
from sklearn.feature_extraction.text import CountVectorizer
from flask import Flask, request, render_template, make_response
from flask_wtf import FlaskForm
from wtforms import StringField, validators
import io
from flask_restful import Resource, Api
import string
import re
import pickle
from flask_jsonpify import jsonpify
```

上述代码导入了 Flask 模块，这是为了创建一个快速的 HTTP 服务器，该服务器可以按 API 的形式在定义的路由上提供服务。

（2）实例化 Flask 应用程序对象，如下所示。

```
DEBUG = True
app = Flask(__name__)
app.config['SECRET_KEY'] = 'abcdefgh'
api = Api(app)
```

应用程序配置中 SECRET_KEY 的值由你决定。

（3）创建一个 class 函数来处理以用户搜索查询的形式接收到的文本输入。

```
class TextFieldForm(FlaskForm):
    text = StringField('Document Content',
validators=[validators.data_required()])
```

（4）要封装 API 方法，可将它们包装在一个 Flask_Work 类中。

```
class Flask_Work(Resource):
    def __init__(self):
        self.stopwordSet = set(stopwords.words("english"))
        pass
```

（5）在模型创建过程中，再次需要使用 cleanText()方法，它将用于清洗和过滤用户输入的搜索查询。

```
def cleanText(self, line):
    line = line.translate(string.punctuation)
    line = line.lower().split()
    line = [word for word in line if not word in self.stopwordSet and
len(word) >= 3]
    line = " ".join(line)
    return re.sub(r"[^A-Za-z0-9^,!.\/'+-=]", " ", line)
```

（6）为应用程序定义一个主页，它将从稍后在模板中创建的 index.html 文件中被加载。

```
def get(self):
    headers = {'Content-Type': 'text/html'}
    return make_response(render_template('index.html'), 200, headers)
```

（7）创建基于 post()方法的预测路由，它会在收到用户的搜索查询时返回产品推荐响应。

```
def post(self):
    f = open('model.pkl', 'rb')
    P, Q, userid_vectorizer = pickle.load(f), pickle.load(f),
pickle.load(f)
    sentence = request.form['search']
    test_data = pd.DataFrame([sentence], columns=['Text'])
    test_data['Text'] = test_data['Text'].apply(self.cleanText)
    test_vectors = userid_vectorizer.transform(test_data['Text'])
    test_v_df = pd.DataFrame(test_vectors.toarray(),
index=test_data.index, columns=userid_vectorizer.get_feature_names())
    predicted_ratings = pd.DataFrame(np.dot(test_v_df.loc[0], Q.T),
index=Q.index, columns=['Rating'])
    predictions = pd.DataFrame.sort_values(predicted_ratings,
['Rating'], ascending=[0])[:10]

    JSONP_data = jsonify(predictions.to_json())
    return JSONP_data
```

（8）将 Flask_Work 类附加到 Flask 服务器中，这样就完成了运行中的脚本。我们已经部署了一个 API，可以根据用户的搜索查询推荐产品。

```
api.add_resource(Flask_Work, '/')


if __name__ == '__main__':
    app.run(host='127.0.0.1', port=4000, debug=True)
```

将此文件保存为 main.py。

（9）创建 API 脚本后，还需要托管服务器。

要在本地机器上执行此操作，请在终端中运行以下命令。

```
python main.py
```

这将在端口 4000 上启动计算机上的服务器，如图 9-4 所示。

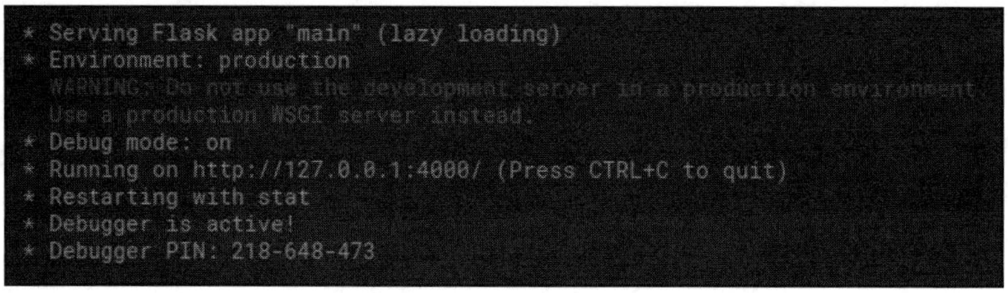

图 9-4

当然，还需要准备一个用户界面来使用该 API。我们将在 9.6.15 节中执行此操作。

9.6.15　创建用户界面以使用 API

现在可以创建一个简单的用户界面来使用 API。我们将创建一个搜索栏，用户可以在其中输入他们想要的产品或产品规格，API 会根据用户的查询返回推荐。

为节约篇幅，这里不再提供构建用户界面的代码（它真的很简单），但我们已将其包含在 GitHub 存储库中，其网址如下。

http://tiny.cc/DL4WebCh9

启动服务器后，此用户界面将在 http://127.0.0.1:4000 处可见，这是在 9.6.14 节"创建 API 来响应搜索查询"的步骤（8）中设置的，在图 9-4 中也可以看到。

我们创建的界面如图 9-5 所示。

图 9-5

用户可输入搜索查询并获得推荐，如图 9-6 所示。

Q cat food	Suggest
B002ANCCK6	0.7193480906
B003SE52K8	0.6032705142
B000084EKG	0.5986287639
B003SE19UK	0.5871505618
B000084EK7	0.5693509783

图 9-6

本示例中的应用程序没有保存用户会话。此外，它没有预期用户输入的参数，这通常是产品是否适合用户的决定性因素。当然，将这些功能添加到 Web 应用程序中并利用它们的优势也不是什么难事。

9.7　小　　结

一般来说，集成深度学习功能的 Web 应用程序可以通过 API、浏览器内的 JavaScript 或在应用程序后端静默嵌入深度学习模型来实现。本章讨论了如何使用这些方法中最常用的一个——基于 API 的深度学习 Web 应用程序——同时，我们探讨了设计类似解决方案的粗略要点。

本章特别介绍了定义问题陈述和后续解决方案的思考过程，以及在集成深度学习模型的 Web 应用程序设计过程中要避免的陷阱。

第 10 章将介绍一个端到端项目，该项目出于安全目的而将深度学习功能集成到 Web 应用程序上。我们将看到深度学习如何帮助识别可疑活动并阻止垃圾邮件用户。

第 10 章　使用深度学习系统保护 Web 应用程序

安全性对于任何网站以及所有软件来说都是至关重要的。如今，随着可用计算能力的提高和技术领域的发展，安全威胁也在不断演变。因此，重要的是网站采用尽可能最佳的安全措施来确保其数据和用户信息的安全。进行在线商业活动的网站总是处于高风险之中，它们面临前所未有的安全攻击是很常见的。新的攻击对于基于规则的安全系统来说尤其难以识别和阻止，因此，开发人员可以考虑由深度学习驱动的安全系统提供的选项，它们可以有效地替代基于规则的系统，并且还能够正确识别和阻止新威胁。

本章讨论了使用 Python 深度学习机制来保护网站安全的若干个技巧。我们将介绍 reCAPTCHA 和 Cloudflare，并讨论如何使用它们来增强网站的安全性。我们还将向你展示如何使用基于深度学习的技术和 Python 后端来实现安全机制以检测网站上的恶意用户。

本章包含以下主题。

- ❑ reCAPTCHA 介绍。
- ❑ 在 Django 项目中执行恶意用户检测。
- ❑ 在 Python Web 应用程序中使用 reCAPTCHA。
- ❑ 使用 Cloudflare 确保网站安全。

本章将从 reCAPTCHA 的来龙去脉开始，这是一个由 Google 创建的工具，它在某种程度上改变了互联网的身份认证机制。

10.1　技　术　要　求

本章代码网址如下。

https://github.com/PacktPublishing/Hands-On-Python-Deep-Learning-for-Web/tree/master/Chapter10

需要以下软件来运行本章中的代码。

- ❑ Python 3.6+。
- ❑ TensorFlow 1.14。
- ❑ Keras（与 TensorFlow 1.14 兼容）。
- ❑ Django 2.x。

10.2　reCAPTCHA 的由来

Easy on Humans, Hard on Bots（对人类来说轻而易举，对机器人来说难如登天）——这是 reCAPTCHA 的标语，它陈述了一个简单的思路，即 reCAPTCHA 旨在成为一个系统，该系统可以确定应用程序或网站上的用户是真正的人类用户还是自动脚本。

reCAPTCHA 是 CAPTCHA 技术的一种具体实现，CAPTCHA 是一种使用包含扭曲、波浪形字母和数字的视觉效果的方法，用户必须破译视觉图像的内容并以普通格式写出来。

如果你是 21 世纪初期的互联网用户，你会在许多网站上看到类似如图 10-1 所示的采用 CAPTCHA 验证码技术的图像。

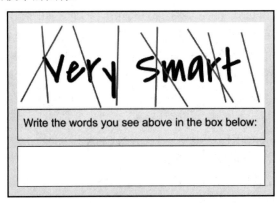

图 10-1

原　　文	译　　文
Write the words you see above in the box below	在以下框中输入你所看到的单词

🛈 注意：

CAPTCHA 是全自动区分计算机和人类的图灵测试（completely automated public turing test to tell computers and humans apart）的简称。其目的是实现一种区分计算机和人类的程序算法，是一种区分用户究竟是计算机还是人的计算程序，这种程序必须能生成并评价人类能很容易通过但对于计算机来说却几乎不可能通过的测试。

由于雅虎（Yahoo）的推广，CAPTCHA 系统迅速被数以百万计的网站采用。然而，尽管该系统为网站提供了安全性，但它非常耗时，并且经常被不良程序员打败。每隔一段时间，人们就会创建具有不同设计和视觉元素组合的新 CAPTCHA 系统。

与此同时，开发人员正在解决一个完全不同的问题——将印刷书籍和其他文本数字化。一个快速的解决方案是扫描书籍，也就是说，使用光学字符阅读器（optical character reader，OCR）将书籍转换为初步的数字文本形式。对于使用标准字体制作且扫描质量良好的输出内容，转换效果很好。然而，格式错误的印刷品和手稿的转换准确性则会受到很大影响。人们越来越多地将图像上传到在线平台上，以寻求从这些图像中提取文本并将其用于多种目的，如确定图像中的内容、位置或提及的品牌。

ⓘ 注意：

CAPTCHA 的起源与多个团体的发明权利要求存在争议，但 Luis von Ahn 于 2003 年创造了 CAPTCHA 一词，后来他成为了验证码公司 reCAPTCHA 的创始人，后者于 2009 年被 Google 收购。

作为众包（crowdsourcing）的先驱，Luis von Ahn 使用 reCAPTCHA 程序显示从印刷书籍扫描中裁剪出的非常小的文本块。只有人类才能轻松解决这些挑战，而自动化程序则会失败。与此同时，通过未知的众包活动，大量人类用户的贡献正在慢慢地将这些书籍数字化。reCAPTCHA 对用户来说仍然是一个麻烦，但数字化书籍的问题已经解决。

随着时间的推移，reCAPTCHA 演变为使用基于人工智能的系统来识别真假用户。在撰写本书时，reCAPTCHA 正在由 Google 积极开发，目前已推出第 3 个版本，它允许在网页后台对用户进行隐形验证，仅在用户无法成功验证时才显示问题，这为真正的用户节省了大量时间，并对机器提出了挑战。

接下来，我们将构建一个示例网站，以使用基于深度学习的模型和 reCAPTCHA 验证码为网站提供安全元素。

10.3　恶意用户检测

网站上的恶意用户是指任何试图执行未经授权任务的用户。在当今世界，恶意用户构成的威胁呈指数级增长，来自多家全球科技巨头、政府机构和其他私营公司的庞大个人信息数据库均曾被黑客暴露给公众。拥有可以自动缓解这些恶意攻击的系统非常重要。

为了识别示例 Web 应用程序中的恶意用户，我们创建了一个模型，该模型能够学习用户的日常行为，并在任何情况下的用户行为与其过去的使用情况发生显著变化时发出警报。

异常检测是机器学习的一个流行分支。它是一组算法，用于检测给定数据集中的数据样本，这些样本不符合大多数数据样本属性。例如，在狗收容所中检测猫就是一种异常检测。

异常检测可以按以下多种方式执行。

❑　　使用列的最小-最大范围。

❑　　找出数据图中的突然尖峰。

❑　　在高斯曲线下绘制数据时将位于两端的点标记为离群（异常）值。

支持向量机（support vector machine，SVM）、k 最近邻（k-nearest neighbor，KNN）和贝叶斯网络（bayesian network）是用于异常检测的一些最流行的算法。

如何定义用户在网站上的正常和异常行为？

假设你通常使用笔记本计算机登录网站。大多数情况下，你最多需要尝试两次就能成功登录网站。但是，如果有一天你突然开始使用新的笔记本计算机，那么该登录将是可疑的，并且可能是对你账户的恶意尝试。如果新设备的位置在你最近或以前从未去过的地方，那就更加值得怀疑了。如果你尝试登录账户 10 次，那么这也是高度可疑的。未处于任何可疑使用状态的状态则是用户在网站上的正常行为。

有时，异常可能不是由于任何特定用户的不规则行为造成的。由于服务器的变化，用户的正常流量及其行为可能会发生变化。在这种情况下，我们必须小心不要将所有用户都标记为恶意用户。此外，用户的异常行为可能是由于其账户遭到黑客攻击以外的原因造成的。如果真正的用户突然开始访问他们不应该访问的网站部分，那么这是一种异常情况，需要加以预防。

在本示例网站中将集成这样的系统。为此，我们将在网站的登录页面上进行检查，尝试确定用户的登录是正常还是异常状态。

我们将考虑用户登录的页面，因为一个网站可能有多个登录页面，并尝试确定它是否是用户登录的常用页面。如果用户尝试从他们通常不访问的页面登录，则会将其标记为异常。这只是检查异常用户的一个简单标准，范围包括数百个其他参数。

10.4　基于 LSTM 的用户认证模型

该部分可分解成两个主要的子部分。

（1）构建安全检查模型。

（2）将模型作为 API 托管。

接下来，我们从第一部分开始。

10.4.1　为用户身份认证有效性检查构建模型

为了根据用户的登录活动对用户进行身份验证，我们需要一个检查请求的 API。可通过以下步骤构建此模型。

（1）我们从开发身份认证模型开始，该模型将确定用户的行为是否不正常。首先在运行 Python 3.6+的 Jupyter Notebook 中导入必要的模块，如下所示。

```
import sys
import os
import json
import pandas
import numpy
from keras.models import Sequential
from keras.layers import LSTM, Dense, Dropout
from keras.layers.embeddings import Embedding
from keras.preprocessing import sequence
from keras.preprocessing.text import Tokenizer
from collections import OrderedDict
```

（2）将数据导入项目中。本示例使用的数据集网址如下。

https://github.com/PacktPublishing/Hands-On-Python-Deep-Learning-for-Web/blob/master/
Chapter10/model/data/data-full.csv

将该数据集加载到项目中，如下所示。

```
file = 'data-full.csv'

df = pandas.read_csv(file, quotechar='|', header=None)
df_count = df.groupby([1]).count()
total_req = df_count[0][0] + df_count[0][1]
num_malicious = df_count[0][1]

print("Malicious request logs in dataset:
{:0.2f}%".format(float(num_malicious) / total_req * 100))
```

此时可以看到有关该数据的一些常规统计信息，如图 10-2 所示。

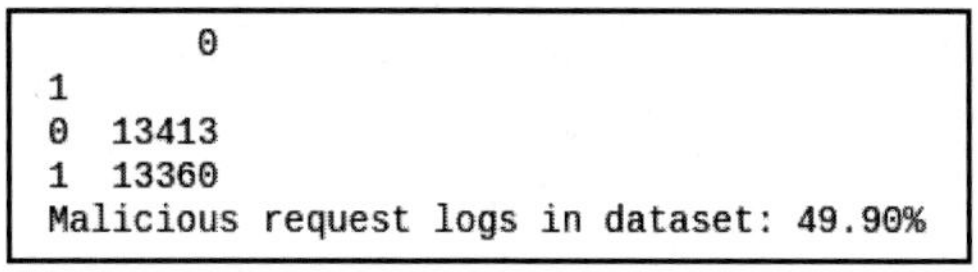

```
        0
1
0  13413
1  13360
Malicious request logs in dataset: 49.90%
```

图 10-2

通过观察发现，该数据包含文本，如图 10-3 所示。

```
In [8]: json.loads(X[0])
Out[8]: {'timestamp': 1502738643671,
         'method': 'post',
         'query': {},
         'path': '/login',
         'statusCode': 401,
         'source': {'remoteAddress': '12.93.106.47'},
         'route': '/login',
         'headers': {'host': 'localhost:8002',
          'connection': 'keep-alive',
          'cache-control': 'no-cache',
          'accept': '*/*',
          'accept-encoding': 'gzip, deflate, br',
          'accept-language': 'en-US,en;q=0.8,es;q=0.6',
          'content-type': 'application/json',
          'content-length': '36'},
         'requestPayload': {'username': 'KenM2', 'password': 'ic'},
         'responsePayload': {'statusCode': 401,
          'error': 'Unauthorized',
          'message': 'Invalid Login'}}
```

图 10-3

这个观察很重要，在以后的步骤中可参考这个屏幕截图。

（3）当然，所有数据都是字符串格式。需要将其转换为适当类型的值。此外，该数据集当前仅由一个 DataFrame 组成，可使用以下代码将它分成两部分，即训练列和标签列。

```
df_values = df.sample(frac=1).values

X = df_values[:,0]
Y = df_values[:,1]
```

（4）此外，我们还需要丢掉一些列，因为本示例只想使用数据集中与任务相关的特征。

```
for index, item in enumerate(X):
    req = json.loads(item, object_pairs_hook=OrderedDict)
    del req['timestamp']
    del req['headers']
    del req['source']
    del req['route']
    del req['responsePayload']
    X[index] = json.dumps(req, separators=(',', ':'))
```

（5）完成此操作后，现在可以对请求正文进行分词处理。分词（tokenizing）是一种将大段落分解为句子，将句子分解为单词的方法。可使用以下代码执行分词处理。

```
tokenizer = Tokenizer(filters='\t\n', char_level=True)
tokenizer.fit_on_texts(X)
```

（6）分词完成后，可以将每个请求正文条目转换为向量。这样做是因为我们需要数据的数字表示，以便计算机能够对其进行计算。之后，还需要进一步将数据集分成两部分——数据集的 75% 用于训练，25% 则用于测试。同样，可使用以下代码拆分标签列。

```
num_words = len(tokenizer.word_index)+1
X = tokenizer.texts_to_sequences(X)

max_log_length = 1024
split = int(len(df_values) * .75)

X_processed = sequence.pad_sequences(X, maxlen=max_log_length)
X_train, X_test = X_processed[0:split],
X_processed[split:len(X_processed)]
Y_train, Y_test = Y[0:split], Y[split:len(Y)]
```

请记住，从步骤（2）开始，此数据主要包含文本。当涉及文本数据时，很可能有上下文和与之相关的特定顺序。

例如，考虑这句话的单词——Sachin Tendulkar is a great cricketer。要传达预期的含义，不得改变单词的顺序。这就是在机器学习中处理文本数据时维护顺序和上下文的重要性的体现。

在本示例中，将使用一种特殊类型的循环神经网络——长短期记忆（long short term memory，LSTM）——它将学习识别常规用户行为。

🛈 **注意：**
关于 LSTM 算法的详细讨论超出了本书的范围，但如果你对此有兴趣，可访问以下网址。

http://bit.ly/2m0RWnx

（7）添加层以及词嵌入（word embedding）。这有助于维护数字编码文本和实际词之间的关系，具体代码如下。

```
clf = Sequential()
clf.add(Embedding(num_words, 32, input_length=max_log_length))
clf.add(Dropout(0.5))
clf.add(LSTM(64, recurrent_dropout=0.5))
clf.add(Dropout(0.5))
clf.add(Dense(1, activation='sigmoid'))
```

其输出是单个神经元，在非异常或异常登录尝试的情况下，其值分别为 0 或 1。

（8）使用以下代码编译模型并输出汇总信息。

```
clf.compile(loss='binary_crossentropy', optimizer='adam',
metrics=['accuracy'])
print(clf.summary())
```

生成该模型的汇总信息，如图 10-4 所示。

```
Layer (type)                    Output Shape              Param #
=================================================================
embedding_1 (Embedding)         (None, 1024, 32)          2016

dropout_1 (Dropout)             (None, 1024, 32)          0

lstm_1 (LSTM)                   (None, 64)                24832

dropout_2 (Dropout)             (None, 64)                0

dense_1 (Dense)                 (None, 1)                 65
=================================================================
Total params: 26,913
Trainable params: 26,913
Non-trainable params: 0
_____
None
```

图 10-4

10.4.2   训练模型

在构建模型之后，现在可以训练模型。

（1）使用模型的 fit()方法。

```
clf.fit(X_train,Y_train,validation_split=0.25,epochs=3,batch_size=128)
```

（2）检查模型的准确率。可以看到，该模型在验证数据上的准确率超过 96%。由于这只是我们的第一个模型，因此这个分数已经相当不错了。可使用以下代码检查模型的准确率。

```
score, acc = clf.evaluate(X_test, Y_test, verbose=1, batch_size=128)
print("Model Accuracy: {:0.2f}%".format(acc * 100))
```

此时的输出如图 10-5 所示。

```
In [15]:  print("Model Accuracy: {:0.2f}%".format(acc * 100))

          Model Accuracy: 96.47%
```

图 10-5

（3）保存这些权重。我们将使用它们来创建用于对用户进行身份验证的 API。可使用以下代码保存模型。

```
clf.save_weights('weights.h5')
clf.save('model.h5')
```

模型准备完成后，下一步可以将其托管为 Flask API。

10.4.3　托管自定义身份验证模型

现在可创建一个 API，该 API 将接收用户的登录尝试并返回其对登录有效性的置信度。

（1）导入创建 Flask 服务器所需的模块，如下所示。

```
from sklearn.externals import joblib
from flask import Flask, request, jsonify
from string import digits

import sys
import os
import json
import pandas
import numpy
import optparse
from keras.models import Sequential, load_model
from keras.preprocessing import sequence
from keras.preprocessing.text import Tokenizer
from collections import OrderedDict
```

（2）从 model 训练步骤导入已保存的模型和权重。一旦这样做之后，就需要重新编译模型并使用 make_predict_function()方法完成 predict 函数。

```
app = Flask(__name__)

model = load_model('lstm-model.h5')
model.load_weights('lstm-weights.h5')
model.compile(loss = 'binary_crossentropy', optimizer = 'adam',
metrics = ['accuracy'])
model._make_predict_function()
```

（3）使用数据清洗函数，从客户端应用程序传入的查询中删除数字和其他无用的文本。

```
def remove_digits(s: str) -> str:
    remove_digits = str.maketrans('', '',digits)
    res = s.translate(remove_digits)
    return res
```

（4）在应用程序中创建/login 路由，当用户尝试登录时，它将接收来自客户端应用程序的登录凭据和其他请求标头详细信息。

请注意，和在训练期间所做的一样，需要删除一些额外的请求标头。

（5）在清洗完数据之后，即可对其进行分词和向量化。这些步骤与在训练期间所执行的预处理相同。这是为了确保传入请求的处理与训练阶段完全一样。

```python
@app.route('/login', methods=['GET, POST'])
def login():
    req = dict(request.headers)
    item = {}
    item["method"] = str(request.method)
    item["query"] = str(request.query_string)
    item["path"] = str(request.path)
    item["statusCode"] = 200
    item["requestPayload"] = []

    X = numpy.array([json.dumps(item)])
    log_entry = "store"

    tokenizer = Tokenizer(filters='\t\n', char_level=True)
    tokenizer.fit_on_texts(X)
    seq = tokenizer.texts_to_sequences([log_entry])
    max_log_length = 1024
    log_entry_processed = sequence.pad_sequences(seq,
maxlen=max_log_length)

    prediction = model.predict(log_entry_processed)
    print(prediction)
    response = {'result': float(prediction[0][0])}
    return jsonify(response)
```

应用程序将以 JSON 形式返回对用户进行身份验证的置信度。

（6）要在所需端口上运行服务器，可在脚本末尾添加以下几行。

```python
if __name__ == '__main__':
    app.run(port=9000, debug=True)
```

（7）将服务器脚本文件保存为 main.py。通过在系统上使用以下命令来运行服务器。

```
python main.py
```

这将启动 Flask 服务器，它侦听本机 IP 127.0.0.1 和端口 9000。你也可以轻松地将此脚本托管在云端虚拟机上，使其可用于你的所有应用程序和网站，作为通用安全检查点 API。
接下来，我们将创建在 Django 框架上运行的 Web 应用程序。

10.5　基于 Django 构建使用 API 的应用程序

本示例将基于 Django 框架构建使用用户身份认证检查 API 的网站，该网站将是一个
简单的网络论坛（BBS）演示程序，它将为用户提供登录，然后允许用户张贴自己的贴
文。虽然该应用程序很简单，但它包含基于深度学习安全集成的两个主要功能——用户
身份验证期间的异常检测和发布贴文期间的 reCAPTCHA 实现——目标是避免垃圾消息。

以下各小节将详细讨论创建该应用程序的步骤。

10.5.1　Django 项目设置

本节将使用 Django。在继续操作之前，请确保你的系统上已经安装了有效的 Django。
在第 8 章 "使用 Python 在 Microsoft Azure 上进行深度学习" 中可以找到 Django 的安装
说明。

现在创建一个 Django 项目。为此可使用以下命令。

```
django-admin startproject webapp
```

这将在当前文件夹中创建 webapp 目录。未来所有代码都将添加在此目录中。

当前目录结构如下所示。

```
webapp/
    manage.py
    webapp/
        __init__.py
        settings.py
        urls.py
        wsgi.py
    db.sqlite3
```

完成此操作后，即可在项目中创建一个应用程序。

10.5.2　在项目中创建应用程序

正如第 8 章 "使用 Python 在 Microsoft Azure 上进行深度学习" 中所述，我们必须向

网站项目中添加应用程序。为此可使用以下命令。

```
cd webapp
python manage.py startapp billboard
```

上述命令将在项目中创建一个名为 billboard 的应用程序。当然，我们仍然需要将此应用程序链接到项目中。

10.5.3　将应用程序链接到项目中

要将应用程序链接到项目中，需要将应用程序名称添加到项目设置文件 settings.py 的应用程序列表中。在 settings.py 中，添加以下代码。

```
# 应用程序定义

INSTALLED_APPS = [
    'billboard',                          # <---- 添加该行
    'django.contrib.admin',
    'django.contrib.auth',
    'django.contrib.contenttypes',
    'django.contrib.sessions',
    'django.contrib.messages',
    'django.contrib.staticfiles',
]
```

完成该修改之后，即可在网站上创建路由。

10.5.4　为网站添加路由

要给项目添加路由，可编辑 webapp 中的 urls.py 文件。

```
from django.contrib import admin
from django.urls import path, include        # <--- 添加 include 模块

urlpatterns = [
    path('', include('billboard.urls')),     # <--- 添加 billboard.urls 路径
    path('admin/', admin.site.urls),
]
```

当然，billboard.urls 路径当前尚不存在。接下来就将创建该路径。

10.5.5　在 BBS 应用程序中创建路由处理文件

在 billboard 文件夹中新建一个名为 urls.py 的文件，其内容如下。

```
from django.urls import path
from django.contrib.auth.decorators import login_required

from . import views

urlpatterns = [
    path('', login_required(views.board), name='View Board'),
    path('add', login_required(views.addbill), name='Add Bill'),
    path('login', views.loginView, name='Login'),
    path('logout', views.logoutView, name='Logout'),
]
```

将该文件保存为 webapp/billboard/urls.py。请注意，上述代码已将一些 views 项导入此路由处理文件中。此外，还使用了 login_required 方法。这表明可以开始对网站进行身份认证。

10.5.6　添加认证路由和配置

要添加用于身份认证的路由，可在 webapp/settings.py 文件的末尾处添加以下内容。

```
LOGIN_URL = "/login"
LOGIN_REDIRECT_URL = '/'
LOGOUT_REDIRECT_URL = '/logout'
```

这些行表明我们需要一个/login 和一个/logout 路由。

10.5.7　创建登录页面

要创建登录页面，需要将/login 路由添加到 BBS 应用程序的 urls.py 中。当然，前面已经这样做了。接下来，还需要将 loginView 视图添加到 BBS 应用程序的 views.py 文件中。

```
def loginView(request):
    if request.user.is_authenticated:
        return redirect('/')
    else:
        if request.POST:
            username = request.POST['username']
```

```
        password = request.POST['password']
        user = authenticate(request, username=username,
password=password)
            ## 在该行之下添加更多代码
            ## 在该行之上添加更多代码
        else:
            return redirect('/logout')
    else:
        template = loader.get_template('login.html')
        context = {}
        return HttpResponse(template.render(context, request))
```

上述函数代码首先检查传递给它的用户名和密码是否存在于用户数据库中。因此，将来还需要一个用户模型来将用户存储在数据库文件（db.sqlite3）中，该文件是在项目创建步骤中创建的。

然后，该函数将调用身份认证检查模型 API 以验证用户登录是否为正常行为。该验证可通过以下代码执行。

```
def loginView(request):
    ...
            ## 在该行之下添加更多代码
        if user is not None:
            url = 'http://127.0.0.1:9000/login'
            values = { 'username': username, 'password': password }
            data = urllib.parse.urlencode(values).encode()
            req = urllib.request.Request(url, data=data)
            response = urllib.request.urlopen(req)
            result = json.loads(response.read().decode())
            if result['result'] > 0.20:
                login(request, user)
                return redirect('/')
            else:
                return redirect('/logout')
            ## 在该行之上添加更多代码
    ...
```

上述代码块将验证用户登录，如果发现无效，则执行注销操作并将用户重定向回重新登录。

为此需要向 view.py 文件中添加一些必要的导入操作，如下所示。

```
from django.shortcuts import redirect
from django.contrib.auth import authenticate, login, logout
```

```
from django.http import HttpResponse
from django.template import loader

from django.conf import settings
from django.urls import reverse_lazy
from django.views import generic

from django.contrib.auth.models import User

import urllib
import ssl
import json
```

请注意，我们从 django.contrib.auth 中导入了 logout 方法。这将用于创建 logout 视图。

10.5.8　创建注销视图

现在可以创建注销视图。这非常简单，代码如下所示。

```
def logoutView(request):
    logout(request)
    return redirect('/')
```

接下来，我们将创建登录页面的模板。

10.5.9　创建登录页面模板

要创建模板，首先需要创建所需的文件夹。

在 billboard 目录中创建一个名为 templates 的文件夹。该目录结构现在如下所示。

```
webapp/
    manage.py
    webapp/
        __init__.py
        settings.py
        urls.py
        wsgi.py
    billboard/
        templates/
        __init__.py
        admin.py
```

```
        apps.py
        models.py
        tests.py
        urls.py
        views.py
```

在 templates 文件夹中，将放置模板文件。

现在首先创建 base.html，我们将在所有其他模板中扩展它，这包括 CSS 和 JS，以及页面的一般块结构。

ℹ 注意：

我们提供了此文件的示例，其网址如下。

https://github.com/PacktPublishing/Hands-On-Python-Deep-Learning-for-Web/blob/master/Chapter10/webapp/billboard/templates/base.html

完成之后，即可创建 login.html 文件，该文件可执行将登录值发送到服务器中的过程。

```
{% extends 'base.html' %}
{% block content %}
<div class="container">
    <div class="row">
        <div class="form_bg">
            <form method="post">
                {% csrf_token %}
                <h2 class="text-center">Login Page</h2>
                # 在该行之下添加更多代码

                ...
                # 在该行之上添加更多代码
            </form>
        </div>
    </div>
</div>
{% endblock %}
```

可以看到，上述视图模板中扩展了 base.html 模板。

ℹ 注意：

有关扩展 Django 模板的详细信息，可访问以下网址。

https://tutorial.djangogirls.org/en/template_extending/

此登录页面中的表单将发出 POST 请求，因此需要传递 CSRF 令牌。

接下来，我们将创建在登录完成后显示的页面。

10.5.10　BBS 页面模板

由于前面已经创建了 base.html 文件，因此，可以简单地在 board.html 模板文件中扩展它来创建 BBS 显示页面。

```
{% extends 'base.html' %}
{% block content %}
<div class="container">
    <div class="row">
        {% for bill in bills %}
        <div class="col-sm-4 py-2">
            <div class="card card-body h-100">
                <h2>{{ bill.billName }}</h2>
                <hr>
                <p>
                    {{ bill.billDesc }}
                </p>
                <a href="#" class="btn btn-outline-secondary">{{
bill.user.username }}</a>
            </div>
        </div>
        {% endfor %}
    </div>
</div>
{% endblock %}
```

在上面的代码块中，迭代了 BBS 数据库中所有可用的 bills 项目，并使用模板中的 for 循环显示它们。base.html 模板的使用允许我们减少视图模板中重复代码的数量。

接下来，我们将创建包含向 BBS 中添加新贴文的代码的页面。

10.5.11　添加到 BBS 页面模板

要创建将贴文添加到 BBS 中的页面模板，可使用以下代码创建 add.html 模板文件。

```
{% extends 'base.html' %}
{% block content %}
<div class="container">
```

```
    <div class="row">
        <div class="form_bg">
            <form method="post" id="form">
                {% csrf_token %}
                <h2 class="text-center">Add Bill</h2>
                <br />
                <div class="form-group">
                    <input type="text" class="form-control" id="billname"
name="billname" placeholder="Bill Name">
                </div>
                <div class="form-group">
                    <input type="text" class="form-control" id="billdesc"
name="billdesc" placeholder="Description">
                </div>
                <br />
                <div class="align-center">
                    <button type="submit" class="btn btn-success"
id="save">Submit</button>
                </div>
            </form>
        </div>
    </div>
</div>
{% endblock %}
```

在上面的代码块中，扩展了 base.html 模板以添加允许发布贴文的表单。注意 form 元素中 CSRF 令牌的使用。在 Django 中，总是需要在发出 POST 请求时传递有效的 CSRF 令牌。

ⓘ **注意：**

有关 Django 中 CSRF 令牌的详细信息，可访问以下网址。

https://docs.djangoproject.com/en/3.0/ref/csrf/

但是，我们还没有添加视图来处理 BBS 页面和添加贴文的页面。因此，接下来我们将添加它们。

10.5.12　BBS 模型

现在需要添加视图以查看 BBS 页面上的所有贴文。但是，首先需要创建模型来保存所有的贴文。

在 models.py 文件中，添加以下代码。

```
from django.utils.timezone import now
from django.contrib.auth.models import User

class Bills(models.Model):
    billName = models.CharField("Bill Name", blank=False, max_length=100,
default="New Bill")
    user = models.ForeignKey(User, on_delete=models.CASCADE)
    billDesc = models.TextField("Bill Description")
    billTime = models.DateTimeField(default=now, editable=False)

    class Meta:
        db_table = "bills"
```

在上述代码中，创建了一个名为 Bills 的新模型，这将存储用户在 BBS 上添加的所有贴文的详细信息。user 模型作为外键（Foreign Key）与该模型链接。将此文件保存为 webapp/billboard/models.py。

🛈 **注意：**

有关外键和其他键的详细信息，可访问以下网址。

https://www.sqlite.org/foreignkeys.html

完成此操作后，即可在视图中使用 Bills 模型。

10.5.13　创建 BBS 视图

要开始在应用程序中使用 Bills 模型，首先需要将其导入 views.py 文件中。
在 view.py 文件的顶部添加以下行。

```
from .models import Bills
```

然后为 BBS 添加视图，如下所示。

```
def board(request):
    template = loader.get_template('board.html')
    context = {}
    context["isLogged"] = 1

    Bill = Bills.objects.all()

    context["bills"] = Bill
```

```
    return HttpResponse(template.render(context, request))
```

接下来，需要创建用于添加贴文的视图。

10.5.14　创建添加贴文的视图

在此视图中可创建贴文。如果对 addbill()方法提供的路由发出有效的 POST 请求，则将创建一个新的 Bill 对象并将其保存到数据库中；否则，会向用户显示用于添加贴文的表单。

具体代码如下。

```
def addbill(request):
    if request.POST:
        billName = request.POST['billname']
        billDesc = request.POST['billdesc']
        Bill = Bills.objects.create(billName=billName, user=request.user,
billDesc=billDesc)
        Bill.save()
        return redirect('/')
    else:
        template = loader.get_template('add.html')
        context = {}
        context["isLogged"] = 1

        return HttpResponse(template.render(context, request))
```

当然，在使用该应用程序之前，还需要创建管理员用户。

10.5.15　创建管理员用户并对其进行测试

要创建管理员用户，可使用以下命令。

```
python manage.py createsuperuser
```

现在可使用以下命令迁移数据库更改。

```
python manage.py makemigrations
python manage.py migrate
```

产生的输出应如图 10-6 所示。

接下来，可使用 reCAPTCHA 工具保护 BBS 站点的发布贴文操作。

```
^C(base) xprilion@x1:~/html/Hands-On-Python-Deep-Learning-for-Web/Chapter10/webapp$ python manage.py migrate
Operations to perform:
  Apply all migrations: admin, auth, contenttypes, sessions
Running migrations:
  Applying contenttypes.0001_initial... OK
  Applying auth.0001_initial... OK
  Applying admin.0001_initial... OK
  Applying admin.0002_logentry_remove_auto_add... OK
  Applying contenttypes.0002_remove_content_type_name... OK
  Applying auth.0002_alter_permission_name_max_length... OK
  Applying auth.0003_alter_user_email_max_length... OK
  Applying auth.0004_alter_user_username_opts... OK
  Applying auth.0005_alter_user_last_login_null... OK
  Applying auth.0006_require_contenttypes_0002... OK
  Applying auth.0007_alter_validators_add_error_messages... OK
  Applying auth.0008_alter_user_username_max_length... OK
  Applying auth.0009_alter_user_last_name_max_length... OK
  Applying sessions.0001_initial... OK
```

图 10-6

10.5.16　通过 Python 在 Web 应用程序中使用 reCAPTCHA

要将 reCAPTCHA 添加到网站上，首先需要从 Google reCAPTCHA 控制台中获取 API 密钥。

（1）登录你的 Google 账户并访问以下网址。

https://www.google.com/recaptcha

（2）单击页面右上角的 Admin Console（管理控制台）。

（3）按照屏幕上显示的步骤将你的站点添加到控制台中。如果你是在本地系统上进行测试，则必须将 127.0.0.1 指定为 URL 之一。

（4）获取域的 API 密钥。

获取域的 API 密钥的屏幕应如图 10-7 所示。

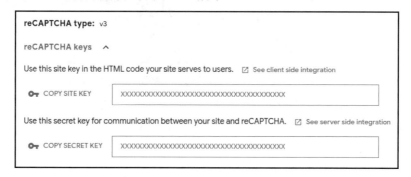

图 10-7

（5）将密钥添加到 Web 应用程序的 settings.py 文件中，如下所示。

```
GOOGLE_RECAPTCHA_SECRET_KEY =
'6Lfi6ncUAAAAANJYkMC66skocDgA1REblmx0-3B2'
```

（6）需要将要加载的脚本添加到 add.html 模板中。我们将其添加到 BBS 应用程序的页面模板中，如下所示。

```
<script
src="https://www.google.com/recaptcha/api.js?render=6Lfi6ncUAAAAIa
JgQCDaR3s-FGGczzo7Mefp0TQ"></script>
<script>
    grecaptcha.ready(function() {
        grecaptcha.execute('6Lfi6ncUAAAAIaJgQCDaR3s-
FGGczzo7Mefp0TQ')
        .then(function(token) {
            $("#form").append('<input type="hidden" name="g-
recaptcha-response" value="'+token+'" >');
        });
    });
</script>

{% endblock %}
```

可以看到，此步骤中使用的密钥是客户端/站点密钥。

（7）还需要在添加 BBS 贴文视图中验证 reCAPTCHA，如下所示。

```
def addbill(request):
    if request.POST:
        recaptcha_response = request.POST.get('g-recaptcha-response')
        url = 'https://www.google.com/recaptcha/api/siteverify'
        values = { 'secret': settings.GOOGLE_RECAPTCHA_SECRET_KEY,
                   'response': recaptcha_response}
        context = ssl._create_unverified_context()
        data = urllib.parse.urlencode(values).encode()
        req = urllib.request.Request(url, data=data)
        response = urllib.request.urlopen(req, context=context)
        result = json.loads(response.read().decode())
        if result['success']:
            # 如果有效则执行
    else:
        # 没有请求时执行的操作
```

你可以从以下文件中获取上述代码块中 addbill()方法的完整工作版本。

https://github.com/PacktPublishing/Hands-On-Python-Deep-Learning-for-Web/blob/master/Chapter10/webapp/billboard/views.py

在进行上述修改之后，即可在所有安全措施到位的情况下测试运行网站。
运行以下命令启动网站服务器。

```
python manage.py runserver
```

此时你应该能够看到网站的登录页面，如图 10-8 所示。

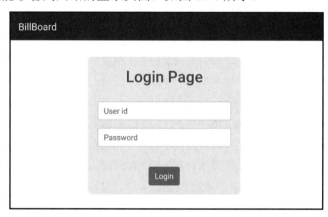

图 10-8

ℹ️ **注意:**

此时需要同时运行执行登录验证的 Flask 服务器。

登录后，你会看到 BBS 页面，上面有张贴的贴文。单击 Add Bill（添加贴文）按钮
即可发布新贴文，如图 10-9 所示。

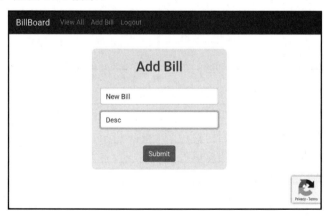

图 10-9

请注意屏幕右下角的 reCAPTCHA 徽标。这表明该页面通过使用 reCAPTCHA 来防

止垃圾贴文。如果你能够成功发布，那么 BBS 将再次与提交的贴文一起显示；如果没有，那么你将收到 reCAPTCHA 验证问题。

10.6　使用 Cloudflare 保护网站安全

Cloudflare 是行业领先的 Web 基础设施和网站安全提供商。它在网站与其用户之间创建了一层安全性和快速的内容交付，从而通过其服务器路由所有流量，实现网站的安全性和其他功能。

2017 年，Cloudflare 为超过 1200 万个网站提供了 DNS 服务。这些服务包括内容交付网络（content delivery network，CDN）、分布式拒绝服务（distributed denial of service，DDoS）攻击保护、黑客攻击保护和其他互联网安全服务，如窃取保护。

2014 年，Cloudflare 报告称缓解了对客户的 400GiB/s DDoS 攻击，紧随其后的是第二年的 500GiB/s 攻击。记录在案的所有网站上最大的攻击发生在 GitHub 上，它面临着 1.4Tb/s 的 DDoS 泛滥。GitHub 使用 Akamai Prolexic（Cloudflare 的替代品）并且能够抵御攻击，仅停机 10min，然后完全恢复。Cloudflare 可免费为其所有用户提供 DDoS 保护。

要在网站上部署 Cloudflare 服务，需要将 Cloudflare 设置为用户和托管服务器之间的中间层。图 10-10 描述了 Cloudflare 在网络上的位置。

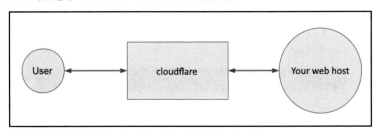

图 10-10

原　　文	译　　文
User	用户
cloudflare	Cloudflare
Your web host	你的 Web 主机

在 Google reCAPTCHA 的帮助下，开发人员可以创建自定义的垃圾邮件和恶意用户检测解决方案，当然，这种基本程度的安全也可以由 Cloudflare 自动处理（Cloudflare 免费提供这些功能，但如果需要更强大的解决方案，则需要付费）。因此，对于欠缺安全维

护人员的小网站来说，使用 Cloudflare 系统确保免受安全漏洞的影响是可行的选择之一。

10.7　小　　结

本章探讨了如何创建可用于与 Web 应用程序和其他安全服务（如 reCAPTCHA）集成的安全 API。

对于任何网站，无论大小，都必须采取一些安全措施，以确保其网站服务正常运行。互联网上的安全威胁一直存在，使用深度学习的安全性同样是一个非常热门的研究课题，相信在不久的将来，安全系统都将强烈依赖于深度学习来识别和消除威胁。

第 11 章将讨论如何设置生产级深度学习环境。我们将讨论通用架构设计，不同的只是大小规模要求以及采用什么样的服务提供商和工具。

第 11 章 自定义 Web 深度学习生产环境

在本书前面的章节中，我们介绍了如何使用一些深度学习（DL）平台，如 Amazon Web Services（AWS）、Google 云平台（GCP）和 Microsoft Azure，以在 Web 应用程序中启用深度学习。我们还探讨了如何应用深度学习使网站更安全。然而，在实际生产环境中，挑战往往不仅仅是构建预测模型那样简单——当你想要更新已经向用户发送响应的模型时，真正的问题就会出现。在替换模型文件可能需要的 30s 或 1min 内，你会损失多少时间和业务？如果有为每个用户定制的模型时该怎么办？要知道，这甚至可能意味着有数十亿个模型要处理（例如，Facebook 平台就是如此）。

有鉴于此，开发人员需要有明确的解决方案来更新生产环境中的模型。此外，由于采集的数据可能不是执行训练所采用的格式，因此还需要定义数据流，以便它们以无缝方式转换以供使用。

本章将讨论在生产环境中更新模型的方法以及选择每种方法的思路。我们将从简要阐释各种方法开始，然后介绍一些用于创建深度学习数据流的工具。最后，我们将演示通过在线学习或增量学习建立一种在生产环境中更新模型的方法。

本章包含以下主题。

❑ 生产环境中的深度学习概述。

❑ 在生产环境中部署机器学习的流行工具。

❑ 实现一个深度学习 Web 生产环境。

❑ 将项目部署到 Heroku 中。

❑ 安全、监控和性能优化。

11.1 技 术 要 求

本章代码网址如下。

https://github.com/PacktPublishing/Hands-On-Python-Deep-Learning-for-Web/tree/master/Chapter11

需要以下软件来运行本章代码。

❑　　Python 3.6+。

❑　　Flask 1.1.12+。

在后面的具体小节中还将介绍其他软件包的安装。

11.2　生产环境中的深度学习概述

无论是深度学习还是经典机器学习（ML），当在生产环境中使用模型时，事情都会变得具有挑战性。主要原因是数据为机器学习提供了燃料，而数据会随着时间的推移发生变化。

在生产环境中部署机器学习模型时，需要在特定时间间隔重新训练，因为数据会随着时间不断变化。因此，当你考虑基于生产的目的时，重新训练机器学习就不是一种奢侈，而是一种必要。深度学习只是机器学习的一个子领域，因此它也不例外。

有两种流行的机器学习模型训练方法——批量学习（batch learning）和在线学习（online learning），尤其是当它们在生产环境中时。

这里先介绍批量学习的概念（下文还会讨论在线学习）。在批量学习中，我们首先在特定的数据块上训练机器学习模型，当模型在该块上完成训练后，它会被提供下一个数据块，这个过程一直持续到所有的块都用完。这些块即被称为批次。

在实际项目中，你将一直处理大量数据。一次性将这些数据集放入内存中并不理想。在这种情况下，批量学习对我们很有帮助。使用批量学习也有一些缺点（下文会讨论），但是每当我们训练神经网络时，通常都会执行批量学习。

就像训练一样，批次的概念也可以应用于提供服务的机器学习模型。在这里，提供服务的机器学习模型意味着要使用该机器模型对未见的数据点进行预测。这也被称为推理（inference）。

目前，模型服务可以有两种类型：一是在线服务，需要在模型遇到数据点时立即进行预测（显然，该服务类型无法容忍延迟）；二是离线服务，该类服务将首先收集一些数据点，然后通过模型批次运行以获得预测结果。也就是说，该服务类型是可以有延迟的。

值得一提的是，还有多个工程方面与生产环境机器学习系统直接相关，但它们超出了本书的范围，感兴趣的读者可以在线查看 Google 云平台（GCP）团队制作的课程。

图 11-1 可用于总结上述讨论并强化你的理解。

图 11-1 描绘了 AI 后端的要求以及可能影响你选择的解决方案的各种参数。下文将讨论该图中的所有方面和可用的选择。

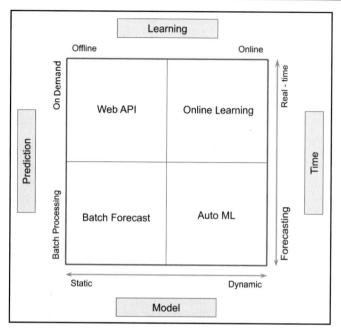

图 11-1

原　　文	译　　文	原　　文	译　　文
Learning	学习	Real-time	实时
Offline	离线	Model	模型
Online	在线	Static	静态
Prediction	预测	Dynamic	动态
Batch Processing	批处理	Online Learning	在线学习
On Demand	按需处理	Batch Forecast	批量预测
Time	时间	Auto ML	自动机器学习
Forecasting	预测		

　　由图 11-1 可知，在生产环境的深度学习实现中，通常有以下 4 种主要类型的解决方案。

❑　Web API 服务。

❑　在线学习。

❑　批量预测。

❑　自动机器学习。

接下来，我们逐一看看这些类型。

11.2.1 Web API 服务

假设我们已经构建了一个模型，该模型在后端由单独的脚本训练并被存储为模型，然后被部署为基于 API 的服务。在这种情况下，我们需要研究一种解决方案，该解决方案可按需生成结果，但训练则是离线进行的（不在负责响应客户端查询的代码部分的执行范围内）。Web API 一次响应一个查询并产生单一结果。

这是迄今为止在生产环境中部署深度学习最常用的方法，因为它允许数据科学家离线执行准确的训练，并使用一个简短的部署脚本来创建 API。本书示例也主要进行了此类部署。

11.2.2 在线学习

另一种通过后端进行的按需预测是在线学习。在该方法中，学习发生在服务器脚本的执行过程中，因此模型会随着每个相关查询而不断变化。虽然这种方法是动态的并且不太可能过时，但它通常不如其静态对应的 Web API 准确。

在线学习同样是一次只产生一个结果。

本章将演示一个在线学习的例子。下文还会讨论有助于在线学习的工具。

11.2.3 批量预测

在该方法中，将一次做出许多预测并存储在服务器上，随时可以在用户需要时获取和使用。但是，作为一种静态训练方法，该方法允许离线训练模型，因此可以提供更高的训练准确度，这类似于 Web API。

换句话说，批量预测可以理解为 Web API 的批量版本，当然，预测不是由 API 提供的。相反，预测是从数据库中存储和提取的。

11.2.4 自动机器学习

对于自动机器学习而言，进行预测只是在生产环境中使用深度学习的整个过程的一部分。数据科学家还负责清洗和组织数据、创建管道和优化。自动机器学习是一种消除此类重复性任务需求的方法。

自动机器学习是一种批量预测方法，无须人工干预。因此，数据会不断进来，并通过预定义的管道，而预测也会定期更新。因此，这种方法可比批量预测方法提供更多的最新预测。

接下来，我们认识一些可用于快速实现上述方法的工具。

11.3 在生产环境中部署机器学习的流行工具

本节将讨论一些可用于将机器学习部署到生产系统中的流行工具。这些工具提供的核心实用程序是自动化学习-预测-反馈管道，并促进对模型质量和性能的监控。虽然你也可以创建自己的工具，但根据软件的要求使用以下任何工具也是一个不错的选择。

接下来，我们先从 creme 开始讨论。

11.3.1 creme

creme 是一个 Python 库，可以让开发人员高效地执行在线学习，creme 的图标如图 11-2所示。

图 11-2

在了解 creme 的实际应用之前，不妨先来讨论在线学习本身。

对于在线学习而言，机器学习模型一次在一个实例上进行训练，而不是在一批数据上进行训练。如前文所述，在一批数据上进行训练也被称为批量学习。要更好地理解在线学习的应用，就有必要了解批量学习存在的以下缺点。

- ❑ 在生产环境中，我们需要随着时间的推移在新数据上重新训练机器学习模型。批量学习迫使我们这样做，但这是有代价的。成本不仅在于计算资源，还在于模型是从头开始重新训练的。从头开始训练模型在生产环境中并不总是有用。
- ❑ 数据的特征和标签会随着时间而改变。批量学习不允许我们训练可以支持动态特征和标签的机器学习模型。

上述缺点正是体现在线学习优势的地方，它使我们能够做到以下两点。

- ❑ 一次仅使用一个实例训练机器学习模型。因此，不需要一大批数据来训练机器学习模型；它可以在数据可用时立即使用数据进行训练。
- ❑ 支持使用动态特征和标签训练机器学习模型。

在线学习还有以下 4 个名称，但它们实际上都在做同样的事情。

❑　增量学习（incremental learning）。

❑　顺序学习（sequential learning）。

❑　迭代学习（iterative learning）。

❑　核外学习（out-of-core learning）。

如前文所述，creme 是一个用于执行在线学习的 Python 库。将其保存在机器学习工具箱中非常有用，尤其是在处理生产环境时。creme 深受 scikit-learn（Python 中非常流行的机器学习库）的启发，这使得它非常易于使用。要获得有关 creme 的全面介绍，可访问 creme 的官方 GitHub 存储库，其网址如下。

https://github.com/creme-ml/creme

在了解完 creme 的知识背景之后，现在来看看实际操作。首先是安装 creme，这可以使用以下命令来完成。

```
pip install creme
```

要获取最新版本的 creme，可使用以下命令。

```
pip install git+https://github.com/creme-ml/creme
```

也可以通过 SSH 安装，命令如下。

```
pip install git+ssh://git@github.com/creme-ml/creme.git
```

现在来看一个快速应用示例。

（1）从 creme 导入一些必要的模块。

```
from creme import compose
from creme import datasets
from creme import feature_extraction
from creme import metrics
from creme import model_selection
from creme import preprocessing
from creme import stats
from creme import neighbors

import datetime as dt
```

可以看到，creme 的命名约定类似于 sklearn 库。所以，如果你熟悉 sklearn 库，则可以轻松上手 creme。

（2）将 creme 模块本身提供的数据集提取到 data 变量中。

```
data = datasets.Bikes()
```

本示例将使用该数据集，其中包含有关共享单车的信息。

🛈 注意：

该数据集包含在 creme 库中，有关详细信息，可访问以下网址。

https://archive.ics.uci.edu/ml/datasets/bike+sharing+dataset

（3）使用 creme 构建管道，具体代码如下。

```
model = compose.Select("humidity", "pressure", "temperature")
model += feature_extraction.TargetAgg(by="station", how=stats.Mean())
model |= preprocessing.StandardScaler()
model |= neighbors.KNeighborsRegressor()
```

请注意，上述代码使用了|=和+=运算符。在 creme 中可以使用这些运算符，这使得理解数据管道变得非常直观。可使用以下命令获得在上述代码块中构建的管道的详细表示。

```
model
```

上述命令的输出如下所示。

```
Pipeline([('TransformerUnion', TransformerUnion (
        Select (
          humidity
          pressure
          temperature
        ),
        TargetAgg (
          by=['station']
          how=Mean ()
          target_name="target"
        )
    )), ('StandardScaler', StandardScaler (
        with_mean=True
        with_std=True
    )), ('KNeighborsRegressor', KNeighborsRegressor([])))])
```

还可以使用以下命令获得此管道的可视化表示。

```
model.draw()
```

其输出如图 11-3 所示。

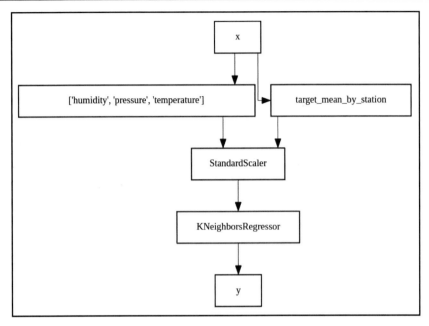

图 11-3

（4）以数据集每 30000 行的间隔运行训练并获得评分指标。在生产服务器上，此代码将导致每分钟进行一次批量预测。

```
model_selection.progressive_val_score(
 X_y=data,
 model=model,
 metric=metrics.RMSE(),
 moment='moment',
 delay=dt.timedelta(minutes=1),
 print_every=30_000
)
```

由此可见，creme 凭借其简洁明了的语法和调试工具，使得在生产环境中创建批量预测和在线学习部署变得非常简单。

接下来，我们将讨论另一个流行的工具，即 Airflow。

11.3.2 Airflow

作为一名讲求效率的机器学习从业者，你需要以编程方式处理工作流，并最好能够将它们自动化。Airflow 就为开发人员提供了一个高效执行此操作的平台。Airflow 是一个用于以编程方式创建、安排和监控工作流的平台。其官方网址如下。

https://airflow.apache.org

使用 Airflow 的主要优点是，在有向无环图（directed acyclic graph，DAG）上表示的任务可以轻松地分布在可用资源（通常被称为工作线程）上。它还可以更轻松地可视化你的整个工作流程，事实证明这非常有帮助，尤其是当工作流程非常复杂时。有关有向无环图（DAG）的详细信息，可访问以下网址。

https://cran.r-project.org/web/packages/ggdag/vignettes/intro-to-dags.html

在设计机器学习的工作流程时，需要考虑许多不同的事情，例如：

❑　数据收集管道。
❑　数据预处理管道。
❑　使数据可用于机器学习模型。
❑　机器学习模型的训练和评估管道。
❑　模型的部署。
❑　监控模型以及其他事项。

要安装 Airflow，可执行以下命令。

```
pip install apache-airflow
```

尽管 Airflow 是基于 Python 的，但开发人员完全可以使用 Airflow 来定义用于不同任务的工作流，即使这些工作流采用了不同的语言也没问题。

安装完成后，可以调用 Airflow 的管理面板并查看其上的 DAG 列表，管理该列表并触发许多其他有用的函数，具体操作如下。

（1）初始化数据库。

```
airflow initdb
```

（2）此时你应该会看到在 SQLite3 数据库上创建了许多表。如果成功，你将能够使用以下命令启动 Web 服务器。

```
airflow webserver
```

在浏览器上打开 http://localhost:8080，可以看到如图 11-4 所示的界面。

可以看到，这里提供了许多示例 DAG。你可以尝试运行它们。

接下来，我们将讨论一个非常流行的工具，即 AutoML。

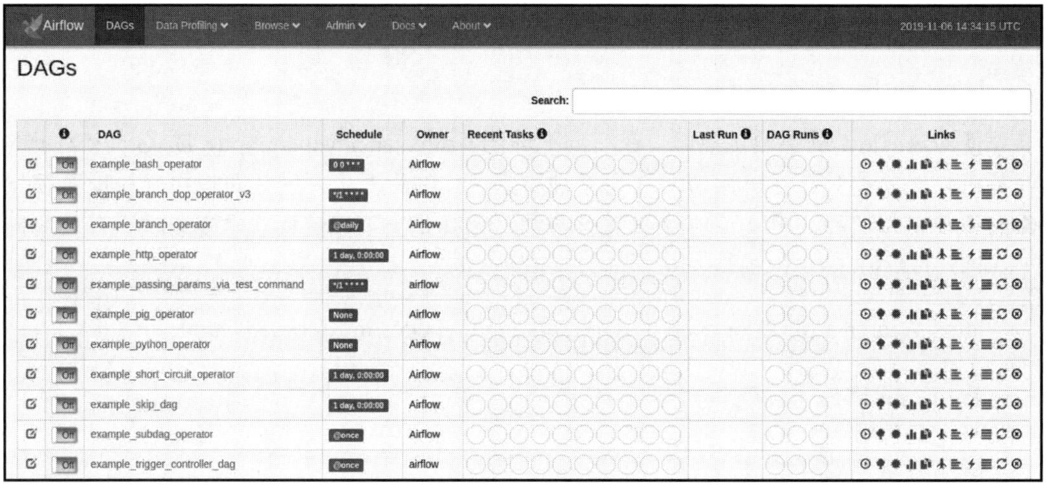

图 11-4

11.3.3　AutoML

在工业用途方面，深度学习或人工智能解决方案不仅限于在 Jupyter Notebook 中构建尖端的精确模型。要形成 AI 解决方案，大致有以下几个步骤。

❑　收集原始数据。

❑　将数据转换为可用于预测模型的格式。

❑　创建预测模型。

❑　围绕模型构建应用程序。

❑　在生产环境中监控和更新模型。

AutoML 旨在通过自动化预部署任务来自动化上述过程。一般而言，AutoML 常做的事情是编排数据和贝叶斯超参数优化。当然有时也可能意味着完全自动化的学习管道。

H2O.ai 提供了一个可用于 AutoML 的库，它被称为 H2O.AutoML。要使用它，可以先使用以下命令安装它。

```
# 使用 Conda 安装程序
conda install -c h2oai h2o

# 使用 pip 安装程序
pip install -f
http://h2o-release.s3.amazonaws.com/h2o/latest_stable_Py.html h2o
```

H2O.AutoML 非常容易理解，因为它的语法与其他流行的机器学习库相似。

11.4　深度学习 Web 生产环境示例

本节将深入研究构建一个在后端使用在线学习的示例生产应用程序。我们将基于 Cleveland 数据集创建一个可以预测心脏病的应用程序，然后将该模型部署到 Heroku（Heroku 是一个基于云容器的服务）中。最后，还将演示该应用程序的在线学习功能。

🛈 注意:

有关 Heroku 的更多信息，可访问以下网址。

https://heroku.com

11.4.1　项目基础步骤

本示例涉及以下步骤。

（1）在 Jupyter Notebook 上构建预测模型。

（2）为 Web 应用程序构建一个后端，该后端将基于保存的模型进行预测。

（3）为调用模型增量学习的 Web 应用程序构建前端。

（4）在服务端增量更新模型。

（5）将应用程序部署到 Heroku 中。

11.4.2　探索数据集

在上述基础步骤之前，还应该有一个第 0 步，即观察和探索数据集。

UCI 心脏病数据集包含 303 个样本，每个样本有 76 个属性。当然，对该数据集的大部分研究工作都集中在 Cleveland 数据集的简化版本上，该数据集具有 13 个属性，定义如下。

❑　age（年龄）。

❑　sex（性别）。

❑　chest pain type（胸痛类型）。

➢　typical angina（典型心绞痛）。

➢　atypical angina（非典型心绞痛）。

➢　non-anginal pain（非心绞痛）。

> ➢　asymptomatic（无症状）。
❑　resting blood pressure（静息血压）。
❑　serum cholesterol in mg/dl（血清胆固醇水平，单位为 mg/dl）。
❑　fasting blood sugar > 120 mg/dl（空腹血糖>120mg/dl）。
❑　resting electrocardiographic results（静息心电图结果）。

> ➢　normal（正常）。
> ➢　having ST-T wave abnormality (T wave inversions and/or ST elevation or depression of > 0.05mV)——有 ST-T 波异常（T 波倒置和/或 ST 段抬高或压低> 0.05mV）。
> ➢　showing probable or definite left ventricular hypertrophy by Estes' criteria（根据埃斯蒂斯标准显示可能或确定的左心室肥厚）。

❑　maximum heart rate achieved（达到最大心率）。
❑　exercise-induced angina（运动诱发的心绞痛）。
❑　oldpeak = ST depression induced by exercise relative to rest（运动相对于休息引起的 ST 压低）。
❑　the slope of the peak exercise ST segment（运动 ST 段峰值的斜率）。
❑　number of major vessels (0-3) colored by fluoroscopy（通过透视检查着色的主要血管数量(0-3)）。
❑　thal：3 = normal（正常）；6 = fixed defect（固定缺陷）；7 = reversible defect（可逆缺陷）。

事实上还应该有最后一列，那就是我们将要预测的目标（target）。这将使本示例的问题成为正常患者和受影响患者之间的分类问题。

ⓘ 注意：

有关 Cleveland 数据集的更多信息，可访问以下网址。

https://archive.ics.uci.edu/ml/datasets/Heart+Disease

接下来，我们将开始构建心脏病预测模型。

11.4.3　构建预测模型

本小节将首先使用 Keras 构建一个简单的神经网络，它将根据给定的输入对患者患有心脏病的概率进行分类。

步骤 1——导入必要的模块

首先导入所需的库。

```
import pandas as pd
import numpy as np
from sklearn.model_selection import train_test_split
np.random.seed(5)
```

上述代码导入了 pandas 和 numpy 模块。除此之外，还从 scikit-learn 库中导入了 train_test_split 方法，以帮助我们快速将数据集拆分为训练集和测试集两部分。

步骤 2——加载数据集并观察结果

现在可以加载数据集，假设该数据集被存储在名为 data 的文件夹中，该文件夹与包含 Jupyter Notebook 的目录位于同一目录级别，则加载数据集的代码如下所示。

```
df = pd.read_csv("data/heart.csv")
```

快速观察 DataFrame，看看是否所有列都已正确导入。

```
df.head(5)
```

这会在 Jupyter Notebook 中产生如图 11-5 所示的输出。

	age	sex	cp	trestbps	chol	fbs	restecg	thalach	exang	oldpeak	slope	ca	thal	target
0	63	1	3	145	233	1	0	150	0	2.3	0	0	1	1
1	37	1	2	130	250	0	1	187	0	3.5	0	0	2	1
2	41	0	1	130	204	0	0	172	0	1.4	2	0	2	1
3	56	1	1	120	236	0	1	178	0	0.8	2	0	2	1
4	57	0	0	120	354	0	1	163	1	0.6	2	0	2	1

图 11-5

我们可以观察这 14 列，看看它们是否已被正确导入。基本的探索性数据分析（EDA）将显示该数据集不包含任何缺失值。当然，原始的 UCI Cleveland 数据集确实是包含缺失值的，这与我们使用的版本不同，我们使用的版本已经过预处理并且可以在互联网上以这种形式随时可用。你可以在本章代码的 GitHub 存储库中找到它的副本，网址如下。

http://tiny.cc/HoPforDL-Ch-11

步骤 3——分离目标变量

现在可以从数据集中分离出 target 变量，如下所示。

```
X = df.drop("target",axis=1)
y = df["target"]
```

接下来，可以对特征进行缩放。

步骤 4——对特征进行缩放

在步骤 2 观察数据集样本时可以发现，训练列中的值不在一个共同的可比较的范围内。因此，可以对列执行缩放以使它们具有均匀的范围分布，代码如下所示。

```
from sklearn.preprocessing import StandardScaler

X = StandardScaler().fit_transform(X)
```

target 的范围为 0~1，因此不需要缩放。

步骤 5——将数据集拆分为测试集和训练集

现在可使用以下代码行将数据集拆分为训练集和测试集两部分。

```
X_train,X_test,y_train,y_test =
train_test_split(X,y,test_size=0.20,random_state=0)
```

上述代码分配了 20%的数据作为测试集。

步骤 6——在 sklearn 中创建神经网络对象

现在可以通过实例化 MLPClassifier 对象的新对象来创建分类器模型的实例。

```
from sklearn.neural_network import MLPClassifier

clf = MLPClassifier(max_iter=200)
```

这个最大迭代次数 200 是随意设置的。如果收敛得早，则可能不用这么多次。

步骤 7——执行训练

最后，进行训练并注意观察方法的准确率。

```
for i in range(len(X_train)):
    xt = X_train[i].reshape(1, -1)
    yt = y_train.values[[i]]
    clf = clf.partial_fit(xt, yt, classes=[0,1])
    if i > 0 and i % 25 == 0 or i == len(X_train) - 1:
        score = clf.score(X_test, y_test)
        print("Iters ", i, ": ", score)
```

在 Jupyter Notebook 中，上述代码块的输出如图 11-6 所示。

```
Iters  25 :   0.6065573770491803
Iters  50 :   0.7540983606557377
Iters  75 :   0.7704918032786885
Iters  100 :  0.8032786885245902
Iters  125 :  0.8360655737704918
Iters  150 :  0.8360655737704918
Iters  175 :  0.8524590163934426
Iters  200 :  0.8360655737704918
Iters  225 :  0.819672131147541
Iters  241 :  0.8360655737704918
```

图 11-6

可以看到，在对处理后的数据集中的所有 241 个样本进行训练后，准确率有望达到 83.60%。请注意上面代码块中的 partial_fit()方法。这是一种允许将简单样本拟合到模型中的模型方法。实际上，更常用的 fit()方法就是对 partial_fit()方法的封装，它可以迭代整个数据集并在每次迭代中训练一个样本。它是使用 scikit-learn 库进行增量学习演示中最重要的部分之一。

要快速查看模型提供输出的格式，可运行以下代码块。

```
# Positive Sample
clf.predict(X_test[30].reshape(-1, 1).T)

# Negative Sample
clf.predict(X_test[0].reshape(-1, 1).T)
```

其输出如图 11-7 所示。

```
In [28]:   # Positive Sample
           clf.predict(X_test[30].reshape(-1, 1).T)

Out[28]:   array([1])

In [32]:   # Negative Sample
           clf.predict(X_test[0].reshape(-1, 1).T)

Out[32]:   array([0])
```

图 11-7

可以看到，预测输出为 0 的样本，表示此人没有心脏病；而输出为 1 的样本，表示此人患有心脏病。

现在开始将此 Jupyter Notebook 转换为可以按需增量学习的脚本。但是，首先需要构建该项目的前端，以便我们可以从后端了解需求。

11.4.4　实现前端

本示例将采用自下而上的方法，首先设计示例应用程序的前端。值得一提的是，这样做只是为了理解为什么要在后端脚本中编写一些方法，这与前几章中的做法不一样。在开发真正的应用程序时，你显然会首先创建后端脚本。

本示例将创建一个非常简洁明了的前端，仅包含一个调用应用程序增量训练的按钮和一个占位符，显示基于给定样本数量进行训练的模型的准确率分数。

该前端的外观如图 11-8 所示。

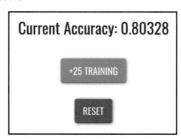

图 11-8

从图 11-8 中可以看到，该前端将有两个按钮，其中，+25 TRAINING 按钮可以将训练数据集中的 25 个样本添加到部分训练的模型中，而 RESET 按钮则可以将训练重置为 0个样本（实际上是 1 个样本，以避免 0 导致的常见错误，但这对演示几乎没有影响）。

首先创建一个名为 app 的 Flask 项目文件夹，然后创建 templates 文件夹并在其中创建 index.html 文件。

在 app 文件夹中创建了另一个名为 app.py 的文件。我们将在 app 文件夹中创建更多文件以在 Heroku 上进行部署。

限于篇幅，在此我们不会提供 index.html 文件的完整代码，但是会讨论通过 Ajax 触发器调用后端 API 的两个函数。

ℹ️ 注意：

有关 index.html 文件的完整代码，可访问以下网址。

http://tiny.cc/HoPforDL-Ch-11-index

来看 index.html 中的第 109～116 行。

```
....
$("#train-btn").click(function() {
```

```
    $.ajax({
        type: "POST",
        url: "/train_batch",
        dataType: "json",
        success: function(data) {
            console.log(data);
....
```

上面的一段 JavaScript（jQuery）代码在带有 train-btn ID 的按钮上创建了一个 click 处理程序。它将在后端调用/train_batch API。我们将在开发后端时创建此 API。

index.html 文件中另一个有趣的代码块是第 138～145 行。

```
....
$("#reset-btn").click(function() {
    $.ajax({
        type: "POST",
        url: "/reset",
        dataType: "json",
        success: function(data) {
            console.log(data);
....
```

上述代码在带有 reset-btn ID 的按钮上设置了一个 click 处理程序，以向/reset API 发出请求。这是增量学习很容易被遗忘的一面，它要求的训练是递减的；也就是说，它将训练好的模型重置为未训练的状态。

接下来，我们将构建后端需要的 API。

11.4.5　实现后端

本节将创建后端所需的 API 以及用于演示的服务器脚本。

编辑项目根文件夹中的 app.py 文件。

（1）导入一些必要的模块。

```
from flask import Flask, request, jsonify, render_template

import pandas as pd
import numpy as np
from sklearn.model_selection import train_test_split
from sklearn.preprocessing import StandardScaler
from sklearn.neural_network import MLPClassifier

np.random.seed(5)
```

可以看到，此处的导入与在 Jupyter Notebook 中创建模型期间所做的导入操作非常相似。这是因为我们只是将 Jupyter Notebook 代码转换为用于后端演示的服务器脚本。

（2）将数据集加载到 Pandas DataFrame 中。

```
df = pd.read_csv("data/heart.csv")
```

（3）快速添加其余的代码，包括将数据集拆分为训练集和测试集两部分、对特征列进行缩放，以及在给定数量的样本上训练模型等，这些在前面的步骤中均有解释。

```
X = df.drop("target",axis=1)
y = df["target"]

X = StandardScaler().fit_transform(X)
X_train,X_test,y_train,y_test =
train_test_split(X,y,test_size=0.20,random_state=0)

clf = MLPClassifier(max_iter=200)

for i in range(100):
    xt = X_train[i].reshape(1, -1)
    yt = y_train.values[[i]]
    clf = clf.partial_fit(xt, yt, classes=[0,1])
    if i > 0 and i % 25 == 0 or i == len(X_train) - 1:
        score = clf.score(X_test, y_test)
        print("Iters ", i, ": ", score)
```

请注意，在上面的代码中，设置了在数据集中的 100 个样本上训练模型。这应该会使模型相当准确，但显然还有改进的余地，我们使用了/train_batch API 触发，它可为模型的训练添加 25 个样本。

（4）设置几个变量来使用脚本，以及实例化 Flask 服务器对象。

```
score = clf.score(X_test, y_test)

app = Flask(__name__)

start_at = 100
```

（5）创建/train_batch API，具体如下。

```
@app.route('/train_batch', methods=['GET', 'POST'])
def train_batch():
    global start_at, clf, X_train, y_train, X_test, y_test, score
    for i in range(start_at, min(start_at+25, len(X_train))):
```

```
        xt = X_train[i].reshape(1, -1)
        yt = y_train.values[[i]]
        clf = clf.partial_fit(xt, yt, classes=[0,1])

    score = clf.score(X_test, y_test)

    start_at += 25

    response = {'result': float(round(score, 5)), 'remaining':
len(X_train) - start_at}

    return jsonify(response)
```

train_batch()函数可以按 25 个样本递增模型的学习样本数（或使用数据集的剩余样本）。它基于数据集的 20%拆分测试集返回模型当前的分数。另外，还可以再次看到，用于 25 次迭代的是 partial_fit()方法。

（6）创建/reset API，它可以将模型重置为未训练状态。

```
@app.route('/reset', methods=['GET', 'POST'])
def reset():
    global start_at, clf, X_train, y_train, X_test, y_test, score
    start_at = 0
    del clf
    clf = MLPClassifier(max_iter=200)
    for i in range(start_at, start_at+1):
        xt = X_train[i].reshape(1, -1)
        yt = y_train.values[[i]]
        clf = clf.partial_fit(xt, yt, classes=[0,1])

    score = clf.score(X_test, y_test)

    start_at += 1

    response = {'result': float(round(score, 5)), 'remaining':
len(X_train) - start_at}

    return jsonify(response)
```

该 API 再次返回重置后模型的分数。假设数据集在其类别中是平衡的，那么它应该符合预期——效果非常差。

（7）编写代码来启动该应用程序的 Flask 服务器。

```
@app.route('/')
def index():
    global score, X_train
    rem = (len(X_train) - start_at) > 0
    return render_template("index.html", score=round(score, 5),
remain = rem)

if __name__ == '__main__':
    app.run()
```

（8）完成此操作后，即可通过从控制台中运行应用程序来测试该应用程序是否能正常工作。为此，可打开一个新的终端窗口并在 app 目录中输入以下命令。

```
python app.py
```

服务器运行后，即可在 http://localhost:5000 中查看应用程序。

在测试确认该应用程序可正常工作之后，可以将项目部署到 Heroku 上。

11.4.6　将项目部署到 Heroku 上

本节来看看如何将演示应用程序部署到 Heroku 上。

以下步骤将在 Heroku 上创建一个账户并将所需的修改添加到代码中，使其有资格在该平台上托管。

（1）访问以下网址以登录 Heroku。如果你还没有该平台的账户，则可以通过注册过程免费创建一个。

https://id.heroku.com/login

该登录页面如图 11-9 所示。

（2）创建一个 Procfile 文件。

在该步骤中，可在 app 目录中创建一个名为 Procfile 的空白文件。创建完成后，向其中添加以下代码行。

```
web: gunicorn app:app
```

该文件在向 Heroku 中部署项目期间加以使用。上述代码行指示 Heroku 系统使用 gunicorn 服务器并运行名为 app.py 的文件。

（3）冻结该项目的需求。Heroku 将查找 requirements.txt 文件以自动下载并安装项目所需的包。要创建需求列表，可在终端中使用以下命令。

```
pip freeze > requirements.txt
```

图 11-9

这将在项目根文件夹名为 requirements.txt 的文件中创建一个包列表。

注意：

你可能希望保留一些包不被包含在 requirements.txt 文件中。处理此类项目的一个好方法是使用虚拟环境，以便该环境中只有所需的包可用，而 requirements.txt 仅包含它们。当然，此解决方案可能并不总是可行的。在这种情况下，可手动编辑 requirements.txt 并删除与项目无关的包所在的行。

该项目的目录结构当前应如下所示。

```
app/
---- templates/
-------- index.html
---- Procfile
---- requirements.txt
---- app.py
```

（4）在本机系统上安装 Heroku CLI。具体安装说明可访问以下网址。

https://devcenter.heroku.com/articles/heroku-cli

（5）在目录上初始化 git。为此可在项目的根目录中使用以下命令。

```
git init
```

（6）在项目上初始化 Heroku 版本管理。打开一个终端窗口并导航到项目目录中。使用以下命令初始化 Heroku 为该项目提供的版本管理器，并使用你当前登录的用户注册它。

```
heroku create
```

此命令将以显示托管你的项目的 URL 结束。与此同时，会显示一个.git URL，用于跟踪项目的版本。你可以从该.git URL 推送/拉取以更改你的项目并触发重新部署。其输出将类似于以下内容。

```
https://yyyyyy-xxxxxx-ddddd.herokuapp.com/ |
https://git.heroku.com/yyyyyy-xxxxxx-ddddd.git
```

（7）将文件添加到 git 并推送到 Heroku 中。

现在可以将文件推送到 Heroku git 项中以进行部署。具体命令如下。

```
git add .
git commit -m "some commit message"
git push heroku master
```

这将创建部署，你将看到一个很长的输出流。该流是项目部署期间发生的事件的日志——包括安装软件包、确定运行时和启动侦听脚本等。

收到成功部署消息后，你将能够在步骤（6）中 Heroku 提供的 URL 上查看你的应用程序。如果你不记得它，则可以在终端使用以下命令触发它从浏览器中打开。

```
heroku open
```

现在应该看到一个新窗口或选项卡在你的默认浏览器中打开，其中包含已部署的代码。如果出现任何问题，你将能够在 Heroku 仪表板中看到部署日志，如图 11-10 所示。

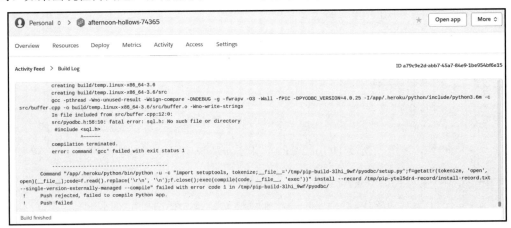

图 11-10

图 11-10 是在部署本章中介绍的代码时构建失败的实际屏幕截图。你应该能够在日志末尾找出错误。

如果构建部署成功，那么你将在日志末尾处看到一条成功部署消息。

11.5　安全措施、监控技术和性能优化

本节将讨论可以在生产环境中集成到深度学习解决方案的安全措施、监控技术和性能优化。这些功能对于维护依赖于 AI 后端的解决方案至关重要。

在第 10 章"使用深度学习系统保护 Web 应用程序"中，讨论了通过深度学习促进安全的方法，但本节要讨论的是可能对 AI 后端构成的安全威胁。

AI 后端面临的最大安全威胁之一来自带噪声的数据。在将 AI 投入生产的大多数方法中，定期检查训练数据集中的新型噪声非常重要。

对于喜欢 Python pickle 库的所有开发人员来说，图 11-11 显示的是一条非常重要的信息。

> **Warning:**　The `pickle` module **is not secure**. Only unpickle data you trust.
>
> It is possible to construct malicious pickle data which will **execute arbitrary code during unpickling**. Never unpickle data that could have come from an untrusted source, or that could have been tampered with.
>
> Consider signing data with `hmac` if you need to ensure that it has not been tampered with.
>
> Safer serialization formats such as `json` may be more appropriate if you are processing untrusted data. See Comparison with json.

图 11-11

ⓘ 注意：

图 11-11 取自 Python 官方文档截图，其网址如下。

https://docs.python.org/3/library/pickle.html

要演示在生产环境中 pickle 模块可能带来的危险，来看以下 Python 代码。

```
data = """cos
    system
    (S'rm -ri ~'
    tR.
"""

pickle.loads(data)
```

ⓘ 注意：

上述代码要做的事情很简单——它试图清除你的主目录。

警告：任何运行上述代码的人都应对其行为的结果负全部责任。

上面的示例和相关警告暗示了 AI 后端和几乎所有自动化系统中的普遍安全威胁——不可信输入的危害。因此，重要的是，任何可能放入模型中的数据，无论是在训练中还是在测试中，都必须经过正确验证，以确保不会对系统造成任何严重问题。

对生产环境中的模型进行持续监控也非常重要。因为模型经常会变得陈旧和过时，并且还冒着在一段时间后做出过时预测的风险。重要的是要检查 AI 模型所做预测的相关性。举例来说，假设某个人对于计算机存储外设的知识仍停留在光驱和软盘的时代，那么面对今天的 U 盘和固态磁盘，他显然无法做出任何明智的决定。类似地，从 21 世纪初开始在文本转储上训练的自然语言处理（natural language processing，NLP）模型可能也无法理解今天人们之间的对话。

最后一个问题是，如何针对 AI 后端的性能提出优化方案？

Web 开发人员最关心这个问题。在生产过程中，一切都需要闪电般快速。在生产环境中加快 AI 模型响应速度的一些技巧如下。

❑ 将数据集分解为可以进行相当准确预测的最少特征数。这是多种算法执行特征选择的核心思想，如主成分分析（principal component analysis，PCA）和其他启发式方法。一般来说，并非所有输入系统中的数据都相关或仅与基于它的预测略有相关。

❑ 考虑将模型托管在一个单独的、功能强大的云服务器上，并在其上启用自动扩展。这将确保模型不会在为网站页面提供服务上浪费资源，并且只处理基于 AI 的查询。自动扩展意味着它可以处理后端突然增加或急剧减少的工作负载。

❑ 在线学习和自动机器学习方法会因数据集的大小而变慢。因此，请确保你有适当的约束，不允许动态学习系统导致数据激增。

11.6　小　　结

本章介绍了在生产环境中部署深度学习模型的方法。我们详细研究了不同的方法和一些工具，这些工具有助于更轻松地将神经网络模型部署到生产环境中并进行管理。

本章还通过一个心脏病诊断示例详细介绍了使用 Flask 和 sklearn 库进行在线学习的应用。我们还讨论了部署的必要条件和一些最常见的任务示例。

第 12 章将演示一个端到端应用程序的开发，这是一个客户支持聊天机器人程序，它将使用集成到网站中的 Dialogflow API。

第 12 章　使用深度学习 API 和客服聊天机器人创建端到端 Web 应用程序

本章将汇总在本书前几章中学到的多种工具和方法，并介绍一些很棒的新工具和新技术。我们将讨论企业运营一个非常重要的方面——客户支持。对于刚刚起步的企业来说，客户支持工作可能会让人筋疲力尽且令人沮丧。通常情况下，客户提出的问题可以通过参考公司在其网站上提供的说明文档或一组常见问题解答（FAQ）来轻松回答，但客户通常不会通读这些文件。因此，最好有一个自动化层，其中最常见的查询将由聊天机器人回答，该聊天机器人始终可用且全天响应。

本章详细演示如何使用 Dialogflow API 创建聊天机器人来解决一般客户支持查询，以及如何将其集成到基于 Django 的网站中。

此外，聊天机器人将从单独托管的 Django API 中获取答案。我们将探索实现机器人个性的方法，并介绍一种通过 Web Speech API 实现基于文本转语音（text-to-speech，TTS）和语音转文本（speech-to-text，STT）的用户界面的方法，该 API 可将神经网络部署到用户的浏览器中。

本章包含以下主题。

❑　自然语言处理（NLP）简介。

❑　聊天机器人简介。

❑　创建拥有客服代表个性的 Dialogflow 机器人。

❑　通过 ngrok 在本地主机上使用 HTTPS API。

❑　使用 Django 创建测试用户界面以管理订单。

❑　使用 Web Speech API 在网页上进行语音识别和语音合成。

本章将以前几章中学到的知识为基础，在复习一些概念的同时也引入新的概念。下面我们从了解自然语言处理（NLP）开始。

12.1　技术要求

本章代码网址如下。

https://github.com/PacktPublishing/Hands-On-Python-Deep-Learning-for-Web/tree/master/Chapter12

需要以下软件来运行本章代码。
- ❑ Python 3.6+。
- ❑ Django 2.x。

在后面的具体小节中还将介绍其他软件包的安装。

12.2　自然语言处理简介

自然语言处理（NLP）是机器学习和深度学习应用的一个流行领域，也是最令人兴奋的领域之一，它指的是为理解和生成人类语言而开发的一系列技术和方法。

NLP 的目标从理解人类语言文本的含义开始，并扩展到生成人类语言，这样生成的句子对阅读该文本的人类来说是有意义的。NLP 主要用于构建能够以自然语言的形式直接从人类那里获取指令和请求的系统，如聊天机器人。当然，聊天机器人也需要以自然语言进行响应，这是 NLP 的另一个方面。

接下来，我们研究一些与 NLP 相关的常用术语。

12.2.1　语料库

在学习 NLP 时，你经常会遇到语料库（corpus）一词。通俗地说，语料库是任何一位作者或一种文学体裁的著作的集合。在 NLP 的研究中，对语料库的字典定义进行了一些修改，可以将其表述为书面文本文档的集合，这样它们就可以通过任何选择的度量标准归类在一起。这些指标可能是作者、出版商、体裁、写作类型、时间范围以及与书面文本相关的其他特征。

例如，莎士比亚作品集、鲁迅作品集或任何论坛上给定主题的贴文都可以被视为一个语料库。

12.2.2　词性

当我们将一个句子分解成它的组成词，并对句子中的每个词对该句子的整体含义的贡献进行定性分析时，其实就是执行确定词性的行为。因此，词性（part of speech）是为句子中的单词提供的符号，它基于这些单词对句子含义的贡献。

在英语中，通常有 8 种类型的词性——动词（verb）、名词（noun）、代词（pronoun）、形容词（adjective）、副词（adverb）、介词（proposition）、连词（conjunction）和感叹词（interjection）。

例如，在句子 Ram is reading a book 中，Ram 是名词和主语，reading 是动作，book 是名词和宾语。

有关词性的更多信息，可访问以下网址。

http://partofspeech.org/

你还可以尝试通过以下网址找出句子的词性。

https://linguakit.com/en/part-of-speech-tagging

12.2.3　分词

分词（tokenization）也被称为标记化，是一个将文档分解为句子，将句子分解为单词的过程。这很重要，因为如果任何计算机程序试图将整个文档作为单个字符串处理，那么这将是一场计算噩梦，因为与处理字符串相关的计算是资源密集型的。

此外，在大多数情况下，并不需要一次阅读完所有句子才能理解整篇文档的含义。一般来说，每个句子都有自己的离散含义，熟练的读者只要通过若干关键词汇就可以大致理解文档内容，因此，可以通过统计方法与文档中的其他句子同化，以确定任何文档的整体含义和内容。

同样，为了更好地处理句子，我们经常需要将句子分解成单词，以便可以从字典中概括和导出句子的含义，其中每个单词都单独列出。

12.2.4　词干提取和词形还原

词干提取（stemming）和词形还原（lemmatization）在自然语言处理（NLP）中是密切相关的术语，但它们也有明显区别。这两种方法的目的都是确定任何给定词的来源词根，以便词根的任何派生词都可以与字典中的词根匹配。

词干提取是一个基于规则的过程，其中单词被修剪，有时会附加指示其词根的修饰符。但是，词干提取有时可能会产生人类词典中不存在的词根，因此对人类读者来说毫无意义。

词形还原是将单词转换为词典中给出的词缀或词根的过程。因此，该词的原意可以从人类词典中得出，使词形还原文本比词干文本更容易使用。此外，词形还原会在确定词干算法忽略的正确词缀之前考虑任何单词在任何给定句子中的词性。这使得词形还原比词干提取更能感知上下文。

12.2.5　词袋

计算机无法直接处理和使用文本。因此，在输入机器学习模型之前，所有文本都必须转换为数字。将文本更改为数字数组，以便可以在任何时间点从转换后的文本中检索原始文本中最重要的部分，这个过程被称为特征提取（feature extraction）或编码。词袋（bag of words，BoW）是一种流行且简单的技术，用于对文本进行特征提取。

与词袋（BoW）实现相关的步骤如下。

（1）从文档中提取所有唯一词。

（2）使用文档中的所有唯一词创建单个向量。

（3）根据该文档中是否存在词向量（word vector）中的任何词，将每个文档转换为布尔数组。

例如，考虑以下 3 个句子。

1. Ram is a boy.

2. Ram is a good boy.

3. Ram is not a girl.

这些文档中存在的独特词可以在向量中列出为如下形式。

["Ram","is","a","boy","good","not","girl"]

因此，每个句子都可以转换为如下形式。

1. [1, 1, 1, 1, 0, 0, 0]

2. [1, 1, 1, 1, 1, 0, 0]

3. [1, 1, 1, 0, 0, 1, 1]

可以看到，BoW 往往会丢失每个单词出现在句子中的位置或它对句子意义的信息。因此，BoW 是一种非常基本的特征提取方法，可能不适用于一些需要上下文感知的应用程序。

12.2.6　相似性

相似性（similarity）是任意两个给定句子的相似程度的度量。它是计算机科学领域以及保存记录的任何地方非常流行的操作，用于搜索正确的文档、在任何文档中搜索词、身份验证和其他应用程序。

有多种方法可以计算任意两个给定文档之间的相似性。Jaccard 索引是最基本的形式之一，它可以根据两个文档中相同的标记数占文档中唯一标记总数的百分比来计算两个文档的相似性。

余弦相似性是另一种非常流行的相似性指数，它是当使用 BoW 或任何其他特征提取技术将文档转换为向量时，通过计算两个文档的向量之间形成的余弦来计算的。

了解这些概念之后，接下来我们将研究聊天机器人，它是 NLP 最流行的应用形式之一。

12.3　聊天机器人简介

聊天机器人是 NLP 应用程序的一部分，专门用于处理对话界面。这些界面还可以扩展其工作以处理基本命令和操作，在这些用例中，它们被称为基于语音的虚拟助手。随着 Google Home 和 Amazon Alexa 等专用设备的推出，基于语音的虚拟助手逐渐呈上升趋势。

聊天机器人可以通过多种形式存在，它们并不是只能作为虚拟助手出现。例如，你可以与游戏中的聊天机器人交谈，它会尝试向某个方向发展故事情节，或者你也可以与某些公司用来在社交媒体平台（如 Twitter 或 Facebook）上回复客户的社交聊天机器人互动。

聊天机器人可以被认为是对交互式语音响应（interactive voice response，IVR）系统的一种转变，它们具有额外的智能和响应未知输入的能力，有时只是后备回复，有时则可能会根据提供的输入计算出响应。现在银行、机场和图书馆等公共场合都配置了大量这样的聊天机器人以有效引导客户。

虚拟助手也可以存在于网站上，为访客提供指导和帮助。像这样的助手经常出现在电子商务网站上，主要为消费者查询提供即时支持。你一定已经注意到在一些销售产品或服务的网站上的"提问"或"有什么需要帮忙吗"聊天框，它们通常位于屏幕的右下角。通常情况下，它们都是使用自动聊天机器人而不是真人来回答查询。只有在查询过于复杂而无法由自动客户支持聊天机器人回答的情况下，才会将查询转移给真人客服。

🛈 注意：

创建对话式用户界面本身也是一门艺术，因为它需要聊天机器人使用朗朗上口而又清晰明了容易听懂的词汇。有关创建对话式用户界面的详细信息，可访问以下网址。

https://designguidelines.withgoogle.com/conversation

接下来，我们将创建一个充当客服代理的聊天机器人。

12.4　创建拥有客服代表个性的 Dialogflow 机器人

Dialogflow 是一种非常流行的可用于创建聊天机器人的工具。它与 Wit.ai、Botpress、Microsoft Bot Framework 和其他几个可用于创建聊天机器人的即用型服务类似，但是 Dialogflow 具有与 Google 云平台（GCP）紧密集成的额外优势，并且可以使用 Dialogflow 代理作为 Google Assistant 的操作，而 Google Assistant 已在数十亿 Android 设备上本地运行。

Dialogflow 以前被称为 Api.ai，被谷歌收购后改为现在的名字，并且它的受欢迎程度和可扩展性仍在不断提高。该平台允许与多个平台轻松集成，如 Facebook Messenger、Telegram、Slack、Line、Viber 和其他多个主要通信平台。

本节项目将遵循如图 12-1 所示的架构。

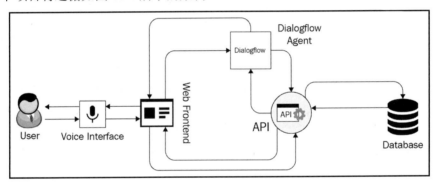

图 12-1

原　　文	译　　文	原　　文	译　　文
User	用户	Dialogflow Agent	Dialogflow 代理
Voice Interface	声音接口	Database	数据库
Web Frontend	Web 前端		

本项目还将使用图 12-1 中未提及的若干个库和服务。我们将在项目进行过程中介绍它们，并讨论它们让开发人员感兴趣的地方。

12.4.1　关于 Dialogflow

在开始使用 Dialogflow 之前，不妨先访问其官方网站，以更仔细地了解该产品，其网址如下。

https://dialogflow.com

在尝试了解任何产品或服务之前，研究其说明文档总是一个好主意，因为官方说明文档通常会包括软件的全部功能。

🛈 **注意：**

Dialogflow 说明文档的网址如下。

https://cloud.google.com/dialogflow/docs/

Dialogflow 与 GCP 紧密集成，因此要使用它必须先创建一个 Google 账户。你可以访问以下网址以创建一个 Google 账户。

https://account.google.com

如果你是第一次在 Dialogflow 中使用你的账户，那么你可能需要为你的 Google 账户提供许多权限。

接下来，我们将探索和了解 Dialogflow 账户创建过程和 UI 各个部分的操作。

12.4.2　步骤 1——打开 Dialogflow 控制台

首先访问以下页面。

https://dialogflow.com

单击页面右上角的 Go to console（转到控制台）按钮。或者，你也可以在浏览器中输入以下网址。

https://dialogflow.cloud.google.com/

如果你是第一次使用，则将看到如图 12-2 所示的页面。

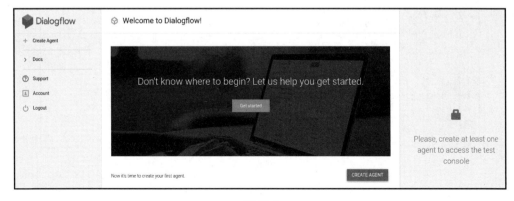

图 12-2

仪表板会提示你创建新代理。

12.4.3　步骤 2——创建新代理

现在可以创建一个 Dialogflow 代理。对于 Dialogflow 来说，代理（agent）其实就是聊天机器人的另一个名称。代理将接收、处理和响应用户提供的所有输入。

单击 Create Agent（创建代理）按钮并根据你的喜好填写有关代理的信息，其中包括代理名称、默认语言、时区和 Google 项目名称。

如果你在此步骤之前未使用 GCP，则必须创建一个项目。在第 6 章"使用 Python 在 Google 云平台上进行深度学习"中详细介绍了 GCP 项目的创建操作。或者，你也可以简单地让 GCP 在创建代理时自动创建一个新项目。

12.4.4　步骤 3——了解仪表板

在成功创建 Dialogflow 代理之后，你将看到如图 12-3 所示的仪表板。

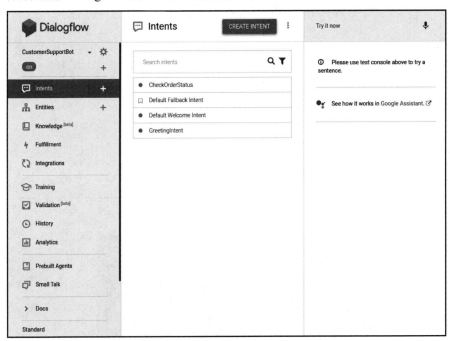

图 12-3

在图 12-3 左侧可以看到一个菜单，其中包含构成聊天机器人的各种组件。此菜单将非常有用，你应该仔细查看其所有内容，以确保了解该菜单项。

仪表板的中间部分将包含不同的内容，具体取决于单击了左侧菜单中的哪个组件。默认情况下，当你打开 Dialogflow 控制台时，它将包含聊天机器人的 Intents 列表，如图 12-4 所示。

那么，究竟什么是 Intent（意图）？

Intent 是用户希望通过他们对聊天机器人发出的任何话语来执行的操作。例如，当用户说"给我一杯咖啡"时，他们的意图就是让聊天机器人"给我带来咖啡"。

在仪表板最右侧，提供了一个面板以随时测试聊天机器人。你可以编写任何输入文本以测试聊天机器人的响应，你将看到大量信息以及聊天机器人生成的响应。

图 12-5 显示了一些测试输入和响应。

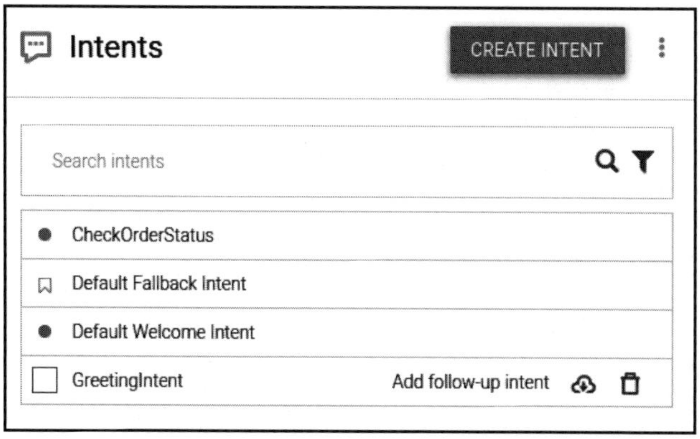

图 12-4

图 12-5

当用户输入 What is my order status（我的订单状态如何）时，聊天机器人会回复询问相关订单的 ID。这与 CheckOrderStatus 意图匹配，并且需要一个名为 OrderId 的参数。我们将通过这个项目定期使用该控制台来在开发过程中调试聊天机器人。

虽然在图 12-5 中展示了一个包含 Intent 的预配置代理，但此时你新创建的代理是没有任何自定义 Intent 的。因此，接下来我们要做的就是创建 Intent。

12.4.5　步骤 4——创建 Intent

现在我们要创建两个 Intent。一个 Intent 将为用户提供帮助，另一个 Intent 将检查用户提供的订单 ID 的状态。

步骤 4.1——创建 HelpIntent

在此子步骤中，单击左侧菜单中 Intents 项右侧的+按钮，将看到一个空白的 Intent 创建表单。

在 Intent 创建表单中可看到如图 12-6 所示的标题。

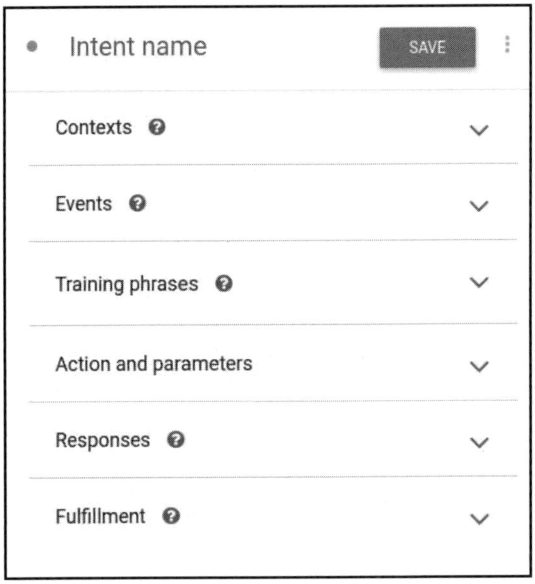

图 12-6

对于此 Intent，可将 Intent name 填写为 HelpIntent。

接下来，按照以下步骤完成此 Intent 的创建。

步骤 4.1.1——为 HelpIntent 输入训练短语

现在需要定义可能会调用此 Intent 操作的短语。为此，可单击 Training phrases（训练短语）标题并输入一些示例训练短语，如图 12-7 所示。

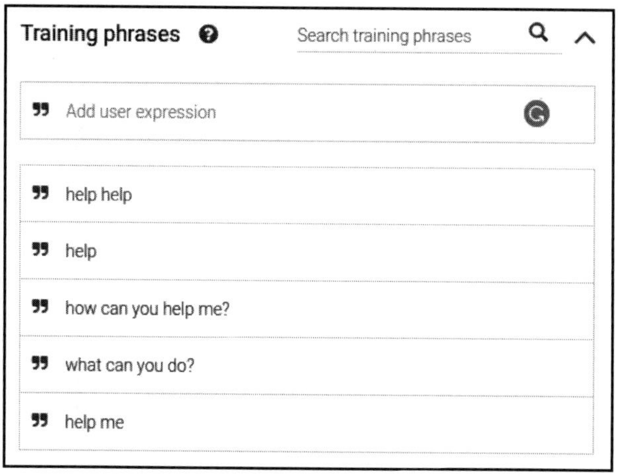

图 12-7

请注意，在对 Intent 进行任何更改时都应单击 SAVE（保存）按钮。

步骤 4.1.2——添加响应

为了响应此 Intent 中的用户查询，我们需要定义可能的响应。单击 Intent 创建表单中的 Responses（响应）标题并向查询添加示例响应，如图 12-8 所示。

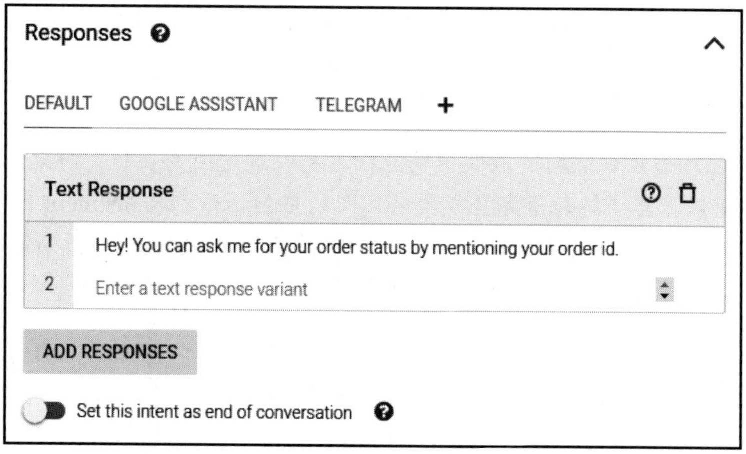

图 12-8

保存该 Intent。

完成上述操作后，可以通过输入一些短语（需要类似于此前为该 Intent 定义的训练短语）来测试聊天机器人。

步骤 4.1.3——测试 Intent

现在来测试 HelpIntent。在右侧的测试面板中，输入 Can you help me?，代理产生的响应如图 12-9 所示。

图 12-9

请注意图 12-9 底部的匹配 INTENT。由于 HelpIntent 已成功匹配训练短语中未明确定义的输入，因此我们可以得出结论，该代理运行良好。

> **注意：**
>
> 为什么代理对未经训练的输入做出响应很重要？这是因为在针对特定 Intent 测试代理时，我们希望确保与训练短语完全或紧密匹配的任何话语都与该 Intent 匹配。如果它没有将密切相关的查询与预期的 Intent 匹配，那么开发人员就需要提供更多的训练短语并检查代理的任何其他 Intent 中是否存在着有冲突的训练。

现在我们有一个 Intent 告诉用户该聊天机器人可以做什么，即检查订单的状态，因此，接下来我们将创建一个可以实际检查订单状态的 Intent。

步骤 4.2——创建 CheckOrderStatus Intent

单击 CREATE INTENT（创建 Intent）按钮并输入 Intent 的名称为 CheckOrderStatus。

步骤 4.2.1——输入 CheckOrderStatus Intent 的训练短语

在本示例中，可输入以下训练短语。

```
1. What is the status for order id 12345?
2. When will my product arrive?
3. What has happened to my order?
4. When will my order arrive?
5. What's my order status?
```

请注意，第一个训练短语与其他训练短语不同，因为它包含一个订单 ID。我们需要能够将其识别为订单 ID 并使用它来获取订单状态。

步骤 4.2.2——从输入中提取并保存订单 ID

在 CheckOrderStatus Intent 的第一个训练短语中，双击 12345，弹出一个菜单，如图 12-10 所示。

图 12-10

选择@sys.number，然后输入参数名称为 OrderId。此时的训练短语将如图 12-11 所示。

💬 What is the status for order id 12345?			
PARAMETER NAME	ENTITY	RESOLVED VALUE	
OrderId	@sys.number	12345	✕
💬 When will my product arrive?			
💬 What has happened to my order?			

图 12-11

但有时，就像在其余的训练短语中一样，用户不会在没有提示的情况下就提及订单

ID。因此，我们还需要添加一个提示和一种方法来找到订单 ID 并存储它。

步骤 4.2.3——存储参数并在未找到订单 ID 时提示用户输入

向下滚动到 Intent 创建表单中的 Actions and parameters（操作和参数）标题。为 PARAMETER NAME（参数名称）输入 OrderId，为 VALUE（值）输入 $OrderId，并选中 REQUIRED（必需）复选框，如图 12-12 所示。

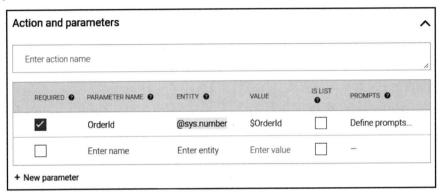

图 12-12

在 OrderId 参数的右侧，单击 Define prompts（定义提示），以便为此参数添加提示。在图 12-5 中已经提供了这样一个提示示例，即 Sure, could you please let me know the Order ID? It looks like 12345!（没问题，你能告诉我订单号吗？它应该是像 12345 这样的一串数字）。

在该提示之后，用户将会提供订单 ID，这样就会匹配这个 Intent 的第一个训练短语。接下来，我们需要定义此 Intent 的响应。

步骤 4.2.4——通过 CheckOrderStatus Intent 执行开启响应

请记住，此 Intent 需要从获得的订单 ID 中获取订单状态。在这种情况下，设置一组恒定的响应肯定是不行的。因此，需要借助 Intent 创建表单中的 Fulfillment（执行）标题。

向下滚动并为此 Intent 打开执行方法 webhook。此部分现在应如图 12-13 所示。

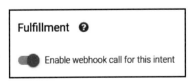

图 12-13

Fullfillment（执行）允许你的 Dialogflow 代理查询外部 API，以生成代理必须做出的响应。与代理接收到的查询相关的元数据将被发送到外部 API，然后由该 API 理解并决定需要返回给查询的响应。这对于通过聊天机器人进行动态响应非常有用。

接下来，我们需要定义该 webhook，以使用订单 ID 处理订单状态的获取。

12.4.6　步骤 5——创建一个 webhook

现在创建一个 webhook，它将在 Firebase 云控制台上运行并调用外部 API，该 API 位于 Order Management（订单管理）门户中。

单击 Dialogflow 仪表板左侧菜单栏中的 Fulfillment（执行）项目（见图 12-3），你将看到打开 Webhook 或使用 Firebase Cloud Functions 的选项。打开 Inline Editor（内联编辑器）。此时的屏幕应如图 12-14 所示。

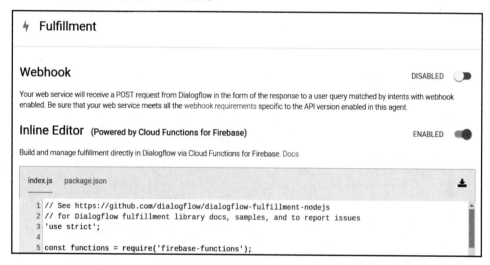

图 12-14

接下来，我们将自定义 Inline Editor 中存在的两个文件。

12.4.7　步骤 6——创建 Firebase Cloud Functions

Firebase Cloud Functions 在 Firebase 平台上运行，并按你在创建 Dialogflow 代理期间选择或创建的 GCP 项目的规定计费。有关 Cloud Functions 的更多信息，可访问以下网址。

https://dialogflow.com/docs/how-tos/getting-started-fulfillment

步骤 6.1——将所需的包添加到 package.json 中

在内联编辑器的 package.json 文件中，可以将 request 和 request-promise-native 包添加到依赖项中，具体如下。

```
"dependencies": {
    "actions-on-google": "^2.2.0",
    "firebase-admin": "^5.13.1",
    "firebase-functions": "^2.0.2",
    "dialogflow": "^0.6.0",
    "dialogflow-fulfillment": "^0.5.0",
    "request": "*",
    "request-promise-native": "*"
}
```

这些包将在构建代理期间自动获取，因此你无须显式执行任何命令即可安装它们。

步骤 6.2——向 index.js 中添加逻辑

现在可以添加调用订单管理系统 API 所需的代码。

在 dialogflowFirebaseFulfillment 对象定义中添加以下函数。

```
function checkOrderStatus(){
    const request = require('request-promise-native');
    var orderId = agent.parameters.OrderId;
    var url = "https://example.com/api/checkOrderStatus/"+orderId;
    return request.get(url)
        .then(jsonBody => {
            var body = JSON.parse(jsonBody);
            agent.add("Your order is: " + body.order[0].order_status);
            return Promise.resolve(agent);
        })
        .catch(err => {
            agent.add('Unable to get result');
            return Promise.resolve(agent);
        });
}
```

在该文件的末尾，就在结束 dialogflowFirebaseFulfillment 对象定义，并在调用 webhook 以生成响应之前，将你之前创建的函数的映射添加到在 Dialogflow 代理匹配的 Intent 中。

```
let intentMap = new Map();
intentMap.set('Default Welcome Intent', welcome);
intentMap.set('Default Fallback Intent', fallback);
```

```
intentMap.set('CheckOrderStatus', checkOrderStatus);
agent.handleRequest(intentMap);
```

现在，单击 Deploy（部署）以部署此函数。你将在屏幕右下角收到有关部署状态的通知。等待部署和构建完成即可。

12.4.8　步骤 7——为机器人添加个性

向机器人添加"个性"，这个问题更多的是关乎开发人员如何选择响应以及如何通过代理中的响应和提示推动与用户的对话。

例如，在本示例中，我们选择了对用户输入的非常标准的响应，这显得有点正式或干巴巴的，如果在响应中使用现实世界的语言或其他元素装饰一下，则会使其语言更有趣。如果不直接显示从 API 中获取的响应结果，而是添加一些修饰性的对话（例如"好哒，现在让我看看你的订单在哪里……"；或者在代理获取和加载响应期间，添加一个 Fulfillment（执行）函数，生成诸如"亲，别着急，订单马上就到……来了来了……，嗯，让我看看……"之类的过渡语言），则会显得更加生动和自然。

你还可以使用 Dialogflow 的 Small Talk（闲聊）模块为聊天机器人设置一些有趣的闲聊语言。要使用它，可单击 Dialogflow 仪表板左侧菜单栏中的 Small Talk（见图 12-3），然后单击 Enable（启用）。你可以添加几个有趣的响应，你的聊天机器人在收到特定查询时就会做出这些响应，如图 12-15 所示。

图 12-15

Small Talk（闲聊）模块对于为你的聊天机器人添加非常独特的个性非常有用。

接下来，我们将创建一个用户界面，以直接从订单管理网站上与此聊天机器人进行交互。但是，由于本示例讨论的是基于 REST API 的接口，因此可以考虑将此用户界面与我们为订单管理系统创建的 API 分开托管。

Cloud Functions 将调用 HTTPS API，但当前它尚未创建。因此，接下来，我们将介绍如何在本地主机上创建一个可以处理 HTTPS 请求的 API。

12.5　通过 ngrok 在本地主机上使用 HTTPS API

你需要为 Cloud Functions 脚本创建自己的订单管理系统 API，以便它可以从 API 中获取订单状态。在以下网址中可以找到相关示例。

http://tiny.cc/omsapi

你的 API 必须在 HTTPS URL 上运行。为此，你可以使用 PythonAnywhere 和 ngrok 等服务。PythonAnywhere 可将你的代码托管在其服务器上并提供一个固定的 URL，而将 ngrok 可以安装在本机上并在本地运行，以向 localhost 中提供一个转发地址。

假设你必须在系统的端口 8000 上为订单管理 API 运行 Django 项目，现在希望提供一个 HTTPS URL 以便可以对其进行测试，则可以按照以下步骤使用 ngrok 轻松完成此操作。

（1）下载 ngrok 工具。

首先，前往以下网址并单击顶部导航菜单中的 Download（下载）按钮。根据你的需要选择正确版本的工具并将其下载到你的系统中。

https://ngrok.com

（2）创建一个账户。

接下来，在网站上注册一个账户并进入仪表板。你可以使用 GitHub 或 Google 身份验证快速设置你的账户。

你将看到如图 12-16 所示的仪表板。

由于你已经下载并安装了该工具，因此可以直接跳到图 12-16 中的步骤③Connect your account（连接你的账户）。

（3）将你的 ngrok 账户与你的工具相关联。

复制在 Connect your account（连接你的账户）部分的 ngrok 仪表板上给出的命令。

它包含你账户的身份验证令牌，并在运行时将你系统上的 ngrok 工具连接到你在网站上的 ngrok 账户。

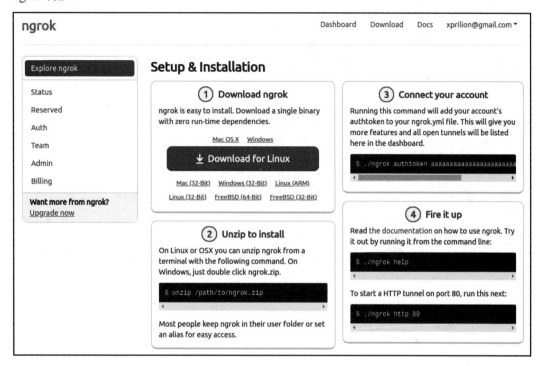

图 12-16

这样就可以使用 localhost 端口了。

（4）设置 ngrok 地址以转发到 localhost 中。

使用以下命令即可将向随机生成的 ngrok URL 发出的所有请求转发到 localhost 中。

```
ngrok http 8000
```

只要你保持终端打开，ngrok 服务就会启动并保持活动状态。此时你应该会在屏幕上看到类似于图 12-17 所示的输出。

对你的 ngrok URL 发出的所有请求都将记录在终端上。你可以在请求日志正上方表格的转发行中找到 ngrok URL。请注意，http 和 https 端口都将被转发。你现在可以使用在本地计算机上运行的 API 服务从 Firebase 中进行调用，它只允许 HTTPS 调用。

```
ngrok by @inconshreveable

Session Status              online
Account                     Anubhav Singh (Plan: Free)
Version                     2.3.35
Region                      United States (us)
Web Interface               http://127.0.0.1:4040
Forwarding                  http://51dc7863.ngrok.io -> http://localhost:8000
Forwarding                  https://51dc7863.ngrok.io -> http://localhost:8000

Connections                 ttl    opn    rt1    rt5    p50    p90
                            6      2      0.07   0.02   2.13   2.87

HTTP Requests
-------------

GET /favicon.ico                                              404 Not Found
GET /static/public/vendor/bootstrap/js/bootstrap.bundle.min.js 200 OK
GET /static/public/js/sb-admin-2.min.js                       200 OK
GET /static/public/vendor/jquery-easing/jquery.easing.min.js  200 OK
GET /static/public/vendor/jquery/jquery.min.js                200 OK
GET /static/public/css/sb-admin-2.min.css                     200 OK
GET /static/public/vendor/fontawesome-free/css/all.min.css    200 OK
GET /login/                                                   200 OK
GET /login                                                    301 Moved Permanently
GET /                                                         302 Found
```

图 12-17

12.6　使用 Django 创建测试用户界面来管理订单

在第 8 章 "使用 Python 在 Microsoft Azure 上进行深度学习" 和第 10 章 "使用深度学习系统保护 Web 应用程序" 中都已经介绍过 Django，因此，本节将跳过 Django 工作原理和基础操作的介绍，而是直接转到如何创建一个可以通过语音进行交互的用户界面。

ℹ️ **注意：**

如果你尚未在系统上安装 Django，则请按照 8.7 节 "Django Web 开发简介" 中的说明进行操作。

12.6.1　步骤 1——创建 Django 项目

每个 Django 网站都是一个项目。要创建一个 Django 项目，可使用以下命令。

```
django-admin startproject ordersui
```

使用以下目录结构创建名为 ordersui 的目录。

```
ordersui/
| -- ordersui/
|       __init.py__
|       settings.py
|       urls.py
|       wsgi.py
| -- manage.py
```

接下来，我们还将为该项目创建模块。

12.6.2　步骤 2——创建一个使用订单管理系统 API 的应用程序

请记住，每个 Django 项目都由多个协同工作的 Django 应用程序组成。现在我们将在这个项目中创建一个 Django 应用程序，它将使用订单管理系统 API 并提供一个用户界面来查看 API 数据库中包含的内容。这对于验证 Dialogflow 代理是否能够正常工作很重要。

在新终端或命令提示符中使用 cd 命令切换到 ordersui 目录。然后，使用以下命令创建一个应用程序。

```
python manage.py startapp apiui
```

这将在 ordersui Django 项目应用程序目录中创建一个具有以下结构的目录。

```
apiui/
| -- __init__.py
| -- admin.py
| -- apps.py
| -- migrations/
|       __init__.py
| -- models.py
| -- tests.py
| -- views.py
```

在开发模块之前，还需要定义一些项目级别的设置。

12.6.3　步骤 3——设置 settings.py

现在可以在 ordersui/settings.py 文件中进行一些所需的配置。

步骤 3.1——将 apiui 应用程序添加到已安装应用列表中

在 INSTALLED_APPS 列表中添加 apiui app，具体如下。

```
# 应用定义

INSTALLED_APPS = [
    'apiui',
    'django.contrib.admin',
    'django.contrib.auth',
    'django.contrib.contenttypes',
    'django.contrib.sessions',
    'django.contrib.messages',
    'django.contrib.staticfiles',
]
```

Django 框架仅包含运行时在 INSTALLED_APPS 指令中列出的应用程序，如上述代码所示。

接下来，我们还需要为项目定义数据库连接。

步骤 3.2——删除数据库设置

现在可以删除数据库连接设置，因为我们不需要此用户界面中的数据库连接。

该操作很简单，将 DATABASES 字典注释掉即可，如下所示。

```
# Database
# https://docs.djangoproject.com/en/2.2/ref/settings/#databases

# DATABASES = {
#   'default': {
#       'ENGINE': 'django.db.backends.sqlite3',
#       'NAME': os.path.join(BASE_DIR, 'db.sqlite3'),
#   }
# }
```

保存文件。

完成此操作后，还需要设置一个 URL 路由以指向 apiui 路由。

12.6.4　步骤 4——向 apiui 中添加路由

更改 ordersui/urls.py 中的代码，添加路径以在 apiui 应用程序中包含路由设置文件。你的文件将包含以下代码。

```
from django.contrib import admin
from django.urls import path, include

urlpatterns = [
```

```
    path('', include('apiui.urls')),
]
```

保存文件。

在项目级别设置路由后，还需要在模块级别设置路由。

12.6.5　步骤 5——在 apiui 应用程序中添加路由

在指示项目使用 apiui URL 路由之后，还需要创建此应用程序所需的文件。在 apiui
目录下创建一个名为 urls.py 的文件，内容如下。

```
from django.urls import path

from . import views

urlpatterns = [
 path('', views.indexView, name='indexView'),
 path('<int:orderId>', views.viewOrder, name='viewOrder'),
]
```

保存文件。

在指定了应用程序中可用的路由之后，还需要为每个路由创建视图。

12.6.6　步骤 6——创建所需的视图

在前面步骤 5 创建的路由中，有两个视图：一个是 indexView，它不接收任何参数；
另一个是 viewOrder，它接收一个名为 orderId 的参数。因此，本节将在 apiui 目录中创建
一个名为 views.py 的新文件，然后按照以下步骤创建所需的视图。

步骤 6.1——创建 indexView

此路由将简单地显示在订单管理系统上下达的订单。这可以使用以下代码。

```
from django.shortcuts import render, redirect
from django.contrib import messages
import requests

def indexView(request):
    URL = "https://example.com/api/"
    r = requests.get(url=URL)
    data = r.json()
    return render(request, 'index.html', context={'orders':
data['orders']})
```

接下来，还需要创建 viewOrder 视图。

步骤 6.2——创建 viewOrder

如果将订单 ID 以/orderId 的形式传递给同一个/路由，则应该返回订单的状态。这可以使用以下代码。

```python
def viewOrder(request, orderId):
    URL = "https://example.com/api/" + str(orderId)
    r = requests.get(url=URL)
    data = r.json()
    return render(request, 'view.html', {'order': data['order']})
```

在创建了本项目所需的不同视图之后，接下来，还需要创建显示它们的模板。

12.6.7　步骤 7——创建模板

在之前定义的视图中，使用了两个模板，即 index.html 和 view.html。但是，为了使它们与设计同步，还可以设置一个 base.html 模板，该模板将成为用户界面中其余视图模板的主模板。

由于模板大多只是 HTML 样板，对网站的重要内容几乎没有影响，因此我们仅在以下网址中提供了这些文件的代码。

http://tiny.cc/ordersui-templates

请注意，必须将模板文件保存在 apiui 目录的名为 templates 的文件夹中。

现在可以使用以下命令启动 Django 项目服务器并在浏览器上查看网站。

```
python manage.py runserver
```

在服务器运行之后，接下来我们将围绕它创建一个语音界面。

12.7　使用 Web Speech API 在网页上
进行语音识别和语音合成

Web 开发领域最近一项非常令人兴奋的发展是 Web Speech API 的引入。虽然 Google 已经在桌面和 Android 系统的 Google Chrome 浏览器中全面支持 Web Speech API，但 Safari 和 Firefox 只有部分实现可用。Web Speech API 主要由以下两个部分组成。

❑　语音合成：通常被称为文本转语音（text-to-speech，TTS）。它可以执行为任何给定文本生成语音叙述的操作。

❑　语音识别：也被称为语音转文本（speech-to-text，STT）。它可以执行识别用户所说的单词并将其转换为相应文本的操作。

有关 Web Speech API 的详细说明文档，可访问以下网址。

http://tiny.cc/webspeech-moz

Google 提供了相关的技术演示，其网址如下。

http://tiny.cc/webspeech-demo

图 12-18 显示了 Web Speech API 的技术演示界面。

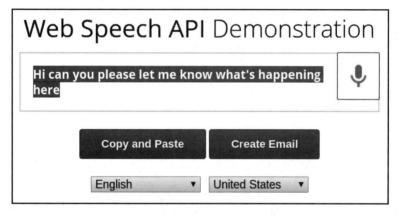

图 12-18

接下来，我们将向网站的用户界面中添加一个基于 Web Speech API 的提问按钮。

12.7.1　步骤 1——创建按钮元素

本节中的所有代码都必须放入用户界面的 base.html 模板中，以便在网站的所有页面上都可用。

使用以下代码可快速创建一个带有 Ask a question（提问）文本的按钮，该按钮将位于整个网页的右下角。

```
<div id="customerChatRoot" class="btn btn-warning" style="position: fixed;
bottom: 32px; right: 32px;">Ask a question</div>
```

接下来，需要初始化和配置 Web Speech API。

12.7.2　步骤 2——初始化 Web Speech API 并执行配置

当网页加载完成后，需要初始化 Web Speech API 对象并为其设置必要的配置。为此可使用以下代码。

```
$(document).ready(function(){
        window.SpeechRecognition = window.webkitSpeechRecognition ||
window.SpeechRecognition;
        var finalTranscript = '';
        var recognition = new window.SpeechRecognition();
        recognition.interimResults = false;
        recognition.maxAlternatives = 10;
        recognition.continuous = true;
        recognition.onresult = (event) => {
            // 在此定义成功运行的内容
        }
        // 在此定义 click 处理程序
});
```

在上述代码中可以看到，我们已经初始化了一个 Web SpeechRecognition API 对象，并对其进行了一些配置。对于这些配置的解释如下。

❑ recognition.interimResults 是一个布尔值（boolean），指示 API 是否应该尝试识别临时结果或尚未说出的单词。这会给我们的用例增加开销，因此被关闭（赋值为 false）。在记录速度比记录准确率更重要的情况下，如在为说话的人生成实时记录时，打开它会更有利。

❑ recognition.maxAlternatives 是一个数字值，告诉浏览器可以为相同的语音段产生多少替代方案。这在浏览器不太清楚所说内容的情况下很有用，并且可以为用户提供选择正确识别的选项。

❑ recognition.continuous 是一个布尔值，告诉浏览器是否必须连续捕获音频，或者在识别一次语音后是否应该停止。

但是，我们还没有定义在执行 STT 后收到结果时执行的代码。这可以通过在 recognition.onresult 函数中添加代码来实现，具体如下。

```
        let interimTranscript = '';
        for (let i = event.resultIndex, len = event.results.length; i
< len; i++) {
            let transcript = event.results[i][0].transcript;
            if (event.results[i].isFinal) {
```

```
        finalTranscript += transcript;
    } else {
        interimTranscript += transcript;
    }
}
goDialogFlow(finalTranscript);
finalTranscript = '';
```

上述代码块在用户说话时创建了一个临时记录，随着说出更多单词而不断更新。当用户停止说话时，临时记录会被附加到最终记录中并传递给处理与 Dialogflow 交互的函数。收到来自 Dialogflow 代理的响应后，将重置最终脚本以供用户下一次语音输入。

请注意，我们已将最终识别出的用户语音记录发送到一个名为 goDialogFlow() 的函数。因此，接下来需要定义该函数。

12.7.3　步骤 3——调用 Dialogflow 代理

获得用户基于语音的查询的文字版本后，我们会将其发送到 Dialogflow 代理，如下所示。

```
function goDialogFlow(text){
    $.ajax({
        type: "POST",
        url:
"https://XXXXXXXX.gateway.dialogflow.cloud.ushakov.co",
        contentType: "application/json; charset=utf-8",
        dataType: "json",
        data: JSON.stringify({
            "session": "test",
            "queryInput": {
            "text": {
                "text": text,
                "languageCode": "en"
                }
            }
        }),
        success: function(data) {
            var res = data.queryResult.fulfillmentText;
            speechSynthesis.speak(new SpeechSynthesisUtterance(res));
        },
        error: function() {
```

```
            console.log("Internal Server Error");
        }
    });
}
```

在上述代码中可以看到，当 API 调用成功时，可使用 SpeechSynthesis API 将结果告诉用户。它的用法比 SpeechRecognition API 简单得多，因此是两者中第一个出现在 Firefox 和 Safari 上的。

请注意上述函数中使用的 API URL。当前它可能看起来很奇怪，你可能想知道从哪里获得这个 URL。这里我们所做的其实是跳过了使用终端设置 Dialogflow 代理服务账户配置的要求，因为该终端始终位于脚本所在系统的本地，并且不便传输。

要为你的项目获取类似的 URL，请按照以下步骤操作；否则，跳过步骤 4，直接进入步骤 5。

12.7.4　步骤 4——在 Dialogflow Gateway 上创建 Dialogflow API 代理

要通过 Ushakov 在 Dialogflow Gateway 上创建 Dialogflow API 代理，请首先前往以下网址。

https://dialogflow.cloud.ushakov.co/

此时你将看到如图 12-19 所示的页面。

图 12-19

Dialogflow Gateway 可促进语音用户界面和 Dialogflow 代理之间的交互。这在本项目作为静态网站托管的情况下非常有用。

Dialogflow Gateway 围绕 Dialogflow API 提供了简化的 API 包装器，并且非常易于使用。

当然，你必须先创建一个账户才能开始使用 Dialogflow，这也是接下来我们要执行的操作。

步骤 4.1——在 Dialogflow Gateway 上创建账户

单击图 12-19 底部的 Get started（开始）按钮，即可开始在该平台上创建账户的过程。系统会要求你使用 Google 账户登录。确保你使用的账户与之前用于创建 Dialogflow 代理的账户相同。

步骤 4.2——为 Dialogflow 代理项目创建服务账户

在第 6 章"使用 Python 在 Google 云平台上进行深度学习"中，已经详细介绍了如何为 GCP 项目创建服务账户。你可以为链接到 Dialogflow 代理的项目创建一个新的服务密钥，如图 12-20 所示。

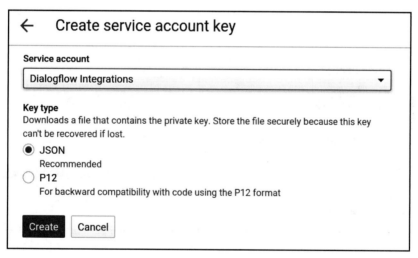

图 12-20

在成功创建密钥后，会弹出一个对话框，告诉你密钥已保存到计算机中，如图 12-21 所示。

该服务账户凭据将以 JSON 形式下载到你的本地系统中，其名称在图 12-21 中已有显示。

接下来，我们将使用此服务账户凭据文件将 Dialogflow Gateway 连接到 Dialogflow 代理。

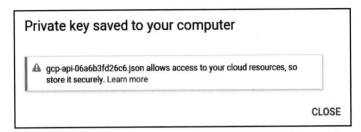

图 12-21

步骤 4.3——将服务密钥文件上传到 Dialogflow Gateway 中

在 Dialogflow Gateway 控制台上，可以找到 Upload Keys（上传密钥）按钮。单击它即可上传生成的服务账户密钥文件。上传后，控制台将显示 Dialogflow API 代理 URL，如图 12-22 所示。

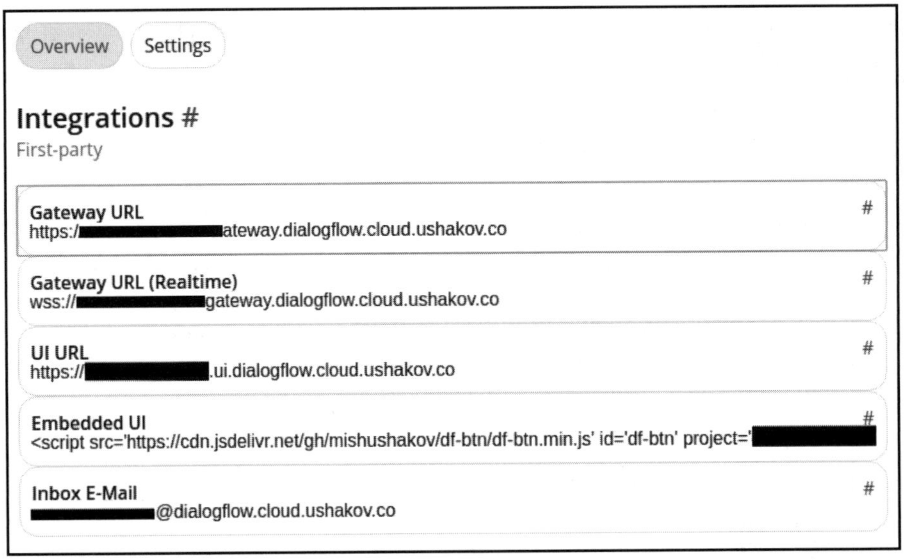

图 12-22

在之前定义的 goDialogFlow()函数中，使用的就是该 Gateway URL。

12.7.5　步骤 5——为按钮添加 click 处理程序

最后，还需要向 Ask a question（提问）按钮添加一个 click 处理程序，以便它可以触发用户输入的语音识别和 Dialogflow 代理的输出合成。

在 12.7.2 节 "步骤 2——初始化 Web Speech API 并执行配置" 定义的 ready()函数中，添加以下 click 处理程序代码。

```
$('#customerChatRoot').click(function(){
    recognition.start();
    $(this).text('Speak!');
});
```

现在，当麦克风开始监听用户输入时，按钮文本会变为 Speak!（请说话！），提示用户开始讲话。

所有操作至此结束，现在你可以测试自己的网站，看看语音识别的准确率和语音生成的效果。

12.8　小　　结

本章结合多种技术开发了一个端到端项目，该项目展示了将深度学习应用于网站的示例，这也是 Web 页面应用程序发展最快的方面之一。

本章介绍了 Dialogflow、Dialogflow Gateway、GCP IAM、Firebase Cloud Functions 和 ngrok 等工具。我们还演示了如何构建基于 REST API 的用户界面，以及如何通过 Web Speech API 使其可访问。

Web Speech API 虽然目前还处于起步阶段，但它是 Web 浏览器中使用的一项尖端技术，预计在未来几年将迅速发展。

可以肯定地说，Web 上的深度学习具有巨大的潜力，并将成为许多即将开展的业务取得成功的关键因素。在本书附录中，我们将探索 Web 开发+深度学习中一些最热门的研究领域，以及对开发人员来说可能有启发意义的思考。

附录 A　Web+深度学习的成功案例和新兴领域

"它山之石，可以攻玉"，在前沿领域，了解其他人使用什么技术做了什么事情通常很重要。本附录介绍了一些著名网站，它们的产品在很大程度上利用了深度学习的力量。此外，我们还讨论了 Web 开发中可以使用深度学习进行增强的一些关键研究领域。相信本附录将帮助你更深入地研究 Web 技术和深度学习的融合，并启发你创建自己的智能 Web 应用程序。

本附录包含以下两个主要部分。

❏　Quora 和 Duolingo 等网站在其产品中应用深度学习的成功案例。

❏　深度学习中的一些关键新兴领域，如阅读理解、音频搜索等。

让我们先从成功案例研究开始吧！

A.1　成　功　案　例

本小节将简要介绍一些以人工智能为核心以促进业务增长的产品/公司。值得一提的是，你的整个产品或服务基于何种 AI 技术或算法并不重要，仅在其中的一小部分或特定功能中使用 AI 就足以提高产品的实用性，从而提高客户对你的产品的使用率。有时，你甚至可能没有在产品的任何功能中使用 AI，相反，你可能只是使用它来执行数据分析并提出预期趋势，即可确保产品符合即将到来的趋势。

让我们来看看这些成功案例中的公司在做大的过程中是如何运作的。

A.1.1　Quora

Quora 是一个很有名的问答网站，被称为美版知乎。在 Quora 之前，有大量的问答网站和论坛。在互联网历史上的某个时间点，在线论坛被视为无法再改进的东西，然而，Quora 提出了一些使用深度学习进行调整的策略，使其迅速超越了其他论坛。以下是该网站实施的调整。

❏　Quora 使贡献者能够在任何问题发布后立即使用邀请回答功能请求回答。这使得问题更容易到达相关学科专家，他们可迅速给出答案并使平台反应更灵敏、更准确。

❑ Quora 使用自然语言处理（NLP）屏蔽了写得不好的问题和答案。这带来了使用高质量内容自动调整论坛的概念。

❑ 为任何给定的问答确定标签和相关文章，使得发现类似问题变得更容易。这也让 Quora 用户可阅读到大量与他们相似问题的答案，并在每个问题中找到新信息（见图 A-1）。

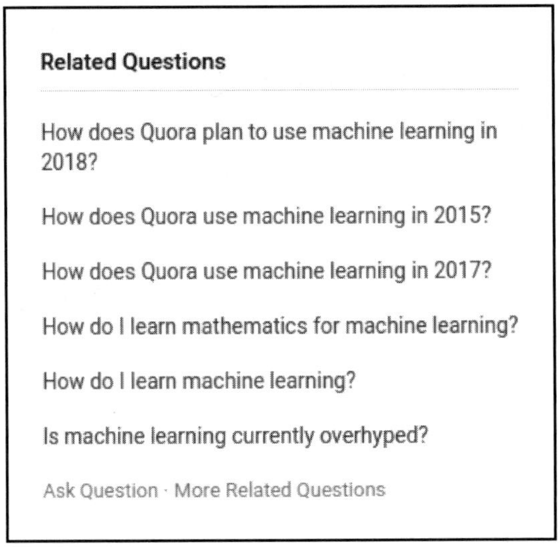

Related Questions

How does Quora plan to use machine learning in 2018?

How does Quora use machine learning in 2015?

How does Quora use machine learning in 2017?

How do I learn mathematics for machine learning?

How do I learn machine learning?

Is machine learning currently overhyped?

Ask Question · More Related Questions

图 A-1

❑ Quora 精选集是根据用户兴趣精心挑选的文章集合，几乎总能成功地将用户带回平台。

Quora 已经成为互联网上非常吸引人的社交平台。虽然它采用的是一个简单的问答网站形式，但通过深度学习却将其转变为一个了不起的平台。Quora 的网址如下。

https://quora.com

A.1.2　多邻国

学习一门新语言一直是一项艰巨的任务。当多邻国（Duolingo）于 2012 年面世时，它带来了人工智能这项秘密武器（该武器的重要性随后开始不断提高，范围也不断扩大）。该应用将像背单词和语法规则这样的普通事物转换成对每个用户都有不同反应的小游戏。多邻国 AI 考虑了人类思维的时间性，制定了关于一个人忘记他/她所学单词的速度的研究。多领国将这个概念称为半衰期回归（half-life regression），并用它来强化知识，以预测用户遗忘单词的时间点。

　　该项创新使得多邻国成为移动应用商店中最受欢迎的应用之一，其网站也是广受好评的非正统设计的经典例子。有关多邻国的更多信息，可访问以下网址。

https://duolingo.com

A.1.3　Spotify

　　音频播放器已经存在很长时间了，但 Spotify 更让人耳目一新。Spotify 使用深度学习来确定用户在任何给定时间点想听哪些歌曲。多年来，其人工智能取得了突飞猛进的进步，可根据用户最近播放的歌曲推荐播放列表。Spotify 的迅速崛起激发了大量产品的灵感，例如，网易云音乐就在做同样的事情，其"每日歌曲推荐"和"私人雷达"都广受好评。

　　Spotify 还引入了一个非常强大的功能——"听歌识曲"，它能根据音频样本搜索歌曲。这是一个即时热门功能，许多用户下载 Spotify 只是因为他们不记得正在听的一首好歌的名字，想快速找到它的名字。你只需录制附近播放的歌曲的音频并将其提供给 Spotify 即可知道正在播放的歌曲。网易云音乐、百度音乐和腾讯音乐都具有同样的功能，并且识别的准确率很高。

A.1.4　Google 相册

　　虽然云上的图像存储是 Dropbox 等公司首先提出的解决方案，但 Google Photos（中文版产品名称为 Google 相册）通过将人工智能引入公式，从而彻底改变了云图像存储空间的业态。

　　Google 相册因其多项创新性的功能而广受欢迎，被全球数十亿人所采用（见图 A-2），例如：

❑　人脸识别：此功能出现在名为 Picasa 的早期 Google 产品中，该产品被认为是 Google 相册程序的前身。

❑　照片精灵：Google 相册会自动确定哪些照片是在同一事件或场合拍摄的。然后，它会尝试制作相关图片的电影，或者只是简单地关联这些图片，让它们看起来更漂亮。有时，Google 相册还会使用看起来按顺序排列的照片创建 GIF 动画。

❑　识别文档和表情包：Google 相册建议其用户存档旧文档、屏幕截图和表情包。这对于节省设备存储非常有帮助。

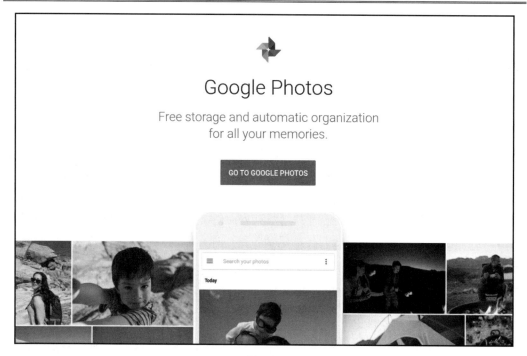

图 A-2

由于在幕后使用了深度学习技术，Google 相册在个人在线相册方面处于市场领先地位。如果你想了解更多信息，可访问以下网址。

https://photos.google.com

A.2　重点新兴领域

前文介绍了多家公司如何结合深度学习技术来改进其产品。本节将讨论目前正在大量研究的一些领域，我们将通过 Web 开发的视角了解它们的影响力。

A.2.1　音频搜索

假设你在酒吧，并且喜欢现场乐队演奏的歌曲。在你的脑海中，你知道自己以前听过那首歌，但你无法记住这首歌的名字。如果能有一个系统来听这首歌并搜索它的名字，那不是很好吗？这就是音频搜索引擎要做的事情。

目前有许多音频搜索引擎可用，其中声音搜索（由 Google Assistant 提供）是最受欢迎的搜索引擎之一。在图 A-3 中，你可以看到通过声音搜索生成的示例音频搜索结果。

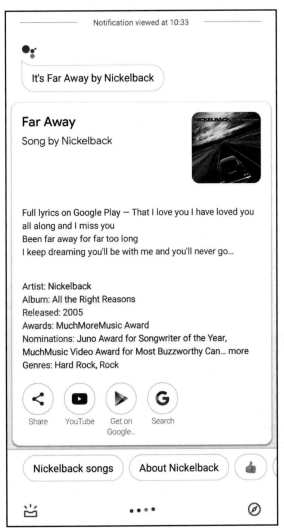

图 A-3

系统要根据接收到的音频信号进行音频搜索，首先需要对信号进行处理，称为音频信号处理（audio signal processing）。然后系统将处理后的信号与其现有的数万首歌曲数据库进行比较。在将信号与现有数据库进行比较之前，使用神经网络对其进行特定表示，这通常被称为音频指纹（audio fingerprint），当然，这仍然是一个活跃的研究领域，如果你对此感兴趣，那么强烈建议你访问以下网址。

https://ai.googleblog.com/2018/09/googles-next-generation-music.html

A.2.2　阅读理解

　　你是否曾经希望搜索引擎能够为你提供搜索查询的答案，而不是找到可能包含搜索查询答案的资源的合适链接？好吧，如果系统使用阅读理解进行编程，那么它现在有可能实现这一点。下面我们分析图 A-4，看看这意味着什么。

图 A-4

　　如果你仔细看图 A-4，我们只是输入了 Sachin Tendulkar's father 而没有输入完整的问句，但现在的搜索引擎已经有足够的理解能力自行推断出我们要搜索的问题。

　　为了体会具有阅读理解能力的系统（或机器）带来的好处，假设你想在执行网络搜索后找到问题的答案，那么以下是你需要经历的过程。

　　（1）输入相应关键字，然后搜索引擎执行搜索。

　　（2）搜索引擎为你提供与给定搜索查询相关的文档列表。

　　（3）你单击给出的链接地址，逐一进去查看，甚至需要翻阅搜索结果页，根据你的理解组织其中的信息，然后得出结论。

上述操作仍然有许多手动操作步骤，那么能否设计一个系统来自动为我们找到合适的答案？传统的搜索引擎虽然提供了与给定搜索查询关键字相关的文档列表，但不足以开发出能够自动生成搜索查询答案的系统。简而言之，这样的系统需要执行以下操作。

（1）遵循相关文件的结构。

（2）理解这些文件中的内容。

（3）得出最终答案。

我们可将问题稍微简化。假设对于给定的问题，已经有了相关段落的列表，现在需要开发一个系统，该系统可以真正理解这些段落，并为给定的问题提供明确的答案。在阅读理解系统中，神经网络通常会学习捕捉给定问题与相关段落之间的深层语义关系，然后形成最终答案。

你可能已经发现，Google、Bing 和百度等搜索引擎均已经具备阅读理解能力。

A.2.3　检测社交媒体上的假新闻

随着社交媒体以非常快的速度发展，网络不再缺乏新闻。社交媒体很容易成为众多网民获取新闻的主要来源之一。然而，其真实性往往得不到保证。并非你在社交媒体上偶然发现的每篇新闻文章都是真实的，甚至可以肯定地说，其中很多都是假的。这种现象引发了很多令人担忧的后果，它确实可能会导致谣言满天飞、网络肉搜和舆论暴力等现象。

有一些组织和机构正试图与这种情况做斗争，并促使人们意识到新闻文章保持真实的重要性。考虑到我们每天在社交媒体上看到的新闻数量，这项任务可能非常繁重而乏味。于是有人设想，能否利用机器学习的力量来自动检测假新闻？事实上，这是一个活跃的研究领域，并且目前还没有已知的实质性的应用可以大规模解决这个问题。

以下是一些小组使用经典机器学习和深度学习方法进行的一些相关研究。

❑　Detecting Fake News in Social Media Networks（在社交媒体网络中检测假新闻）。

https://www.sciencedirect.com/science/article/pii/S1877050918318210

❑　Fake News Detection on Social Media using Geometric Deep Learning（使用几何深度学习在社交媒体上检测假新闻）。

https://arxiv.org/abs/1902.06673

感兴趣的读者也可以阅读以下调查文件，它提供了各种假新闻检测技术的综合指南，并讨论了有关该主题的相关研究。

https://arxiv.org/pdf/1812.00315.pdf

　　还有一家名为 Varia 的德国初创公司正试图以独特的方式解决假新闻问题。它们不是检测新闻的真实性，而是提供某些新闻项目的不同视角。有关详细信息，可访问以下网址。

https://alpha.varia.media/

A.3　结　　语

　　在本书即将结束之际，我们鼓励每一位读者构建下一个深度学习项目并在 Web 平台上使用它。预计会有更多公司通过使用 AI 实现业务转型并获得市场优势地位。看一下你最近访问的几乎每个网站，它们都会以某种方式使用人工智能和深度学习的元素，无论是推荐系统还是站点广告（其实这也是专注于营销的推荐系统）概莫能外。别忘记我们讨论的深度学习新兴领域，事实上，深度学习与 Web 的结合可以做的事情很多，如果你能基于该主题提出任何一个新兴领域的服务，那么成功很可能正在向你招手！